이 문제 풀 수 있겠어?

단 125개의 퍼즐로 전세계 2%의 두뇌에 도전한다!

이 문제
풀 수
있겠어?

알렉스 벨로스 지음 | **김성훈** 옮김

북라이프

옮긴이 **김성훈**

치과 의사의 길을 걷다가 번역의 길로 방향을 튼 엉뚱한 번역가. 중학생 시절부터 과학에 대해 궁금증이 생길 때마다 틈틈이 적어온 과학 노트가 지금까지도 보물 1호이며, 번역으로 과학의 매력을 더 많은 사람과 나누기를 꿈꾼다. 현재 바른번역 소속 번역가로 활동하고 있다. 옮긴 책으로 《음식을 처방해드립니다》, 《늙어감의 기술》, 《도살자들》, 《숙주인간》, 《범죄의 책》, 《우연의 설계》. 《세상을 움직이는 수학개념 100》 등이 있다.

이 문제 풀 수 있겠어?

1판 1쇄 발행 2018년 8월 31일
1판 14쇄 발행 2025년 1월 14일

지은이 | 알렉스 벨로스
옮긴이 | 김성훈
발행인 | 홍영태
발행처 | 북라이프
등 록 | 제2011-000096호(2011년 3월 24일)
주 소 | 03991 서울시 마포구 월드컵북로6길 3 이노베이스빌딩 7층
전 화 | (02)338-9449
팩 스 | (02)338-6543
대표메일 | bb@businessbooks.co.kr
홈페이지 | http://www.businessbooks.co.kr
블로그 | http://blog.naver.com/booklife1
페이스북 | thebooklife
인스타그램 | booklife_kr
ISBN 979-11-88850-20-4 03400

모든 문제는 셰릴 때문에 시작됐다.

셰릴은 아주 까다로운 소녀였다. 사람을 정말 못살게 굴었다. 나는 그 소녀를 끊임없이 생각했다. 여러 면에서 그 소녀는 내 인생의 항로를 바꾸어놓았다. 솔직히 밝히자면 셰릴은 실존 인물이 아니다. 싱가포르 수학 시험에 등장하는 문제의 주인공이다. 나는 셰릴에게 사로잡혀 퍼즐의 세계로 빠져들었고, 결국 이 책까지 쓰게 됐다. 셰릴의 생일 문제와 우리 관계에 대한 전체적인 이야기는 뒤에서 만나볼 수 있다(21번 문제. 68쪽 참조). 자, 내가 좋아하는 수학 퍼즐로 여행을 떠나기 전에 흥미를 불러일으킬 퀴즈 두 개를 풀어보자.

먼저 다음에 나오는 그림을 보자. 숫자들은 어떤 규칙을 따라 배열되어 있다. 일단 규칙을 알아내면 빈칸에 들어갈 숫자를 알아낼 수 있을 것이다. 마지막 동그라미 안에 들어 있는 숫자 7이 오자가 아니라는 점에 유의하자.

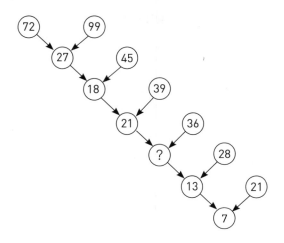

이 퍼즐은 너무도 매력적이다. 정말 흥미롭다. 어려운 수학은 전혀 필요하지 않다. 이 문제는 감히 자기를 풀 수 있겠느냐고 당신을 비웃는다. 이런 문제를 풀었을 때 찾아오는 만족감은 짜릿하면서도 중독성이 강하다. 20세기 일본의 유명한 퍼즐 발명가 요시가하라 노부유키芦ヶ原伸之는 이 문제를 자신의 대표작으로 여겼다. 이 글의 끝에 정답이 있지만 정답을 읽기 전에 먼저 문제를 풀기 바란다.

두 번째 문제는 '화성의 수로'Canals on Mars 문제다. 화성의 지도를 보면 새로 발견된 도시와 수로 들이 나와 있다. 시작점은 남극에 있는 도시 T에서 시작한다. 수로를 따라 움직여 각 도시를 한 번씩만 방문한 후 원래의 출발점으로 돌아오는 길을 찾는 것이 문제다. 이렇게 도시를 돌면 어떤 영어 문장이 나오는가?

많은 작품을 남긴 미국의 퍼즐 발명가 샘 로이드Sam Loyd가 발명한 이 문제

는 나온 지 100년도 넘었다. 그는 이렇게 적었다. "이 퍼즐이 처음에 한 잡지에 출제됐을 때 5만 명이 넘는 독자들이 '가능한 길이 없다.'라는 답변을 보내왔다. 하지만 알고 보면 아주 간단한 퍼즐이다." 문제를 풀어보기 전에 정답부터 먼저 봤다가는 아마 자신한테 짜증이 날 것이다.

잠시 시간을 내서 두 문제 중 어느 하나라도 풀어봤다면 내가 굳이 설명하지 않아도 퍼즐이 왜 그리 재미있는지 이해할 수 있을 것이다. 퍼즐은 사람을 빨아들이는 힘이 있다. 문제에 집중하다 보면 어느새 잡념이 모두 사라진다. 머리를 자꾸 굴리면 삶도 긍정적으로 변한다. 그리고 단순한 논리적 단계를 따라 연역적 추론을 즐기다 보면 위로가 되기도 한다. 특히나 실제의 삶이 비논리적일 때 더 그렇다. 또한 좋은 퍼즐은 달성 가능한 목표를 제시해준다. 이런 목표를 달성하고 나면 정말 뿌듯하다.

셰릴과의 은밀한 만남 이후 나는 〈가디언〉Guardian에 온라인 퍼즐 칼럼을 쓰기 시작했다. 최고의 퍼즐을 찾기 위해 책 속에 파묻혀 살다시피 했고, 아마추어와 전문가를 가리지 않고 수많은 퍼즐꾼과 편지를 주고받았다. 나는 옛날부터 수학 퍼즐을 무척 좋아했지만 이 연구를 시작하기 전에는 퍼즐의 다양성과 개념적 깊이, 그리고 풍부한 역사를 제대로 이해하지 못했다. 예를 들어 1,000년 전에는 무언가를 세고 측정하는 등의 지루한 상업적 과제 말고도 수학의 중요한 역할 중 하나가 지적 유희와 즐거움을 제공하는 것이었음을 미처 모르고 있었다(오늘날에도 이런 주장은 여전히 유효하다. 스도쿠数独를 즐기는 마니아의 수가 전문 수학자의 수를 훨씬 앞지르고 있으니 말이다). 퍼즐은 위대한 수학적 발견을 반영하고 최고의 지성인들에게 수학적 영감을 불어넣기도 하면서 수학과 어깨를 나란히 하며 발달해왔다.

이 책은 지난 2,000년 동안 출제되었던 어렵고도 재미있는 퍼즐 중에서 125편을 엄선한 모음집이다. 퍼즐과 함께 퍼즐의 기원과 영향에 관한 이야기도 함께 엮었다. 내가 보기에 제일 매력적이고, 재미있고, 생각하게 하는 퍼즐들을 골랐다. 이 퍼즐들도 수학은 수학이지만 아주 폭넓은 의미에서의 수학이다. 논리적 사고가 필요할 뿐 어려운 수학은 필요하지 않다. 이 문제들은 고대 중국, 중세 유럽, 빅토리아 시대 영국, 현대 일본을 비롯해서 다양한 시대와 장소에서 기원한 것들이다. 어떤 것은 전통적으로 전해 내려오는 수수께끼고, 어떤 것은 오늘날의 최고 수학자들이 고안해낸 것이다. 하지만 기원이 불분명한 경우도 많다. 우스갯말이나 설화처럼 퍼즐도 세대를 거칠 때마다 새로이 윤색되고, 개작되고, 확장되고, 새로운 스타일로 재창조되면서 끊임없이 진화한다.

최고의 퍼즐은 한 편의 시와 같다. 우아함과 간결함으로 흥미를 불러일으키고, 경쟁심에 불을 지피고, 우리의 독창성을 시험한다. 경우에 따라서는 보편적인 진리를 밝혀주기도 한다. 좋은 퍼즐은 전문적인 지식을 요구하지 않는다. 창조성과 기발함, 명확한 사고 능력을 요구할 뿐이다. 퍼즐은 세상을 이해하고자 하는 인간의 욕망을 자극한다. 퍼즐이 우리에게 기쁨을 주는 이유는 무언가로부터 의미를 발견하기 때문이다. 퍼즐은 억지로 만들어낸 시시한 소일거리처럼 보일지 몰라도 그 풀이에 사용되는 전략들은 살면서 마주하는 다양한 문제들과 맞서는 데 필요한 능력을 키워준다.

가장 중요한 점은 퍼즐이 우리의 지적인 장난기를 마음껏 발산하도록 자극한다는 점이다. 퍼즐은 재미있다. 퍼즐은 어린아이 같은 호기심을 불러일으킨다. 나는 최대한 다양한 유형의 퍼즐을 골랐다. 유형이 제각각이다 보니 그에 따라 사고방식도 달라져야 한다. 어떤 퍼즐은 번득이는 한 순간의 통찰이 필요하고, 어떤 퍼즐은 감을 따라야 하고, 어떤 것은… 음… 거기까지는 말할 수 없다.

각 장은 주제가 있고, 거기에 담긴 문제들은 대략 시대순으로 등장한다. 질문은 쉬운 순서로 배치되어 있지 않다. 문제의 수준을 판단하기 어려운 경우도 많다. 누군가에게는 머리를 쥐어뜯게 만드는 문제가 또 다른 누군가에게는 식은 죽 먹기일 수도 있고, 그 반대인 경우도 생긴다. 몇몇 퍼즐은 푸는 법을 설명했고 몇몇 퍼즐은 힌트를 주기도 했지만 나머지는 여러분이 알아서 풀어야 한다(정답 및 해설은 책 뒤에 있다). 어떤 문제는 간단하지만 어떤 문제는 며칠 동안 머리만 긁적일 뿐 진전이 없을 수도 있다. 어려운 문제는 🎨 그림으로 표시했다. 이런 문제는 풀지 못하더라도 부디 그 해답이 문제 자체만큼 여러분에게 매력적으로 느껴졌으면 하는 바람이다. 가끔은 여러분이 몰랐던 기술이나 개념, 혹은 그에 뒤따르는 결론을 배우는 데서 희열을 맛볼 수도 있을 것이다.

각 장을 시작할 때는 여러분이 마음의 준비를 할 수 있도록 맛보기 문제를 열 개씩 제시했다. 뒤로 갈수록 점점 어려워지는 맛보기 문제는 영국 수학신탁 UKMT, United Kingdom Mathematics Trust 에서 만 11세부터 13세까지의 학생들을 대상으로 매년 전국적으로 수학 도전 시험을 볼 때 쓰는 문제들이다. 어린 학생들이 푸는 문제를 열 개씩 배치한 것이다. 과연 여러분도 이 문제들을 풀 수 있을까?

이제 내가 앞에서 낸 문제로 돌아가 보자.

이 숫자 나무를 보면 눈이 왼쪽 위로 먼저 간다. 72와 99에서 어떻게 27이라는 수가 나온 거지?

알았다! 99 – 72 = 27이구나.

바꿔 말하면 동그라미 속의 수는 그 동그라미를 가리키고 있는 두 동그라미 속 수의 차이에 해당한다.

그다음에 나오는 수인 18도 똑같은 패턴을 따른다.

45 – 27 = 18

그리고 21도 마찬가지다.

$$39 - 18 = 21$$

그럼 빈칸에 들어갈 수도 36에서 21을 뺀 값이어야 한다는 의미고, 그 값은 15다.

$$36 - 21 = 15$$

확실히 확인하는 의미로 나머지 부분도 계속 계산해보자.

$$28 - 15 = 13$$

옳거니! 이번에도 잘 맞아떨어졌다. 거의 다 왔다.

그런데… 헉!

제일 마지막 수는 7인데 이 값은 7이 들어간 동그라미를 가리키는 21과 13의 차이가 아니다.

젠장! 그럼 우리가 처음 세웠던 가정이 틀렸다는 말이다. 동그라미 속에 들어 있는 수가 그 동그라미를 가리키고 있는 두 수의 차가 아니었다. 요시가하라가 교활하게 우리를 현혹하더니 막판에 가서 뒤통수를 쳤다.

다시 처음으로 돌아가 보자. 72와 99에서 어떻게 27이 나올까?

너무 간단한 답이라 아마도 못 보고 지나쳤을 것이다.

$$7 + 2 + 9 + 9 = 27$$

수에 들어 있는 숫자들을 모두 더한 값이다.
다음에 나오는 수에도 모두 적용된다.

$$2 + 7 + 4 + 5 = 18$$

그리고 그다음도 적용된다. 따라서 빈칸에 들어갈 수는 분명 다음과 같을 것이다.

$$2 + 1 + 3 + 6 = 12$$

이번에는 마지막 두 동그라미도 잘 맞아떨어진다.

$$1 + 2 + 2 + 8 = 13$$
$$1 + 3 + 2 + 1 = 7$$

이 퍼즐은 무릎을 칠 정도로 기발하다. 요시가하라가 발견한 두 가지 산술 규칙이 다섯 단계까지는 똑같은 수로 잘 맞아떨어지다가 마지막 단계에 가서만 어긋나고, 그것도 겨우 1밖에 차이가 나지 않기 때문이다. 여기에 넘어가 너무도 쉽게 그릇된 추론으로 빠져들었다가 정신을 차리고 보면 정말 무언가에 홀린 기분이 든다. 어려운 문제는 실제로 어려운 문제여서가 아니라 우리가 잘못된 길로 쉽게 빠져들기 때문에 어려운 경우가 참 많다. 이 점을 명심하자.

화성의 수로 문제는 풀었는가? 문장을 추적하면 'There is no possible way(가능한 길이 없다).'라는 문장이 나온다. 이 문제의 교훈은 뭘까? 글을 꼼꼼히 읽어보라는 것이다.

그럼 이제 본격적인 퍼즐의 세계로 들어가 보자.

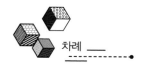

차례 ___

제2장 | 기하학 문제
_ 당신은 도형과 친한 사람인가요?

제3장 | **실용적인 문제**
_ 당신은 열두 살 아이보다 똑똑한가요?

제4장 | **소품을 이용한 문제**
_ 주변에 있는 도구를 사용한 시대를 가로지르는 고전 퍼즐

맛보기 문제 4

제5장 **숫자 게임**
_ 당신은 열세 살 아이보다 똑똑한가요?

제1장

논리 문제

_ 당신은 열한 살 아이보다 똑똑한가요?

맛보기 문제 1

(※ 계산기는 사용하지 말 것!)

01 똑같은 정육면체를 세 가지 다른 방향에서 바라본 그림이다. U의 반대쪽 글자는 무엇일까?

Ⓐ I Ⓑ P Ⓒ K Ⓓ M Ⓔ O

02 피노키오의 코는 5cm다. 피노키오가 거짓말을 할 때마다 코의 길이가 두 배로 늘어난다. 피노키오가 아홉 번 거짓말을 하면 코의 길이는 보기 중 어느 것만큼 길어질까?

Ⓐ 도미노   Ⓑ 테니스 라켓   Ⓒ 당구대
Ⓓ 테니스장   Ⓔ 축구장

03 　30을 의미하는 영단어 'thirty'는 여섯 글자고, 30＝6 × 5다. 그와 비슷하게 40을 의미하는 영단어 'forty'는 다섯 글자고, 40＝5 × 8이다. 수를 나타내는 다음의 영단어들 중 자기 글자 수의 배수가 아닌 것은?

Ⓐ six(6)　　Ⓐ twelve(12)　　Ⓒ eighteen(18)
Ⓓ seventy(70)　　Ⓔ ninety(90)

04 　에이미, 벤, 크리스가 한 줄로 서 있다. 벤의 왼쪽에 에이미가 있고, 에이미의 오른쪽에 크리스가 있다면 다음 문장 중 반드시 참이어야 하는 것은?

Ⓐ 제일 왼쪽에 벤이 있다
Ⓑ 제일 오른쪽에 크리스가 있다
Ⓒ 중간에 에이미가 있다
Ⓓ 제일 왼쪽에 에이미가 있다
Ⓔ A, B, C, D 모두 참이 아니다

05 　아래 그림 중 연필을 종이에서 떼지 않고, 또 한 번 그린 선은 다시 지나지 않고 그릴 수 있는 것은?

Ⓐ 　　Ⓑ 　　Ⓒ

Ⓓ 　　Ⓔ

06 **354,972를 7로 나누었을 때 나머지는?**

Ⓐ 1　　Ⓑ 2　　Ⓒ 3　　Ⓓ 4　　Ⓔ 5

07 어떤 가족이 있다. 이 가족에서 자녀들은 각각 적어도 한 명의 남자 형제와 한 명의 여자 형제가 있다. 자녀의 숫자는 최소 몇 명일까?

Ⓐ 2　　Ⓑ 3　　Ⓒ 4　　Ⓓ 5　　Ⓔ 6

08 **987654321에 9를 곱한다. 그 값에 8이라는 숫자가 몇 번 등장할까?**

Ⓐ 1　　Ⓑ 2　　Ⓒ 3　　Ⓓ 4　　Ⓔ 9

09 아래 피라미드에서 각 직사각형의 값은 바로 아래 있는 두 직사각형의 값을 합한 값이다. x의 값은 무엇일까?

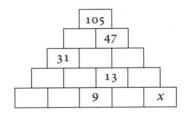

Ⓐ 3　　Ⓑ 4　　Ⓒ 5　　Ⓓ 7　　Ⓔ 12

10 **20/11을 순환 소수(소수점 이하 어떤 자리의 뒷자리부터 같은 수가 같은 순서로 한없이 반복되는 무한 소수—옮긴이)로 적으면 다른 숫자가 몇 가지나 나타나는가?**

Ⓐ 2   Ⓑ 3   Ⓒ 4   Ⓓ 5   Ⓔ 6

정답 및 해설: p.288

양배추, 남편 몰래 바람 피우기, 그리고 얼룩말

논리야말로 퍼즐을 시작하기에 알맞은 출발점이다. 논리적 추론이야말로 모든 수학 퍼즐의 밑바탕이 되는 원리니 말이다. 사실 논리는 모든 수학의 토대다. 하지만 퍼즐에서 말하는 '논리 문제'란 그 어떤 형태의 산술적 계산이나 대수 조작을 쓰지 않고, 종이 뒷면에 도형을 그리지도 않고 순수하게 논리적 추리만을 이용해서 푸는 문제를 말한다. 이것은 수학 퀴즈 중에서도 접근이 제일 쉬운 유형이다. 전문 지식도 필요하지 않고, 문제에 유머를 담기도 쉽기 때문이다. 하지만 이런 문제들이 결코 만만하지만은 않다. 익숙하지 않은 방식으로 우리의 머릿속을 비틀어놓기 때문이다.

적어도 프랑크 국왕 샤를마뉴Charlemangne 대제 때부터 그랬다.

서기 799년에 서부 유럽의 상당 부분을 통치했던 샤를마뉴 대제는 옛 스승 앨퀸_{Alcuin}에게서 이런 편지를 받았다.

"즐거우시라고 폐하께 산수 문제 몇 개를 보냅니다."

앨퀸은 당대 최고의 학자였다. 그는 영국 요크에서 자라 당시 국가 최고의 교육 기관이었던 요크의 성당 학교를 다녔고, 나중에는 운영도 했다. 이 학자의 명성은 결국 샤를마뉴 대제의 귀에까지 흘러 들어갔다. 왕은 그를 설득해 아헨에 있는 자신의 왕실 학교를 운영하게 했다. 거기서 앨퀸은 큰 도서관을 세우고, 카롤링거 제국 전역에서 교육 개혁을 이어나갔다. 이후 앨퀸은 샤를마뉴 대제의 궁궐을 떠나 프랑스 서부에 있는 투르의 수도원장이 됐는데, 자신이 모시던 왕에게 위에 소개한 편지를 보낸 것이 이때다.

어떤 사람은 필기체를 발명해서 필경사들이 글을 더 빨리 쓸 수 있게 한 사람이 앨퀸이라고 생각한다. 어떤 사람은 의문문의 구두법으로 대각선의 구불구불한 기호를 처음 사용한 사람이 그였다고 믿는다. 퍼즐의 역사에서 뚜렷한 족적을 남긴 초기 인물이 의문 부호의 창시자였다니 이보다 어울리는 경우가 또 있을까.

앨퀸이 자신의 편지에서 샤를마뉴 대제에게 보냈다고 언급한 실제 문서는 남아 있지 않지만 역사가들은 그 문서가 50개 정도의 문제가 실린 《청년의 마음을 단련하는 문제집》_{Propositiones ad Acuendos Juvenes}이었을 것이라 믿는다. 지금까지 남아 있는 이 문제집 사본 중 가장 오래된 것은 100년 전의 것이다. 이들은 당대 최고의 교사였던 앨퀸이 아니면 누가 그런 문제집을 쓸 수 있었겠느냐고 반문한다.

《청년의 마음을 단련하는 문제집》은 대단히 놀라운 책이다. 이 문제집은 중세 시대에 만들어진 최대 규모의 퍼즐 저장소이자 독창적인 수학적 내용이 담긴 최초의 라틴어 서적이다(로마인들은 도로, 송수로, 공중목욕탕, 위생 시설 같은 것은 만들었지만 수학은 전혀 하지 않았다). 이 책은 아주 재미있는 문제로 시작한다.

참새가 1리그_league_(거리 단위, 1리그는 약 90,000인치―옮긴이) 떨어진 곳에 사는 달팽이를 점심 식사에 초대했다. 달팽이가 하루에 1인치(2.5cm가량) 움직인다면 점심 식사를 하러 오는 데 얼마나 걸리겠는가?

정답은 246년 하고도 210일이다. 그 정도면 달팽이가 이미 세상을 떠난 지 2세기도 넘었을 시간이다.

또 다른 문제에서는 이렇게 묻는다.

어떤 남자가 아이들에게 이렇게 물었다. "너희 중에 학교에 다니는 사람은 몇이나 되니?" 그러자 그중 한 명이 이렇게 대답했다. "몇 명인지 직접 말해드릴 수는 없지만 계산하는 방법은 알려드릴게요. 우리의 수를 두 배로 늘린 다음, 그 수를 다시 세 배로 늘리세요. 그리고 그 수를 4등분하세요. 그 4등분한 무리에 저를 포함시키면 100명이 될 거예요." 그럼 그 아이들 중에 학교에 다니는 사람은 몇 명인가?

그놈 참 발칙하기도 하지! 이 문제는 여러분이 직접 풀어보기 바란다.

앨퀸의 기발한 표현은 대단히 혁신적이었다. 이것은 학생들이 수학에 관심을 갖도록 유머를 사용한 최초의 사례다. 하지만《청년의 마음을 단련하는 문제집》이 중요한 이유는 단지 혁신적인 문체 때문이 아니다. 몇 가지 새로운 유형의 문제가 실려 있기 때문이다. 그 문제들 중 일부는 연역적 추론이 필요하지만 계산은 전혀 필요하지 않다.

앨퀸의 퍼즐 중 가장 잘 알려진 것이 있는데, 분명 모든 시대를 통틀어 가장 유명한 수학적 수수께끼일 것이다.

늑대, 염소, 양배추를 가지고
무사히 강을 건너려면?

한 사내가 늑대, 염소, 양배추를 가지고 강둑에 도착했다. 마침 강을 건널 수 있는 배 한 척이 있었는데, 한 번에 그 사내와 다른 품목 하나만 싣고 건널 수 있을 만큼 작은 배였다. 늑대를 염소와 둘만 남겨놓거나 염소를 양배추하고만 남겨놓을 수는 없다. 양쪽 경우 모두 전자가 후자를 먹어치울 것이기 때문이다.

어떻게 하면 강을 건너는 횟수를 최소로 하면서 이것들을 모두 건너편으로 옮길 수 있을까?

이 문제는 두 가지 이유로 아주 훌륭하다. 우선 상황이 웃기다. 오전 내내 늑대와 양을 떼어놓고, 염소와 양배추를 떼어놓으려고 낑낑대면서 터벅터벅 흙길을 걸어왔건만 막상 도착하고 보니 더 말도 안 되는 상황이 기다리고 있었다. 터무니없이 작은 배를 타고 강을 건너야 하는 것이다. 하지만 이 시나리오에서 제일 재미있고 흥미로운 부분은 그 해결책이다. 이 해결책에서 우리의 영웅은 여러분이 직관적으로 예상하지 못한 방식으로 행동한다.

직접 풀어보자. 13세기 어느 문헌에서는 다섯 살짜리 아이도 이 문제를 풀 수 있다고 했다. 부담을 주려고 하는 소리가 아니다. 어렵다면 나와 함께 다음과 같은 논리를 따라가 보자.

사내가 왼쪽 강둑에 와 있다고 하자. 사내에게는 세 가지 물품이 있는데 배에는 그중 하나씩만 태울 수 있다. 만약 늑대를 태우면 염소와 양배추만 남으니 염소가 양배추를 다 먹어치울 것이다. 그렇다고 양배추를 가져가면 늑대가 염소를 잡아먹을 것이다. 이런 식으로 가능성을 하나씩 제거하다 보면 사내가 처음 강을 건널 때 데려갈 수 있는 물품은 염소밖에 남지 않는다. 늑대는 양배추를 먹지 않으니까. 그래서 사내는 염소를 오른쪽 강둑에 데려가고, 다음 물품을 가져가기 위해 왼쪽 강둑으로 돌아온다.

이제 늑대와 양배추 중 어느 것을 가져갈지 선택해야 한다. 양배추를 가져가기로 했다고 쳐보자. 그렇게 사내는 세 번째로 강을 건넌다. 오른쪽 강둑에 도착하고 보니 양배추를 염소와 놔둘 수는 없는 상황이다. 그럼 어떻게 할까? 방금 가져온 양배추를 도로 되가지고 가서는 아무런 진척이 없다. 따라서 이번에는 염소를 데리고 돌아가야 한다. 이 단계는 직관에 어긋난다. 전부 다강 건너로 데리고 가려니 무언가를 데리고 갔다가, 다시 되가져 왔다가, 또 다시 데려가야 하기 때문이다.

네 번 강을 건너 다시 왼쪽 강둑으로 돌아오니 늑대와 염소가 남았다. 사내는 염소를 말뚝에 묶어놓고 늑대를 데리고 다섯 번째로 강을 건넌다. 오른쪽 강둑에 도착하니 늑대는 양배추에 아무런 관심이 없다. 이제 남은 것은 다시 돌아가서 수염 달린 염소만 데려오면 된다. 그럼 우리 친구도 일곱 번 만에 강 건너기를 마무리할 수 있다.

(이와 동등한 두 번째 해답이 있다. 사내가 두 번째 강을 건널 때 늑대를 데리고 간다면 똑같은 논리를 따라 일곱 번 만에 강을 모두 건널 수 있다.)

《청년의 마음을 단련하는 문제집》에는 다른 강 건너기 퍼즐도 들어 있다. 다음 퍼즐도 거기에 해당한다. 이 퍼즐은 무슨 침실 코미디의 줄거리처럼 들린다.

세 명의 친구와 여동생들이
안전하게 강을 건너려면?

남자 세 명이 있고, 이들은 각각 여동생이 하나씩 있다. 여섯 사람 모두 강을 건너야 하는데, 강가에는 한 번에 두 사람이 탈 수 있는 작은 배밖에 없다. 남자들은 각자 다른 남자의 여동생에게 호감을 갖고 있다. 여동생들이 자기 오빠가 아닌 다른 남자와 배를 탔다는 소문이 나지 않게 모두 무사히 이 강을 건널 방법이 있을까?

이 문제는 앨퀸이 애매하게 표현해놓아서 두 가지로 해석할 수 있다. 반박의 여지없이 분명한 것은 세 쌍의 남녀가 있고, 각 쌍은 오빠와 여동생이며, 이들 모두 강을 건너야 하고, 사용할 수 있는 배가 2인용이라는 것이다. 하지만 이 퍼즐의 제약은 다음 둘 중 하나로 해석할 수 있다. (1) 가족이 아닌 남자와 여자는 절대로 배에 탈 수 없는 경우. 이 경우에는 아홉 번 움직이면 모든 사람이 강을 건널 수 있다. (2) 오빠가 아닌 다른 남자들이 있는 강둑에서 사람을 배에 태우고 내릴 때 자기 오빠가 동행하지 않은 상태에서는 동생이 배에 타지 않는 경우. 내 생각에는 두 번째 시나리오가 이 퍼즐의 원래 취지에 더 부합하는 것 같다. 이 경우에는 모두 11번 강을 건너야 한다. 두 가지 정답 모두 찾아보기 바란다.

강 건너기 퍼즐은 1,000년이 넘는 세월 동안 아이와 어른에게 큰 즐거움을 주었다. 이 퍼즐은 전 세계로 퍼져나가는 동안 해당 지역의 관심사를 반영하는 형태로 모습을 바꾸었다. 늑대, 염소, 양배추가 알제리에서는 자칼, 염소, 건초로 라이베리아에서는 치타, 닭, 쌀로 잔지바르에서는 표범, 염소, 나뭇잎으로 바뀌었다. 세 명의 친구와 여동생 퍼즐도 시대의 흐름에 따라 모습을 바꾸었다. 호감을 가진 남자들은 자기 아내가 다른 남자와 배를 타지 못하게 하는 질투심 많은 남편으로 바뀌었다. 13세기에 개작된 한 이야기에서는 베르톨두스Bertoldus와 베르타Berta, 게라르두스Gherardus와 그레타Greta, 롤란두스Rolandus와 로사Rosa, 이렇게 부부들에게 이름이 있었다. 이 퍼즐의 정답은 두 줄의 6보격 시hexameter로 나와 있다. 라틴어를 읽을 줄 아는 사람이라면 아래의 글을 확인해보자.

Binae, sola, duae, mulier, duo, vir mulierque,
Bini, sola, duae, solus, vir cum muliere.

17세기에 들어서는 주인과 하인이 짝이 되어 등장했다. 각 주인은 다른 주인이 자기 하인을 죽일지 몰라서 자기 하인이 다른 주인과는 함께 다니지 못하게 금지했다. 19세기에는 이 사회적 관계가 역전됐다. 여기서도 주인과 하인이 짝을 이루지만 혹시나 하인이 주인의 돈을 도둑질할 마음이 생길까 싶어서 어느 쪽 강둑에서도 하인의 수가 주인의 수보다 많아지는 것을 금지했다. 그리고 그다음에는 여성 멸시와 계층 간의 갈등이 외국인 혐오로 바뀌어 세 명의 선교사와 세 명의 배고픈 식인종이 함께 여행을 다니는 얘기가 전형적인 버전으로 자리 잡았다. 이 퍼즐을 통해 수학뿐만 아니라 사회적 편견

이 어떻게 바뀌어왔는지도 엿볼 수 있다.

다음에 나오는 강 건너기 퍼즐은 1980년대에 등장한 것이다. 20세기에서 21세기로 넘어갈 즈음 마이크로소프트_{Microsoft}에서는 채용 후보자의 문제 해결 능력을 시험해보기 위해 까다롭기로 악명 높은 입사 면접에서 이 퍼즐을 사용했다. 여기서의 핵심은 직감이 아닌 논리를 따르라는 것이다.

003 네 명의 친구들이 **안전하게 다리를 건너려면?**

존, 폴, 조지, 링고 이렇게 네 사람이 협곡을 건너려고 한다. 협곡 사이로는 다리가 연결되어 있는데, 금방이라도 부서질 것만 같아 한 번에 두 사람까지 만 지나갈 수 있다. 때는 밤이고 다리도 위태위태해서 다리를 건너는 사람은 꼭 횃불을 들어야 한다. 하지만 네 사람한테는 횃불이 하나밖에 없고, 다리 가 너무 길어서 반대편으로 던져줄 수도 없다. 따라서 사람이 다리를 건너는 동안에는 횃불도 항상 사람들과 함께 왔다 갔다 해야 한다. 존은 다리를 1분 만에, 폴은 2분 만에, 조지는 5분 만에, 링고는 10분 만에 건널 수 있다. 두 사람이 다리를 함께 건너는 경우에는 느린 사람의 속도에 맞추어 걸어야 한다.

어떻게 하면 네 사람이 가장 빠른 시간 안에 모두 다리를 건널 수 있을까?

제일 쉽게 눈에 들어오는 방법은 존이 각각의 친구들을 한 명씩 대동해서 다리를 건너는 것이다. 걸음이 제일 빨라서 다음 사람을 제일 빨리 데리러 갈 수 있기 때문이다. 이 전략을 사용하면 모든 사람이 다리를 건너는 데 $2 + 1 + 5 + 1 + 10 = 19$, 총 19분이 걸린다. 하지만 더 빠른 방법은 없을까?

다시 앨퀸 이야기로 돌아가서 《청년의 마음을 단련하는 문제집》에 나오 는 문제를 하나 풀어보자.

황소가 하루 종일 쟁기질을 하면 마지막 고랑에는 황소 발자국이 몇 개나 남을까?

당연히 하나도 남지 않는다! 쟁기질이 발자국을 모두 갈아엎었을 테니까 말이다. 이것은 퍼즐 문헌에서 제일 먼저 등장한 함정 질문_{trick question}이다.

《청년의 마음을 단련하는 문제집》에서 처음 선보인 퍼즐 유형 중에는 '가족 관계 수수께끼'라는 것이 있다. 이 퍼즐에서는 특이한 가족 안에서 사람들 사이의 관계를 맞혀야 한다. 1,000년의 세월을 훌쩍 건너뛰기 전에 앨퀸의 문제 중 마지막으로 다음의 퍼즐을 골라보았다.

004 두 엄마와 두 아들의
복잡한 가족 관계 맞히기

만약 두 남자가 각각 상대방의 엄마를 아내로 맞이하면 그 사이에 태어난 아 들은 어떤 관계가 될까?

나는 가족 관계 수수께끼가 참 재미있다. 이런 문제를 풀 때는 웃지 않고 표 정을 관리하며 논리적인 생각만 하려고 아무리 애써도 이 가족에게 어떤 이 야기가 숨어 있을까 자꾸만 궁금해진다.

이런 유형은 중세 시대 이후 퍼즐의 단골 소재로 자리 잡았고, 빅토리아 여왕 시대 사람들이 많이 즐겼다. 당시에는 전통적인 가족 구조를 뒤엎는 이 런 이야기가 특히나 재미있게 느껴졌을지도 모르겠다.

루이스 캐럴Lewis Carrol도 가족 관계 수수께끼의 팬이었다. 다음에 나오는 문제는 그가 1885년에 발표한 수학 퀴즈 모음집, 《헝클어진 이야기》A Tangled Tale의 한 장에서 따온 것이다. 내 생각에는 이 문제야말로 이 장르의 백미가 아닌가 싶다.

조촐한 저녁 만찬에
초대받은 사람은 몇 명일까?

어느 조직의 우두머리가 아주 조촐하게 저녁 만찬을 열기 위해 자기 아버지의 처남, 자기 남동생의 장인어른, 자기 장인어른의 남동생, 그리고 자기 매부의 아버지를 초청했다(처남 – 아내의 남자 형제, 매부 – 누이의 남편). 이 저녁 만찬을 최소의 규모로 치르는 경우, 손님은 몇 명이나 될까?

캐럴은 소설 《이상한 나라의 앨리스》Alice's Adventures in Wonderland와 《거울 나라의 앨리스》Through the Looking-Glass를 통해 논리의 재미를 대중화하는 데 가장 크게 기여한 작가일 것이다. 두 소설 모두 역설과 논리적 유희, 철학적 수수께끼로 가득하다. 캐럴이란 이름은 찰스 럿위지 도지슨Charles Lutwidge Dodgson의 필명이다. 그는 옥스퍼드 대학교의 수학과 교수였고, 수학 퍼즐에 대한 책도 세 권 썼다. 그중에는 앨리스 이야기처럼 큰 성공을 거둔 것이 없었는데, 수학이 너무 어려웠다는 점도 한몫했다.

하지만 캐럴은 '진실을 말하는 자truth-teller와 거짓말쟁이liar의 퍼즐'을 처음으로 고안한 사람 중 하나다. 이것은 일종의 논리적 수수께끼로, 나중에 대중적으로 인기를 끌었다. 그는 사람들이 서로를 거짓말쟁이라 비난할 때 논리적으로 추론해보면 진실을 말하는 사람이 누군지 알아낼 수 있다는 것을 발견했다. "나는 지난 며칠간 거짓말의 딜레마에 대해 구상하다가 이상한 문제를 몇 개 생각해냈다." 그는 1894년에 일기장에 이렇게 적은 후 다음에 나오는 퍼즐을 언급했다. 여기 소개하는 퍼즐은 친숙한 인물들을 등장시켜 고쳐 쓴 것이다. 이 퍼즐은 그해 말에 익명의 소책자로 출간되었다.

거짓말쟁이 사이에서
진실을 말하는 사람 찾기

1. 베르타는 그레타가 거짓말을 한다고 한다.
2. 그레타는 로사가 거짓말을 한다고 한다.
3. 로사는 베르타와 그레타 모두 거짓말을 한다고 한다.

진실을 말하는 사람은 누구인가?

우리는 곧 진실을 말하는 자와 거짓말쟁이의 문제로 돌아갈 것이다.

하지만 그 전에 1930년대 초반에 재미있다고 입소문이 돌았던 다음의 논리 퍼즐을 풀 수 있겠는가?

007 스미스, 존스, 로빈슨 중
운전사의 이름은 무엇인가?

스미스, 존스, 로빈슨 세 사람은 기차에서 운전사, 소방수, 경비원을 맡고 있다. 누가 어떤 일을 하는지는 알 수 없다. 이 기차에는 우연히 이 세 사람과 이름이 똑같은 승객들이 세 명 타고 있어서, 이름 앞에 '미스터'를 붙여 미스터 스미스, 미스터 존스, 미스터 로빈슨으로 구분한다.

1. 미스터 로빈슨은 리즈에 산다.
2. 경비원은 리즈와 셰필드의 중간 지점에 산다.
3. 미스터 존스의 연봉은 1,000파운드 2실링 1펜스다.
4. 스미스는 당구를 소방수보다 잘 친다.
5. 경비원의 제일 가까운 이웃(승객 중 한 명)은 경비원보다 정확히 돈을 세 배 많이 번다.
6. 경비원과 이름이 같은 승객은 셰필드에 산다.

운전사의 이름은 무엇인가?

(옛날 영국식 화폐 단위를 사용한 원래 퍼즐의 문구를 그대로 옮겨놓았다. 1,000파운드 2실링 1펜스라는 액수가 중요한 이유는 3으로 나눴을 때 정확한 값으로 떨어지지 않기 때문이다.)

나는 이 퍼즐을 무척 좋아한다. 이 문제를 풀다 보면 어느새 탐정이 되어 있다. 언뜻 보면 정보가 너무 빈약해서 답을 구할 수 없을 것 같다. 하지만 단서들을 하나씩 차근히 연결하면 사람들의 정체를 밝힐 수 있다.

'스미스, 존스, 로빈슨 문제'가 1930년 4월에 런던의 문학잡지《스트랜드 매거진》The Strand Magazine에 등장하고 얼마 후 영국 전역에 열풍이 불어 신문을 도배했다. 이 열풍은 전 세계로 퍼져 1932년《뉴욕 타임스》The New York Times에서는 이 퍼즐의 인기를 전하며 리즈와 셰필드를 디트로이트와 시카고로 바꾼 미국 버전의 퍼즐을 소개했다.

이 퍼즐을 푸는 가장 직관적인 방법은 두 개의 격자를 그리는 것이다. 도움을 줄 테니 함께 시작해보자. 우리는 스미스, 존스, 로빈슨 중에 누가 운전사, 소방수, 경비원인지 알아내야 한다. 먼저 아래 왼쪽 그림처럼 세 사람의 이름과 직업을 적은 격자를 그린다. 이 질문에는 세 명의 승객과 세 지역도 등장한다. 따라서 아래 오른쪽 그림처럼 두 번째 격자를 그려서 미스터 스미스, 미스터 존스, 미스터 로빈슨, 그리고 리즈, 셰필드, 그 중간 지점을 표시한다.

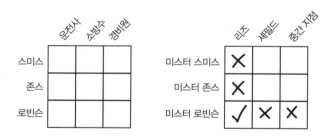

우리가 갖고 있는 확실한 첫 번째 정보는 미스터 로빈슨이 리즈에 산다는 것이다. 따라서 미스터 로빈슨/리즈 칸에 갈매기 표시를 하고, 미스터 로빈슨이 다른 곳에 산다고 하는 칸이나 다른 누군가가 리즈에 살고 있다고 하는 칸에는 모두 가새표를 친다. 더 많은 칸을 채우려면 다른 단서들을 끼워 맞춰 보아야 한다. 예를 들어 경비원과 제일 가까이 사는 한 승객은 경비원보다 정확히 세 배 많은 돈을 번다. 따라서 미스터 존스는 경비원의 제일 가까운 이웃이 아니라고 생각할 수 있다. 미스터 존스의 연봉은 3으로 나누어떨어지지 않기 때문이다. 이제 나머지 추리는 여러분에게 맡기겠다.

이 문제를 발명한 헨리 어니스트 듀드니 Henry Ernest Dudeney 는 문제가 발표되기 한 달 전에 사망했다. 당시 그의 나이는 73세로, 20년 넘게 《스트랜드 매거진》에 퍼즐을 투고했다. 그는 당대 최고의 수학 퍼즐 설계자였지만 죽은 다음에야 가장 큰 성공을 거두었다. 영국의 주간지 《뉴스테이츠먼》 New Statesman 에서 이 퍼즐을 다시 발표했을 때 이 잡지의 브리지(카드 게임—옮긴이) 칼럼과 십자말풀이 편집자 휴버트 필립스 Hubert Phillips 는 이렇게 적었다. "놀라웠다. 누가 요청하지도 않았는데 해답이 물밀듯이 쏟아져 들어온 것을 보면 추리 퍼즐에 대한 대중의 관심이 얼마나 큰지 알 수 있다."

필립스는 전직 경제학 강사이자 자유당 고문이었다. 그는 이 퍼즐이 나올 당시 40대 초반으로 언론계에 발을 들인 지 얼마 안 된 때였다. 대중이 퍼즐에 전례 없이 높은 관심을 보이자 필립스는 브리지 칼럼을 버리고 대신 정기적으로 논리 문제를 실었다. 1930년대를 거치면서 필립스는 수많은 작품을 만들어낸 혁신적인 수학 퍼즐과 여러 퍼즐의 창시자가 되었고, 그 덕분에 10년 동안 이 분야는 황금기를 누렸다.

나는 그가 낸 문제 중 다음에 소개하는 두 문제를 정말 좋아한다. 첫 번째 문제는 누가 그랬는지 맞히는 문제다. 그리고 두 번째는 전통적인 가족 관계 수수께끼를 재치 있게 비틀어놓은 문제다.

008

모임을 땡땡이치고
영화관에 다녀온 사람은 누구일까?

던더헤드 학교는 하키를 잘한다는 평판은 자자하지만 학생들은 별로 정직하지 않다고 소문이 났다. 최근, 힘든 경기를 치른 열한 명의 하키 선수들은 콘서트에 다녀와도 좋다는 허락을 받았다. 나중에 하키 담당 프라이 선생님은 선수들을 다시 모았다. 열 명은 콘서트홀에서 나오고, 한 명은 그 옆 영화관에서 나오는 것을 보았기 때문이다. 선생님이 영화관에 다녀온 사람이 누구냐고 묻자, 학생들은 이렇게 대답했다.

조앤 저긴스(JJ) : 조앤 트위그예요.

거티 개스(GG) : 저예요.

베시 블런트(BB) : 거티 개스는 거짓말쟁이예요.

샐리 샤프(SS) : 거티 개스도 거짓말쟁이고, 조앤 저긴스도 거짓말쟁이예요.

매리 스미스(MS) : 베시 블런트예요.

도로시 스미스(DS) : 베시도 저도 아니에요.

키티 스미스(KS) : 스미스 성을 가진 학생은 아니었어요.

조앤 트위그(JT) : 베시 블런트 아니면 샐리 샤프예요.

조앤 포사이트(JF) : 저 말고 다른 조앤 둘 다 거짓말을 하고 있어요.

로라 램(LL) : 스미스 성을 가진 학생 중 딱 한 명만 진실을 말하고 있어요.

플로라 플러메리(FF) : 스미스 성을 가진 학생 중 두 명이 진실을 말하고 있어요.

이 11가지 주장 중 적어도 일곱 개의 주장이 거짓이라면 영화관에 갔던 사람은 누구일까?

009

아인슈타인이 죽은 후 탄생한
아인슈타인의 수수께끼

어느 마을에 남자 다섯 명이 있었다. 이 마을에는 신부로 삼을 만한 젊은 여성이 없었던지 모두 다른 남자의 홀어머니와 결혼했다. 젠킨스의 의붓아들인 톰킨스는 퍼킨스의 의붓아버지다. 젠킨스의 어머니는 왓킨스 씨 부인의 친구다. 그리고 왓킨스 씨 부인 남편의 어머니는 퍼킨스 씨 부인의 사촌이다. 그럼 심킨스의 의붓아들 이름은 무엇인가?

이와 같은 논리 문제를 요즘에는 흔히 '격자'grid 퍼즐이라고 한다. 격자로 모든 가능한 조합을 그려보는 것이 가장 좋은 문제 풀이 방법이기 때문이다. 이 분야에서 가장 유명한 퍼즐인 '얼룩말 퍼즐'The Zebra Puzzle은 1960년대에 나왔고, 만든 사람이 누구인지는 알려지지 않았다.

이 퍼즐은 1962년에 《라이프》Life에 처음 등장했다. 이 퍼즐은 알베르트 아인슈타인Albert Einstein이 만들었다고 해서 종종 '아인슈타인의 수수께끼'Einstein's Riddle로도 불린다. 아인슈타인이 1955년에 세상을 떠났다는 것이 믿기지 않을 따름이다. 이 퍼즐은 전체 인구 중 2%만 풀 수 있다는 주장도 종종 들리지만 아무래도 사실은 아닌 것 같다. 하지만 아주 기발한 퍼즐이라는 것은 분명하다.

010 다섯 채의 집, 15개의 힌트,
얼룩말이 있는 집은?

1. 집이 다섯 채 있다.
2. 스코틀랜드 사람은 빨간색 집에 산다.
3. 그리스 사람은 개를 키운다.
4. 커피는 초록색 집에서 마신다.
5. 볼리비아 사람은 차를 마신다.
6. 초록색 집은 아이보리색 집 바로 오른쪽에 있다.
7. 브로그 신발을 신은 사람은 달팽이를 키운다.
8. 창이 있는 구두는 노란색 집에 신는다.
9. 우유는 중간에 있는 집에서 마신다.
10. 덴마크 사람은 첫 번째 집에 산다.
11. 버켄스탁 신발을 신은 사람은 여우를 키우는 사람 옆집에 산다.
12. 밑창 구두는 말이 있는 집 옆집에서 신는다.
13. 슬리퍼를 신은 사람은 오렌지 주스를 마신다.
14. 일본 사람은 샌들을 신는다.
15. 덴마크 사람은 파란 집 옆집에 산다.

그럼 물을 마시는 사람은 누구인가? 얼룩말을 가진 사람은 누구인가?

문제를 명확히 하기 위해 설명을 보태자면 다섯 채의 집은 각각 다른 색으로
칠해 있고, 거주자들은 출신 국가, 키우는 애완동물, 마시는 음료, 신는 신발

이 모두 다르다.《라이프》버전에서는 이웃들이 서로 다른 브랜드의 미국 담배를 피우는 것으로 나와 있는데 내가 신발로 대체했다. 아인슈타인은 절대 양말을 신지 않는 것으로 유명했기 때문이다.

《라이프》의 독자들이 보인 반응은 압도적이었다. 이 잡지의 다음 호 표지는 이 퍼즐이 장식했고, 편집자는 이렇게 적었다. "잡지가 판매되기 시작하자마자 우리 우편물실이 독자 편지로 넘치기 시작했습니다. 변호사, 외교관, 의사, 기술자, 교사, 물리학자, 수학자, 대령, 이등병, 성직자, 가정주부 할 것 없이 온갖 사람들이 편지를 보내왔습니다. 그중에는 깜짝 놀랄 정도로 박식하고 논리적인 아동도 있었습니다. 이 편지를 투고한 독자들은 영국의 시골 마을, 페로 제도, 리비아 사막, 뉴질랜드 등 수천 km씩 떨어진 먼 곳에 살고 있었지만 모두들 한 가지 재능을 공통적으로 가지고 있었죠. 바로 비상한 지능이었습니다." 이 책의 독자 여러분도 부디 나를 실망시키지 않았으면 한다.

이 문제를 즐겁게 푼 사람이라면 다음에 나오는 퍼즐이 얼마나 골치 아프고 기발한 문제인지 이해할 수 있을 것이다. 케임브리지 대학교의 논리학자 맥스 뉴먼Max Newman이 고안한 이 문제는 1933년에 필립스가 쓴《뉴스테이츠먼》칼럼에 등장했다. 필립스는 이 퍼즐을 윌리엄 셰익스피어William Shakespeare의《폭풍우》The Tempest에 등장하는 반인반수 노예 이름을 본따 '칼리반'Caliban이라고 불렀다. 그의 칼리반 퍼즐 중 상당수는 전문 수학자들과 함께 만든 작품이었고, 그중에서도 이 퍼즐이 가장 고약했다.

이 퍼즐은 천재적인 작품이다. 질문 안에 담긴 정보는 문제를 풀기에는 터무니없을 정도로 부족해 보이지만 사실은 딱 필요한 만큼의 정보가 들어 있다. 수학 학술지 《매스매티컬 가제트》The Mathematical Gazette 에서는 뉴먼의 퍼즐을 보배로 칭송하면서 풀어보지 않고는 믿지 못할 것이라고 했다. 나도 이 문제를 잡고 씨름하면서 퍼즐의 간결함과 잔인할 정도로 우아한 해법에 감탄했다.

011

칼리반이 남긴 책을
세 사람이 공평하게 나누는 법은?

칼리반의 유언장을 열어보니 다음과 같은 조항이 적혀 있었다.

"로Low, Y.Y., 비평가에게 내 책을 각각 열 권씩 남긴다. 이 세 사람은 다음의
특정한 순서에 따라 책을 고르도록 한다."

1. 내가 초록색 넥타이를 하고 있는 모습을 본 적이 있는 사람은 로보다 먼
   저 고르면 안 된다.
2. Y.Y.가 1920년에 옥스퍼드에 없었다면 첫 번째로 고르는 사람은 절대 내
   게 우산을 빌려준 사람이 아니다.
3. 만약 Y.Y.나 비평가가 두 번째로 고른다면 '비평가'는 처음 사랑에 빠진 사
   람보다 먼저 고른다.

안타깝게도 로, Y.Y., 비평가는 이 조항과 관련된 사실을 아무것도 기억할 수
없었다. 하지만 가족 변호사는 이 문제가 적절히 구성된 것이라고 가정하면
(즉 조항들 중 문제를 푸는 데 불필요한 진술은 없다고 가정하면) 관련된 자료와 순
서를 추론할 수 있을 것이라고 지적했다.
그럼 칼리반이 지시한 고르기 순서는 대체 무엇일까?

로, Y.Y., 비평가는 《뉴스테이츠먼》에서 일하는 필립스의 동료들이었지만 이
사실은 문제와 상관이 없다. 여기서 결정적인 아이디어는 유언장에 담긴 정

보 중 문제를 푸는 데 불필요한 정보는 없다는 점이다. 따라서 진술의 어느 한 부분이라도 불필요하게 하는 해법은 모두 배제해야 한다.

퍼즐을 만들던 뉴먼의 똑똑한 머리는 훗날 더 진지한 퍼즐을 푸는 데 사용된다. 제2차 세계 대전 동안 그는 블레츨리 파크Bletchley Park(제2차 세계 대전 동안 독일의 암호를 해독하는 데 사용됐던 저택—옮긴이)에서 '뉴맨리'Newmanry라는 암호 해독 부서를 운영했고, 이것이 세계 최초로 프로그램 작동이 가능한 전자 컴퓨터인 콜로서스Colossus의 개발로 이어졌다. 뉴먼은 이론컴퓨터과학theoretical computer science의 아버지 앨런 튜링Alan Turing의 동료이자 가까운 친구였다. 사실 튜링의 기념비적인 논문인 〈결정 문제에 대한 적용과 관련한 계산 가능한 수에 관하여〉On Computable Numbers, with an Application to the Entscheidungs-problem는 케임브리지 대학교에 있던 뉴먼의 강연에서 영감을 받아 나왔다. 뉴먼은 전쟁이 끝나고 맨체스터에 로열 소사이어티 계산 기계 연구소Royal Society Computing Machine Laboratory를 세우고 튜링을 설득해 자기와 함께 일하도록 했다.

필립스는 다음에 나오는 놀라운 '3자 결투'three-way duel 퍼즐을 제일 먼저 소개했다. 이 퍼즐을 최후의 한 사람이 남는 영화 〈석양의 무법자〉The Good, The Bad, and The Ugly에 존경을 표시하는 의미로 각색했다.

012 좋은 놈, 나쁜 놈, 이상한 놈이 **겨냥해야 할 사람은?**

좋은 놈, 나쁜 놈, 이상한 놈이 3자 결투를 벌이려고 한다. 세 사람은 각각 삼각형의 꼭짓점 위치에 자리 잡고 있다. 규칙은 이상한 놈이 제일 먼저, 다음은 나쁜 놈이, 다음은 좋은 놈이 쏘고, 다시 이상한 놈으로 돌아와 마지막 한 명이 남을 때까지 같은 순서로 계속 총을 쏜다. 이상한 놈은 사격 실력이 제일 떨어져서 세 번에 한 번꼴로 과녁을 명중시킨다. 나쁜 놈은 그보다는 나아서 세 번에 두 번꼴로 명중시킨다. 반면 좋은 놈은 최고의 사수다. 절대 과녁을 비껴가는 법이 없다.

여기서는 모든 사람이 최고의 전략을 사용하고, 자기를 겨누지 않은 총에 맞는 경우는 없다고 가정하자.

이상한 놈이 생존하려면 누구를 겨냥해야 할까?

필립스가 만든 퍼즐은 아니지만 그가 개척한 유형의 더욱 논리적인 퍼즐 세 개를 소개한다. 이 퍼즐을 읽다 보면 단막극을 보는 기분이 든다. 그리고 문제가 꽤 까다로워서 풀고 나면 아주 뿌듯할 것이다.

잘못 붙은 과일 라벨을
제대로 붙이려면?

세 개의 상자가 있다. 첫 번째 상자에는 '사과', 두 번째 상자에는 '오렌지', 세 번째 상자에는 '사과와 오렌지'라는 딱지가 붙어 있다. 그리고 한 상자에는 사과가, 다른 상자에는 오렌지가, 그리고 나머지 상자에는 사과와 오렌지가 들어 있다.

하지만 딱지들은 모두 엉뚱한 상자에 붙어 있다. 당신의 임무는 딱지를 올바르게 다시 붙이는 것이다. 상자 안에 무엇이 들어 있는지 열어보거나 냄새를 맡아볼 수는 없다. 하지만 상자를 하나 골라 그 안에 손을 집어넣어 과일을 하나 꺼내볼 수는 있다.

당신이라면 어느 상자를 선택하겠는가? 그리고 일단 어떤 과일이 나오는지 확인하고 나면 세 상자에 들어 있는 내용물을 어떻게 추리해내겠는가?

014 소금, 후추, 렐리시를 들고 있는
솔트, 페퍼, 렐리시

시드 솔트Sid Salt, 필 페퍼Phil Pepper, 리스 렐리시Reese Relish가 같이 점심을 먹고 있는데 그들 중 '한 남자'가 세 명 중 한 명은 소금(솔트)을, 또 한 사람은 후추(페퍼)를, 그리고 또 한 사람은 렐리시relish(새콤달콤하게 초절임한 열매채소를 다져 만든 양념—옮긴이)를 집어 들고 있는 것을 지적했다. 그러자 소금을 들고 있는 사람이 대꾸했다.

"참 재미있는 상황이로군. 자기 성과 일치하는 조미료를 들고 있는 사람이 아무도 없어!"

리스가 거기에 덧붙여 말했다.

"렐리시 좀 건네줘."

만약 '한 남자'가 렐리시를 들고 있지 않다면 필이 들고 있는 것은 무엇일까?

세계 최초의 가위바위보 게임에서
이긴 사람은?

아담과 이브가 가위바위보를 열 번 했다. 지금까지 알려진 내용은 다음과 같다.

1. 아담은 바위는 세 번, 가위는 여섯 번, 보는 한 번 냈다.
2. 이브는 바위를 두 번, 가위는 네 번, 보는 네 번 냈다.
3. 비기는 경우는 절대 없었다.
4. 아담과 이브가 가위바위보를 낸 순서는 알 수 없다.

누가 몇 번이나 이겼을까?

1964년 필립스가 세상을 떠나자 《타임스》The Times의 부고 기사에 이런 글이 올라왔다. "그는 날씨가 궂은 날마다 우리에게 당대 그 어느 작가보다도 큰 즐거움을 안겨주었다고 해도 과언이 아니다." 그는 퍼즐도 발표했지만 수천 편의 십자말풀이를 편찬하고, 자신이 영국 주장으로 활약했던 브리지 게임에 대해서도 많은 글을 썼다. 그는 또한 경묘시light verse('오락시'라고도 한다. 사람의 보통 목소리와 느긋한 태도로 주제를 유쾌하고 희극적으로 풍자하거나, 온화하고 변덕스럽게 풍자하기도 한다.—옮긴이), 200편 이상의 추리 소설, 축구 도박에 관한 학술 논문 등도 썼고, BBC 라디오의 〈라운드 브리튼 퀴즈〉Round Britain Quiz에서는 사랑받는 재담가로도 활약했다. 다방면에서 활동한 그는 특히 퍼즐 문화에 기여한 부분이 넓고도 깊었다.

필립스는 퍼즐에 등장하는 인물들 사이의 공유 지식_{shared knowledge}(공유 지식 퍼즐에서 모든 참여자가 공통으로 알고 있는 정보 사항. 자기가 알고 있다는 것을 다른 사람이 알고 있고, 또 그렇다는 사실을 서로가 알고 있는 등의 상황을 말한다.—옮긴이)을 기반으로 해서 풀어나가는 퍼즐을 처음으로 발표한 사람이다. 그래서 그는 2015년 즈음에 전 세계적으로 유행했던 '셰릴의 생일 문제'의 할아버지라고 할 수 있다.

이 퍼즐들 중 가장 먼저 나온 것들은 '얼굴에 묻은 얼룩'_{smudge on face} 문제였다. 가장 간단한 버전에서는 두 사람만 등장한다.

016 두 여자아이 중
흙 묻은 얼굴을 찾아라

앨버타와 버나뎃이 정원에서 흙장난을 하고 놀았다. 둘이 집 안으로 들어오자 아버지는 두 딸의 얼굴을 보고 둘 중 적어도 한 명은 얼굴에 흙이 묻어 있다고 말했다. 자매는 상대방의 얼굴은 볼 수 있지만 자기 얼굴은 볼 수 없었다.

아버지가 두 소녀에게 벽에 등을 대고 서라고 했다.

"얼굴에 흙이 묻은 사람은 앞으로 나와라."

아버지가 말했다. 아무도 나오지 않았다.

"얼굴에 흙이 묻은 사람은 앞으로 나오라니까."

아버지가 다시 한번 말했다.

얼굴에 흙이 묻은 사람은 누구일까? 그리고 그 이유는?

이런 유형의 퍼즐을 풀 때는 아무리 말썽꾸러기 아이들이라 해도 모든 등장 인물이 정직하게 행동하고, 전문 논리학자만큼이나 훌륭한 분석 능력이 있다고 가정해야 한다.

이제 나와 함께 논리를 펼쳐보자. 두 자매 중 적어도 한 명은 얼굴에 흙이 묻었다는 것을 알고 있다. 따라서 모두 세 가지 시나리오가 나온다. 앨버타에게 흙이 묻고, 버나뎃은 그렇지 않은 경우, 혹은 그 반대인 경우, 혹은 둘 다 얼굴에 흙이 묻었을 경우.

(1) 앨버타에게 흙이 묻고, 버나뎃은 깨끗한 경우(외부인인 우리는 이 정보를 알고 있지만 자매들은 모른다는 사실을 명심하자). 자매는 자기 눈에 보이는 것, 자기가 추론할 수 있는 것만 알고 있다.

앨버타의 생각 속으로 들어가 보자. 앨버타는 버나뎃의 얼굴을 보며 깨끗하다는 것을 안다. 적어도 둘 중 한 명은 얼굴에 흙이 묻었음을 알기 때문에 자기가 흙이 묻은 사람이라는 것을 추론할 수 있다. 그때 아버지가 얼굴에 흙이 묻은 사람은 앞으로 나오라고 했는데 앨버타는 그러지 않았다. 그럼 이 시나리오가 분명 잘못된 것이라 추론할 수 있다. 앨버타가 정직했다면 앞으로 나왔을 것이기 때문이다.

(2) 버나뎃에게 흙이 묻고, 앨버타는 깨끗한 경우. 이름만 바꾸면 위와 똑같은 논리가 적용되므로 이 시나리오도 배제된다.

(3) 둘 다 흙이 묻은 경우. 이번에도 앨버타의 생각 속으로 들어가 보자. 버나뎃의 얼굴을 보니 흙이 묻어 있다. 앨버타는 적어도 둘 중 한 명은 얼굴에 흙이 묻은 것을 안다. 하지만 자기 얼굴에 흙이 묻었는지는 추론할 수 없다. 자기 얼굴이 흙이 묻은 경우든, 깨끗한 경우든 '적어도 둘 중 한 명은 얼굴에 흙이 묻었다'는 진술이 참이 되기 때문이다. 따라서 아버지가 얼굴에 흙이 묻은 사람은 앞으로 나오라고 했을 때 앨버타는 앞으로 나가지 않았다. 여기서 중요한 점은 앨버타가 자기 얼굴이 깨끗하다고 생각해서가 아니라, 자기 얼굴 상태를 알 수 없어서 앞으로 나가지 않았다는 점이다.

마찬가지로 버나뎃도 앨버타의 얼굴에 흙이 묻은 것을 보고, 자기 얼굴 상태를 확실하게 알 수 없다. 그래서 아버지가 얼굴에 흙이 묻은 사람은 앞으로 나오라고 했을 때 버나뎃 역시 망설인다.

아버지가 처음에 흙이 묻은 사람은 앞으로 나오라고 했을 때 둘 다 움직이지 않았으므로 이 시나리오가 올바른 시나리오임을 확신할 수 있다. 그럼 다음에는 무슨 일이 일어날까?

앨버타는 얼굴에 흙이 묻었거나 묻지 않았거나 둘 중 하나다. 하지만 여기서 자기가 얼굴이 깨끗할 가능성을 배제할 수 있다. 만약 자기 얼굴이 깨끗하다면, 그것을 본 버나뎃이 자기 얼굴에 흙이 묻었음을 추론해서 아버지가 처음 얘기를 꺼냈을 때 앞으로 나갔을 것이기 때문이다. 따라서 앨버타는 자기 얼굴에 흙이 묻었다는 것을 추론하게 된다. 똑같은 이유로 버나뎃도 자기 얼굴에 흙이 묻었음을 추론할 수 있다. 그래서 아버지가 흙이 묻은 사람은 앞으로 나오라고 한 번 더 말했을 때 두 자매는 함께 앞으로 나가게 된다.

요약하면 이렇다. 두 자매 모두 서로의 얼굴에 흙이 묻은 것을 보고, 자기 얼굴에 대한 정보를 추론할 수 없다. 하지만 상대방이 자기 자신의 얼굴 상태를 추론할 수 없는 상태임을 깨닫고 나면 거기서 얻은 새로운 정보를 통해 둘 다 얼굴에 흙이 묻었음을 추론할 수 있다. 깔끔하게 퍼즐이 풀렸다!

필립스는 1932년에 '얼굴에 묻은 얼룩' 퍼즐을 제일 먼저 발표했지만 얼굴에 묻은 얼룩 퍼즐에 담겨 있는 논리는 그보다 더 오래됐다. 적어도 16세기로 거슬러 올라가는 프랑스의 실내 게임 '웃지 않고 괴롭히기' I Pinch You Without Laughing 에서는 한 사람이 검댕을 묻힌 손가락을 다른 사람의 얼굴에 비비는데 끝까지 웃지 않는 사람이 이긴다. '웃지 않고 괴롭히기' 게임은 프랑스의 작가 프랑수아 라블레_{François Rabelais}의 코미디 걸작《가르강튀아와 팡타그뤼엘》_{Gargantua and Pantagruel}에서 언급됐다. 19세기 초반 독일어 번역판에서는 이 게임을 살짝 비틀어서 모든 사람이 손가락으로 자기 오른쪽 사람의 턱을 문지른다. 그중 두 명은 손가락에 숯을 묻혔기 때문에 결국 두 사람의 얼굴에 얼룩이 묻는다. 번역가는 이렇게 지적한다. "이 두 사람은 바보가 되고 만다. 두 사람 모두 사람들이 자기가 아니라 다른 사람을 보고 웃는다고 생각하기 때문이다."

필립스가 '얼굴에 묻은 얼룩' 문제를 발표하고 나서 곧 그것을 변형한 문제들이 퍼즐 책에 등장해서 학계의 관심을 끌었다. 우주의 기원을 설명하는 빅뱅 이론_{Big Bang theory}을 주창한 사람 중 하나인 러시아계 미국인 천문학자 조지 가모_{George Gamow}도 아주 멋진 대중 과학 서적을 썼다. 그중 하나가 1947년에 나온《1, 2, 3 그리고 무한》_{One, Two, Three … Infinity}인데 이 책은 여전히 내가 제일 좋아하는 책 중 하나다. 이 책은 그림을 그가 직접 그려 넣어 특히나 매력적이다. 1956년에 가모는 콘베어_{Convair} 항공사에서 자문으로 일하고 있었는데, 이 회사에는 마빈 스턴_{Marvin Stern}이라는 수학자가 상근직으로 근무하고 있었다. 두 사람은 서로 다른 층에서 일했는데, 서로의 사무실에 찾아갈 때마다 엘리베이터가 거의 항상 반대 방향으로 움직이고 있다는 생각이 들었다. 두 사람은 이 수수께끼 뒤에 숨어 있는 수학에 대해 이야기를 나누다가 친구가 됐고, 그 결과《퍼즐 수학》_{Puzzle-Math}이라는 책을 함께 쓰게 됐다. 이 책에는 다음에 나오는 세 사람이 등장하는 '얼굴에 묻은 얼룩' 문제가 실려 있다.

017 어떻게 하면 내 얼굴에 묻은 검댕을
더 빨리 알아차릴까?

기차 안에서 세 명의 승객이 각자 자기 일을 하며 앉아 있는데, 갑자기 옆을 스쳐가는 기차에서 연기가 뿜어져 나와 창문으로 들이닥치는 바람에 모두 얼굴에 검댕이 묻었다. 승객 중 한 명인 앳킨슨 양이 책을 읽다 말고 고개를 들었다가 숨죽여 웃는다. 그런데 가만 보니 나머지 두 승객도 낄낄거리며 웃고 있다. 앳킨슨 양은 자기 얼굴은 깨끗하고, 두 승객은 얼룩이 묻은 서로의 얼굴을 보며 웃는다고 생각했는데, 두 사람도 마찬가지였다. 그 순간 그녀는 무언가를 깨닫고 손수건을 꺼내 자기 얼굴을 닦았다.

우리는 세 사람 모두 논리적으로 판단해 행동했지만 앳킨슨 양이 상황을 더 빨리 파악했다고 추정할 수 있다. 앳킨슨 양은 자기 얼굴에도 검댕이 묻었다는 것을 어떻게 알았을까?

《퍼즐 수학》은 가모의 다른 책들만큼 잘 알려져 있지는 않지만 이 책에는 지금까지 고안된 가장 훌륭한 논리 퍼즐 중 하나가 실려 있다(가모는 이 퍼즐이 소련의 위대한 천체물리학자 빅토르 암바르추미안Victor Ambartsumian의 것이라고 한다). 나는 성차별적인 요소를 거꾸로 뒤집어서 문제를 조금 바꾸었다. 어려운 퍼즐이지만 앞서 나온 두 문제의 논리를 잘 따라갔다면 이 문제를 풀 만반의 준비가 되어 있을 것이다. 그리고 설사 정답을 찾지는 못하더라도 정답으로 이어지는 논리를 따라가며 감탄할 수는 있을 것이다.

018

바람을 피운 40명의 남편과
그들을 처벌하는 아내

한 마을에 40명의 남편이 아내를 두고 바람을 피우고 있다. 모든 아내는 자기 남편 말고 다른 남편들이 모두 바람을 피운다는 사실을 알고 있다. 바꿔 말하면 각각의 아내들은 나머지 39명의 남편이 바람을 피우는 것은 알지만 자기 남편만큼은 그렇지 않다고 믿는다. 마을이 도덕적으로 타락했다는 것을 알게 된 왕은 사악한 남편들을 벌하는 법을 발표한다. 이 법은 아내가 자기 남편이 바람피우는 것을 발견하면 그다음 날 정오에 마을 광장에서 아내가 남편을 죽이도록 규정한다.

그러고서 왕은 이렇게 말한다. "적어도 한 명의 남편이 바람피우는 것을 알고 있다. 너희들이 그 문제에 대해서 무언가 조치하기를 명한다."

그럼 무슨 일이 일어날까?

언뜻 보면 이 퍼즐은 풀기가 불가능해 보인다. 아내들은 이미 39명의 남편이 바람피운다는 것을 알고 있기 때문이다. 왕이 밝힌 '적어도 한 명의 남편'이 바람을 피운다는 사실이 어떤 차이를 만들까? 아주 확실한 차이를 만든다!

다음 퍼즐도 비슷한 맥락에서 사유 지식과 공유 지식을 기반으로 추론하는 세 사람이 등장한다.

019 눈을 감고 상자에서 꺼내 쓴
모자의 색을 맞힐 수 있을까?

앨저넌, 발타자르, 카락터커스에게는 빨강 모자 세 개와 초록 모자 두 개가 든 상자가 있다. 세 사람은 각자 눈을 감은 채 상자에서 모자를 하나 꺼내 머리에 쓴다. 그리고 상자를 닫고 눈을 뜬다. 각자는 다른 두 사람이 쓰고 있는 모자의 색깔을 볼 수 있다. 하지만 자기 모자가 무슨 색깔인지, 상자 안에 어떤 색깔의 모자가 남아 있는지는 알 수 없다.

앨저넌이 말한다. "내 모자가 무슨 색인지 모르겠어."

발타자르가 말한다. "내 모자가 무슨 색인지 모르겠어."

카락터커스는 다른 두 사람이 빨강 모자를 쓴 것을 보고 이렇게 말한다. "난 내 모자의 색을 알겠어."

무슨 색일까?

'모자 상자' 퍼즐은 아무리 늦게 잡아도 1940년부터 시작됐다. 하지만 당시에는 설정이 지금과 달라서 모자 대신 중국 고관대작의 이마에 붙은 동그라미가 등장했다. 그리고 더 중요한 차이점은 이 고관대작 중 그 누구도 자기가 무엇을 모르는지 소리 내어 말하지 않았다는 것이다. 각각의 사람은 다른 사람의 침묵에서 자기가 무엇을 모르는지 추론해야 했다.

각각의 등장인물이 무언가를 알 때까지 자기는 모르겠다고 선언하는 우스꽝스러운 대화는 1960년대에 들어서 발전된 부분이다. 무언극 같은 느낌

이 들던 퍼즐이 이런 대화 덕분에 누가 무엇을 알고 있는지 훨씬 더 분명해졌다.

다음 퍼즐은 영국의 수학자 존 이든저 리틀우드John Edensor Littlewood가 1953년에 펴낸《어느 수학자의 선집》A Mathematician's Miscellany에 나오는 것이다. 리틀우드는 고드프리 해럴드 하디Godfrey Harold Hardy와 함께 20세기 전반에 영국에서 가장 위대한 수학자 세 사람 중 한 명이다. 두 사람은 오랜 시간 동안 믿기 어려울 정도로 활발하게 공동 연구를 진행했기 때문에 사람들은 두 사람을 합쳐서 '하디-리틀우드'라고 농담처럼 부르기도 했다. 제1차 세계 대전 동안 리틀우드는 육군에서 미사일 궤적의 방향, 시간, 그리고 사정거리를 계산하는 공식을 개선하는 작업을 했다. 그의 군사적 연구는 너무도 중요한 것이었기 때문에 그는 유니폼을 입고 있는 상태에서도 우산을 쓸 수 있는 허가를 받는 등 여러 모로 특혜를 받았다.

다시 퍼즐로 돌아오자. 다음 퍼즐은 리틀우드의 원작을 개작한 것이다. 이 퍼즐은 풀기가 만만치 않다. 공통 지식common knowledge이 축적됨에 따라 생기는 여러 가능성을 모두 머릿속에 담아놓아야 하기 때문이다. 이 퍼즐의 재미는 성립하지 않는 경우들을 단계별로 배제하면서 정답을 찾아가는 데 있다. 논리 퍼즐을 풀려면 머리가 맑아야 한다. 이 과정은 아주 신나면서도 고통스러운데 이것 역시 재미의 일부다.

몰래 적은 숫자를
최소한의 힌트로 알아맞히기

세베대가 종이에 몰래 두 숫자를 적어놓았다. 그가 크산토스와 이베트에게 말하기를 두 수가 자연수라고 했다. 즉 1, 2, 3, 4, 5…로 이어지는 숫자 중에 골랐다는 의미다. 그리고 두 수가 연속하는 수라고 했다. 즉 1과 2, 2와 3, 3과 4 등의 형태로, 한 숫자와 거기에 뒤따라 나오는 숫자로 이루어졌다는 의미다. 그러고서 세베대는 그 중 한 숫자를 크산토스에게, 다른 한 숫자를 이베트에게 귓속말로 알려주었다. 그리고 다음과 같은 대화가 이어졌다.

크산토스 : 네 숫자를 나는 모르겠어.
이베트 : 네 숫자를 나는 모르겠어.
크산토스 : 이제는 네 숫자를 알겠어!
이베트 : 이제는 네 숫자를 알겠어!

세베대가 말한 숫자 중 하나라도 추론할 수 있겠는가?

세베대Zebedee는 숫자를 크산토스Xanthe에게 귓속말로 하지 않고 이베트Yvette의 얼굴이나 모자에 써도 상관없었을 것이다. 그리고 이베트에게도 숫자를 귓속말로 알려주지 않고 크산토스의 얼굴이나 모자에 써도 됐을 것이다. 이 퍼즐에서 중요한 점은 이베트가 모르는 무언가를 크산토스가 알고 있고, 그 반대도 성립한다는 점이다.

다음 문제도 이런 구조가 바탕이 된다. 이 문제는 내가 싱가포르 웹사이트에서 찾아내 2015년에 〈가디언〉 블로그에 올렸다. 내가 이 문제에 흥미를 느낀 이유는 초등학생을 위한 문제라고 설명되어 있었기 때문이다. 이것을 보고 아시아의 수학 교육이 우리를 주눅 들게 할 정도로 수준이 높다는 생각이 더 굳어졌다. 싱가포르의 초등학생이 이런 문제를 풀 수 있을 정도라면, 가히 세계 최고의 젊은 수학자라고 해도 과언이 아니다.

싱가포르 열 살짜리도 맞히는
셰릴의 생일 찾기

앨버트와 버나드는 셰릴과 친구가 되자마자 셰릴에게 생일을 물어보았다.
그랬더니 셰릴은 열 개의 생일 날짜 후보 목록을 보여주었다.

5월 15일	5월 16일	5월 19일
6월 17일	6월 18일	
7월 14일	7월 16일	
8월 14일	8월 15일	8월 17일

그리고 앨버트에게는 생일의 달을, 버나드에게는 생일의 날짜를 각각 알려
주었다. 뒤이어 다음과 같은 대화를 나눴다.

앨버트 : 셰릴의 생일이 언제인지는 모르겠지만 버나드도 마찬가지로 모른다
　　　　는 것은 알아.
버나드 : 처음에는 셰릴의 생일이 언제인지 몰랐지만 지금은 알겠어.
앨버트 : 그럼 나도 셰릴의 생일이 언제인지 알겠어.

셰릴의 생일은 언제일까?

셰릴의 생일 문제는 내가 글을 올린 지 몇 시간 만에 〈가디언〉 웹사이트에서
가장 많은 사람이 찾아본 이야기가 됐다. 아마도 내가 '당신은 싱가포르 열

살짜리 초등학생보다 똑똑한 사람인가요?'라고 도발적으로 써놓은 제목이 영향을 미쳤을 것이다. 하지만 그 후 얼마 지나지 않아 이 질문을 15세 청소년 상위 40%를 대상으로 열리는 지역 수학 경진 대회에서 갖다 썼다는 사실을 알게 됐다. 이 질문은 점점 더 어려워지는 25개 문항 중 뒤에서 두 번째 문제였다. 상위권에 속하는 학생들만 이 문제를 제대로 풀 수 있을 것이라 예상했다는 의미다. 나는 문제의 난이도를 정확하게 반영할 수 있도록 제목을 수정했지만 사람들의 관심은 줄지 않았다. 오히려 정반대였다. 셰릴의 생일 문제는 전염병처럼 인터넷을 타고 전 세계로 퍼져나갔다. 그 후로 한동안 BBC, 《뉴욕 타임스》를 비롯한 여러 뉴스 사이트에서 논리 퍼즐에 대해 앞다투어 다루었다. 셰릴의 생일 퍼즐은 〈가디언〉 웹사이트에서만 그 주에 500만 번이 넘는 조회 수를 기록했다. 그리고 〈가디언〉에서 그해에 가장 많은 사람이 찾아본 게시물을 조사해보았더니 내가 이 문제를 올린 게시물이 9등을 차지했고, 그 문제의 정답을 올린 게시물은 6등이었다. 수학 문제가 전 세계적으로 이렇게 많은 사람에게 순식간에 퍼진 경우가 있었을까 싶다.

나는 이 문제를 만든 싱가포르의 수학교육자 조지프 여분위Joseph Yeo Boon Wooi에게 연락했다. 그는 페이스북을 하다가 그 시험 문제 사진을 보고서야 이 퍼즐이 대유행한다는 것을 알게 됐다. 그는 사진을 보고 이렇게 외쳤다. "어라, 이거 어디서 많이 보던 건데…. 가만, 이거 내가 만든 문제잖아!" 싱가포르 국립 교육 연구소National Institute of Education에서 일하는 여분위 박사는 싱가포르 전체 중등학교의 절반 이상이 사용하는 수학 교과서의 주요 필자다. 그가 말하기를 '셰릴의 생일 퍼즐'의 아이디어는 다른 사람으로부터 나온 것이라고 했다. 그는 인터넷에서 그와 비슷한 버전의 퍼즐을 읽은 후에 등장인물의 이름을 새로 고치고, 대화를 압축하고, 날짜를 바꿔서 자기만의 생일 문제 해법을 만들어냈다. 우리는 원래 퍼즐을 만든 사람이 누구인지 찾아내는 데 실패했다. 그저 드렉설 대학교에서 운영하는 '수학 박사에게 물어보세요'_{Ask Dr Math} 게시판에 2006년에 올라온 게시물을 추적할 수 있었을 뿐이다. 이 게시물은 '에디'_{Eddie}라는 누군가가 정답을 맞혀보라며 제출한 것이었다.

셰릴의 생일 퍼즐에서 얻을 수 있는 교훈 중 하나는 위대한 퍼즐은 보통 공동 작업으로 만들어진다는 점이다. 농담이나 우화처럼 퍼즐도 시간이 지나면서 하나둘 변화하고 진화한다. 문제가 새로 각색될 때마다 무언가 새로운 것이 추가되고, 최고의 퍼즐 같은 경우에는 수십 년, 수백 년, 심지어는 수천 년까지도 살아남을 수 있다.

어쨌거나 이 속편을 고안한 사람은 여분위가 맞다.

022 '아까는 몰랐지만 이제는 아는' 데니스의 생일 문제

앨버트, 버나드, 셰릴이 데니스와 친구가 됐다. 이제 이들은 데니스의 생일을 알고 싶어졌다. 그러자 데니스는 생일 후보 날짜 20개의 목록을 보여줬다.

2001년 2월 17일	2002년 3월 16일	2003년 1월 13일
2004년 1월 19일	2001년 3월 13일	2002년 4월 15일
2003년 2월 16일	2004년 2월 18일	2001년 4월 13일
2002년 5월 14일	2003년 3월 14일	2004년 5월 19일
2001년 5월 15일	2002년 6월 12일	2003년 4월 11일
2004년 7월 14일	2001년 6월 17일	2002년 8월 16일
2003년 7월 16일	2004년 8월 18일	

그러고 나서 데니스는 앨버트에게는 생일의 달을, 버나드에게는 날짜를, 셰릴에게는 연도를 말해주었다. 그리고 다음과 같은 대화가 이어졌다.

앨버트 : 데니스 생일이 언제인지 모르겠어. 하지만 버나드가 모른다는 것은 알겠어.

버나드 : 난 아직 데니스의 생일이 언제인지 모르겠어. 하지만 셰릴도 아직 모른다는 것을 알겠어.

셰릴 : 난 아직 데니스의 생일이 언제인지 모르겠어. 하지만 앨버트도 아직 모른다는 것은 알겠어.

앨버트 : 이제 데니스의 생일이 언제인지 알겠어.

버나드 : 이제 나도 알겠어.

셰릴 : 그럼 나도.

데니스의 생일은 언제일까?

셰릴의 생일 퍼즐 역사에서 또 하나의 중요한 원형은 1969년 네덜란드의 수학자 한스 프로이던탈Hans Freudenthal이 제시한 '불가능한 퍼즐'impossible puzzle이다. 이 퍼즐은 데니스의 생일 문제에서 쓰인 '아까는 몰랐지만 이제는 알아' 형태의 대화가 들어간 최초의 퍼즐이다. 이름에 걸맞게 이 퍼즐은 펜과 종이만으로 풀기는 너무 버거워서 여기에는 포함시키지 않았다(하지만 용기 있는 사람이라면 온라인으로 검색해서 도전해보기 바란다). '불가능한 퍼즐'은 또 다른 퍼즐의 전통도 잇고 있다. 이 퍼즐은 20세기 전반부까지 거슬러 올라간다. 이 퍼즐에서는 수의 집합이 있고, 그 집합 속의 수를 모두 더한 값과 모두 곱한 값을 알고 있을 때 각각의 수가 무엇인지 추론해야 한다. 보통 이 문제들은 나이와 관련한 문제로 등장한다. 그리고 목사와 관련된 문제로 나올 때가 꽤 많다.

023

아주 적은 정보로
세 아이의 나이 맞히기

목사가 교회 관리인에게 물었다. "자네 아이 세 명은 나이가 어떻게 되나?"
교회 관리인이 대답했다. "아이들의 나이를 모두 더하면 제 방문에 적힌 숫자가 나옵니다. 그리고 나이를 모두 곱하면 36이 나옵니다."
목사는 잠시 자리를 떠났다가 돌아와서는 문제를 못 풀겠다고 했다.
교회 관리인이 목사에게 말했다. "목사님 아들이 우리 아이들 중 누구보다도 나이가 많습니다." 그러자 목사가 이제 문제를 풀 수 있다고 했다.
아이들의 나이를 맞혀보라.

이 문제는 24번 퍼즐로 이어진다. 이 퍼즐은 프린스턴 대학교 명예 교수인 영국의 수학자 존 호턴 콘웨이John Horton Conway가 고안했다. 내가 지난번 '수학, 퍼즐, 마법 학제 간 학회'에서 콘웨이를 만났을 때 그는 청중 300명에게 자신에게 힘을 주는 주문이 필요하다면서 최대한 약하게 '얼간이'라고 중얼거리며 자기 자신을 가리키는 동작을 취해달라고 제안했다. 그리고 사람들의 얼간이 주문을 받으며 실내를 돌았다. 콘웨이의 장난기는 학자로서 그의 경력 전반에 영향을 미쳤다. 그는 수많은 게임과 퍼즐을 발명했는데, 그중 가장 유명한 것이 '생명 게임'Game of Life이다. 이것은 사물의 진화 방식을 수학적으로 시뮬레이션한 것인데 스티븐 호킹Stephen Hawking 같은 과학자도 이것을 단순한 규칙이 어떻게 복잡한 행동을 낳는지를 보여주는 모형으로 사용한다.

제1장 논리 문제

073

다음에 나오는 콘웨이의 문제는 한 편의 걸작이다. 이 퍼즐은 '공유 지식 퍼즐'이라는 장르를 조롱하지만, 한편으로는 아주 뛰어난 공유 지식 퍼즐 사례다. 앨퀸 이후로 최고의 논리 퍼즐들이 모두 그랬듯이 이 문제는 아주 놀라운 이야기를 제시하는데, 언뜻 보기에는 정보가 너무 부족해서 풀 수 없을 것처럼 보인다.

옆자리에 앉은 마법사의 대화로
추측한 버스 번호

024

어젯밤 나는 버스에서 옆자리에 앉은 마법사 두 명이 하는 말을 엿듣게 됐다.

A: 내게 자식이 몇 명 있는데, 아이들의 나이는 양의 정수고, 그 나이를 모두 합하면 이 버스의 번호가 나옵니다. 모두 곱하면 내 나이가 나오고요.

B: 그것 참 재미있네요! 당신이 몇 살인지, 그리고 아이가 몇 명인지 알려주면 아이들의 개별 나이를 계산할 수 있을 것 같은데요?

A: 못 합니다.

B: 아해! 그럼 드디어 당신 나이를 알겠군요!

버스 번호는 몇 번이었을까?

여기서 마법사가 "못 합니다."라고 말한 것은 상대방을 무시해서 하는 소리가 아니다. 자기 나이와 아이의 수를 말해줘도 B가 아이들의 개별 나이를 추론할 수 있는 정보로는 충분하지 않다는 의미다.

　문제를 좀 더 단순하게 만들기 위해 마법사의 아이는 한 명 이상이고, 한 살짜리 아이는 한 명을 넘지 않는다는 것은 여기서 밝혀두겠다. 그리고 버스 번호로 가능한 숫자는 하나밖에 없다.

　그럼 시작!

마지막으로 다음 장에서 다룰 기하학 문제를 대비해서 워밍업하는 의미로 시각적인 논리 퍼즐을 하나 제시한다. 이 퍼즐을 대부분 틀린다고 하면 문제를 푸는 데 도움이 되려나?

025

카드를 뒤집어
명제를 증명하기

아래 나오는 네 장의 카드는 각각 한 면에는 영어 알파벳 글자가, 그리고 반대 면에는 숫자가 적혀 있다.

다음의 규칙이 참임을 입증하려면 어떤 카드를 뒤집어보아야 하는가?

"한 면에 모음이 적힌 카드는 모두 반대 면에 홀수가 적혀 있다."

제2장

기하학 문제

_ 당신은 도형과 친한 사람인가요?

맛보기 문제 2

01   'LYLY'라는 문자열의 앞이나 끝에 글자를 하나 덧붙여서 영단어를 만들어 보자. 주어진 글자들의 순서를 바꿔서는 안 된다.

02   키보드 제일 윗줄에 나오는 열 개의 글자는 다음과 같다.

> QWERTYUIOP

이 글자로만 이루어진 열 글자짜리 단어를 찾을 수 있을까?

03   'ONIG'라는 문자열에 새로운 글자를 세 개만 추가해 단어를 완성하라. 주어진 글자들은 최종 단어에서도 지금의 순서대로 나와야 하고, 그 사이에 다른 글자가 끼어들어서는 안 된다.

04 　재스퍼 제이슨Jasper Jason은 지역 라디오 방송국에서 일한다. 아래 그림은 그의 명함이다. 여기서 규칙을 찾아낼 수 있을까?

05 　'RAOR'라는 문자열의 앞이나 끝에 글자를 덧붙여서 단어를 완성하라. 주어진 글자들은 최종 단어에서도 이 순서 그대로 나타나야 하고, 글자 사이에 다른 글자가 끼어들어서는 안 된다. 이번에는 얼마나 많은 글자가 필요한지 말해주지 않겠다.

06 　퍼즐 학자 데이비드 싱매스터David Singmaster는 시험 감독을 하다가 다음과 같은 문자열에서 규칙을 찾아냈다. 노트북을 만지다가 실수로 T 키가 눌렸던 것은 아니다.

SENTTTTTTTTTTTTTTTTTTTT

다음에 나올 글자는 무엇인가?

07 　'**HQ**'라는 문자열의 앞이나 끝에 글자를 덧붙여서 단어를 완성하라. 주어
　진 글자들은 최종 단어에서도 이 순서 그대로 나타나야 하며 사이에 다른
　글자가 들어가서는 안 된다.

08 　다음에 등장하는 단어들의 공통점은 무엇인가?

Assess

Banana

Dresser

Grammar

Potato

Revive

Uneven

Voodoo

09 　'**TANTAN**'이라는 문자열의 앞이나 끝에 글자를 덧붙여 단어를 완성하라.
　주어진 글자들은 최종 단어에서도 그 순서 그대로 나타나야 하고 중간에
　다른 글자가 들어가서는 안 된다.

10 　다음에 어떤 글자가 와야 이 문자열이 완성되겠는가?

> OUEHRA

정답 및 해설: p.290

원자 위를
걷는 남자

논리적 추론의 즐거움을 처음으로 보여준 책은 기원전 300년경에 그리스의 수학자 유클리드ₑuclid가 쓴 《기하학 원론》The Elements(《원론》이라고도 한다.—옮긴이)이다.

《원론》은 표면적으로는 기하학을 다룬다. 즉, 점, 선, 면, 입체의 행동에 대해 다룬 책이다. 하지만 이 책이 인류 사고방식의 역사에서 중요하게 기여한 부분은 유클리드가 이런 개념을 도입할 때 사용한 방법론이다. 이 책은 일련의 정의定義, definition와 우리가 참으로 받아들일 수 있는 다섯 가지 기본 규칙으로 시작한다. 그는 이 기본 전제에서 책에 있는 나머지 모든 것을 연역했고, 단계를 거칠 때마다 각각의 단계가 어떻게 그 전 단계로부터 이어져 나오는지를 엄격하게 증명했다. 이 방법론의 강점은 기본 전제를 이용해 거대한 지식의 탑을 쌓아 올릴 수 있다는 것인데, 그 탑의 토대인 몇 가지 기초적인 진술이 참이기만 하면 나머지 모든 것은 자동으로 참이 된다. 《원론》의 토대는 이후에 나온 모든 수학의 토대다.

실질적으로 모든 유클리드 기하학은 선을 그리는 자와 원을 그리는 컴퍼스에서 시작한다. 그것이 전부다. 《원론》에 있는 모든 정리定理, theorem 는 이 두 가지 도구만을 이용해서 증명된다(이런 정리가 수백 가지나 된다).

여기서는 한 가지 예로 주어진 선분을 절반으로 나누는 법을 소개하겠다.

1 단계: 컴퍼스의 침을 선분 한쪽 끝에 대고, 연필은 선분의 반대쪽 끝에 댄 후에 원을 그린다.
2 단계: 컴퍼스 끝의 위치를 바꿔 똑같은 과정을 반복한다.
3 단계: 자를 이용해서 원이 만나는 두 교차점을 잇는 선분을 그린다. 그럼 이 선분이 주어진 선분을 반으로 나눈다.

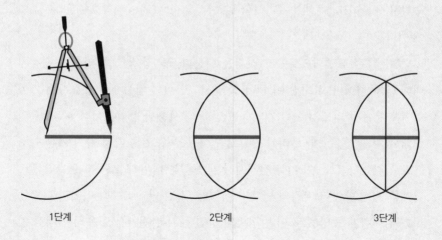

1단계   2단계   3단계

《원론》에 나온 각각의 정리는 마치 문제처럼, 각각의 증명은 그 정답처럼 제시되어 있다. 이 책은 제목만 아니면 완전히 퍼즐 책이다. 다음에 나오는 문제는 개념 간소화의 대가인 유클리드를 애타게 만드는 문제라 특히 내 맘에 든다.

026

눈금 없는 자로
정확히 절반 지점 표시하기

연필과 자는 있는데 컴퍼스는 없다. 자에는 아래 그림처럼 두 점이 표시되어 있다. 이 두 점 사이 길이의 정확히 절반 길이인 선을 그릴 수 있겠는가? 다시 말해서 두 점 사이의 길이가 2단위라면, 1단위 길이의 선을 그릴 수 있겠는가?

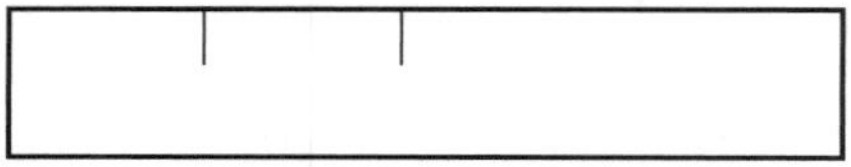

내가 이번 장에서 고른 문제들은 선, 도형, 실제 사물의 속성을 다루며 그 안에서 재미를 찾는다는 점에서 모두 기하학 문제에 해당한다. 다음에 나오는 문제는 18세기 판 《원론》에 나온 문제다. 이 책에는 아이작 뉴턴Isaac Newton의 뒤를 이어 케임브리지 대학교에서 수학과 루카시안 석좌 교수를 지낸 윌리엄 휘스턴William Whiston의 주석이 함께 실려 있다. 휘스턴이 주석에 적어놓은 별난 수학은 나중에 유명한 퍼즐이 됐다.

그는 지구 둘레를 걷고 있는 남자를 상상하면서 이 남자의 머리가 발보다 얼마나 더 많은 거리를 움직이는지 물었다. 그 거리를 계산할 수 있는가? 지구가 완전한 구체라고 가정하자.

이 계산은 당신을 대신해서 내가 진행하겠지만, 계산을 따라가려면 먼저 초보적인 수학 지식이 필요하다. 원의 둘레 길이를 구하는 공식이다. 원의 둘레 길이, 즉 원주 길이는 '2 × 반지름(r) × 원주율(π)'이다. 보통은 간단하게 $2\pi r$로 나타낸다. 그리고 원주율 파이(π)는 대략 3.14의 값이다. 부디 머리 아픈 수학 공식이 등장한다고 해서 깜짝 놀랄 재미있는 결과를 보지도 않고 책을 덮지는 않았으면 한다. 조금만 참고 계산을 따라가 보자.

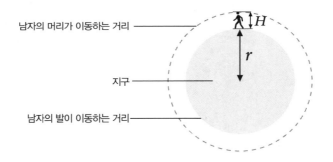

위 그림에서 r은 지구의 반지름이고 H는 남자의 키다. 공식을 이용하면 지구의 둘레 길이(남자의 발이 이동하는 거리)는 $2\pi r$이고, 점선으로 그려진 원의 둘레 길이(남자의 머리가 이동하는 거리)는 $2\pi(r+H)$다. 점선 원의 반지름은 지구의 반지름 더하기 남자의 키이기 때문이다. 따라서 두 둘레 길이의 차이, 즉 머리가 발보다 더 많이 이동한 거리는 다음과 같다.

$$2\pi(r+H) - 2\pi r = 2\pi r + 2\pi H - 2\pi r = 2\pi H$$

괄호를 풀면 $2\pi r$ 항을 지울 수 있으므로 정답은 $2\pi H$, 즉 '2 × 3.14 × 남

자의 키'가 된다. 그러므로 남자의 키가 1.8m라면 머리가 발보다 더 움직인 거리는 약 11m다.

이제 휘스턴이 이 정답을 흥미롭다고 생각한 이유를 알 수 있다. 움직인 거리 차이가 얼마 안 된다! 지구의 둘레 길이는 약 40,000km다. 지구 둘레를 따라 수만 km나 어슬렁거리며 걸어 다녔는데 머리가 발보다 고작 11m, 즉 총 여행거리의 0.00003%만 더 움직였다고 생각하니 놀랄 만도 하다.

휘스턴의 뚜벅이 여행자는 다음에 나오는 고전 퍼즐의 뿌리다.

027 지구를 둘러싼 밧줄과 그 아래로 지나가는 동물

지구 둘레를 밧줄로 팽팽하게 감았다. 그리고 이어서 밧줄의 길이를 1m 늘린 후에 밧줄이 다시 팽팽한 원이 될 때까지 땅 위의 모든 지점에서 밧줄을 들어올렸다. 밧줄 위의 모든 점은 땅 위로 같은 높이에 있다.
그렇다면 밧줄이 떠 있는 높이는 얼마나 될까? 어느 정도 크기의 동물이 그 아래로 기어갈 수 있을까?

아래 그림을 보면 이 문제가 앞에 나온 문제와 본질적으로 동일한 문제임을 알 수 있다. 두 문제 모두 두 동심원을 비교하는 문제다. 여기서 두 동심원 중 작은 쪽은 지구의 둘레다. 밧줄 문제의 경우 큰 원은 작은 원보다 둘레 길이가 1m 더 길다.

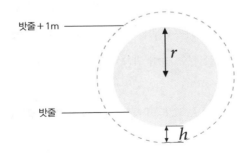

문제를 밧줄과 관련된 문제로 고쳐놓으니 더욱 직관에 어긋나는 해답이 나왔다. 밧줄의 길이를 1m 늘리면 밧줄을 땅 위로 $1/2\pi$ m 들어 올릴 수 있다. 이것은 약 16cm에 해당한다(계산 방법: 지구의 둘레 길이를 c라 하면 길이를 늘인 밧줄의 길이는 $c+1$이다. 원주 길이를 구하는 공식을 이용하면 다음의 방정식 두 개가 나온다. $2\pi r = c$ 그리고 $2\pi(r+h) = c+1$. 이 두 방정식을 결합하면 $2\pi h = 1$, 즉 $h = 1/2\pi$가 나온다).

결과에 대해 잠시 생각해보자. 우리에겐 40,000km짜리 밧줄이 있다. 그런데 이 밧줄을 40,000.001km로 늘렸다. 겨우 이 정도 늘려서는 밧줄에 여유분이 얼마 생기지 않을 것 같은데도 밧줄을 지구 둘레 전체를 따라 16cm나 땅에서 띄워 올릴 수 있다. 어떤 동물이 그 밑을 기어갈 수 있을까? 고양이라면 문제없을 것이고, 작은 강아지도 가능한 높이다.

이제 지구 둘레를 걷는 남자의 문제로 돌아가 보자. 발보다 머리가 더 이동하는 거리를 계산해보았더니 $2\pi r$ 항 두 개가 지워지고 '$2\pi \times$ 남자의 키'라는 답만 남았다. 여기서 중요한 부분은 지구의 반지름인 r이 정답 어디에서도 등장하지 않는다는 점이다. 이것은 남자의 머리가 추가로 이동한 거리는 지구의 크기가 아니라 남자의 키에 의해서만 결정된다는 의미다. 바꿔 말하면 지구의 크기가 어떻든 정답에는 아무런 영향이 없다. 휘스턴의 뚜벅이 여행자는 어떤 크기의 구체 위를 걷든 항상 발보다 11m를 더 걷게 될 것이다.

(1) 남자가 원자 둘레를 따라 걷고 있다. 이 사람의 머리는 발보다 얼마나 더 먼 거리를 이동할까?

(2) 남자가 축구공 둘레를 따라 걷고 있다. 이 사람의 머리는 발보다 얼마나 더 먼

거리를 이동할까?

(3) 남자가 목성 둘레(약 40만 km)를 따라 걷고 있다. 이 사람의 머리는 발보다 얼마나 더 먼 거리를 이동할까?

(4) 남자가 태양 둘레(약 440만 km)를 따라 걷고 있다. 이 사람의 머리는 발보다 얼마나 더 먼 거리를 이동할까?

이 모든 질문에 정답은 단 하나, 11m다(물론 과연 이 질문의 과제가 물리적으로 가능한가 하는 문제는 무시한다). 마찬가지로 밧줄 역시 원자를 감고 있든, 축구공, 목성, 태양을 감고 있든 1m가 길어지면 모든 지점에서 16cm를 들어 올릴 수 있을 만큼 줄의 여유가 생길 것이다. 정말 놀랍다.

윌리엄 휘스턴은 8년 동안 수학과 루카시안 석좌 교수로 있다가 이단 혐의로 케임브리지 대학교에서 쫓겨났다(삼위일체의 개념을 부정하고 예수가 하나님에게 종속된 존재라고 주장했기 때문이다). 휘스턴은 두 번 다시 학계로 돌아오지 않았고, 대신 런던의 커피 하우스(18세기 영국에서 유행하던 커피점—옮긴이)를 돌며 수학과 과학을 강의했다. 이곳에서 그는 강의를 하다 말고 옆길로 새서 종교에 대해 불평할 때가 많았다.

휘스턴이 과학에 가장 크게 기여한 부분은 영국 정부가 경도심사국Board of Longitude을 설립하도록 설득하는 데 핵심적인 역할을 한 것이다. 경도심사국에서는 바다에서 배의 경도를 알아낼 방법을 최초로 발명하는 사람에게 상금을 주겠다고 했다. 휘스턴은 그 상금을 따놓은 당상이라고 여겼지만 온갖 노력에도 불구하고 문제를 푸는 데 실패했다. 그러고 보면 그가 수학에 가장 크게 기여한 부분이 지구 일주에 관한 퍼즐이었다는 것이 더 맞겠다.

나는 땅 위에 떠 있는 밧줄 버전보다는 휘스턴이 만든 지구 둘레를 걷는 남자 버전이 더 마음에 든다. 두 경우 모두 터무니없는 상황이지만 뚜벅이 여행자 시나리오가 더 자연스러워 보이기 때문이다. 만약 지구 둘레를 감싸는 밧줄이 실제로 있고, 당신이 그 길이를 1m 늘인다면 그 밧줄을 모든 지점에서 공중 부양시킬 생각을 하기 전에 분명 이 줄이 어디까지 올라가나 확인하려고 한 지점에서 먼저 들어올려 볼 것이 분명하다. 특히나 그 목적이 그 아래로 동물을 지나가게 하려는 것이라면 더더욱 그렇다!

그럼 여기에 맞춰 문제를 새로 내보자.

밧줄이 지구 둘레를 팽팽하게 감고 있다. 그런데 당신이 밧줄의 길이를 1m 늘렸다. 이제 당신은 느슨해진 줄이 팽팽해질 때까지 한 지점에서 줄을 위로 끌어올린다. 밧줄은 어디까지 올라갈까? 그 밑으로 어떤 동물이 지나갈 수 있을까?

이 문제를 계산하려고 머리를 싸맬 필요는 없다. 이 문제를 풀려면 수학 실력이 어느 정도는 돼야 하기 때문이다. 이것도 무척 흥미로운 정답이 나오기 때문에 질문을 여기에 포함시켰다. 한번 추측해보기 바란다. 그리고 뒤에 나온 정답을 확인해보자. 아니다. 다음 문제를 먼저 풀고 정답을 확인하는 것이 좋겠다.

힌트! 여기서는 피타고라스의 정리가 필요하다. 피타고라스의 정리는 모든 직각삼각형에서 빗변 길이의 제곱은 나머지 두 변을 각각 제곱해서 합한 값과 같다고 한다(빗변은 직각과 마주보는 변이다). 뭐 내가 이렇게 말하지 않아도 다 아는 내용이었을 것이다. 그렇지 않나?

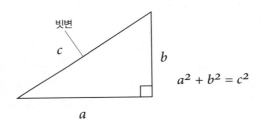

028

101m 띠를 이용해
막대기의 높이를 구하라

길거리에서 파티가 열릴 예정이다. 이 길의 총 거리는 100m다. 당신에겐 101m짜리 장식 띠가 있다. 장식 띠 한쪽은 길 한쪽 끝 가로등 기둥 바닥에 붙이고, 나머지 끝은 100m 떨어진 반대편 가로등 기둥 바닥에 붙인다. 그리고 장식 띠 가운데 부분은 길거리 중간 지점에 있는 막대기 끝에 걸어놓았다.
장식 띠가 쳐져서 늘어지지도 않고, 길이가 늘어나지도 않는다면 이 막대기의 높이는 얼마나 될까?

다음에 나오는 세 개의 퍼즐은 구름원rolling circle (사이클로이드를 그릴 때 피치원에 내접 또는 외접하여 구르는 원—옮긴이)의 움직임에 관한 것이다. 이런 개념을 한 번도 생각해본 적 없는 사람이라면 이 문제를 푸느라 머리가 돌아버릴지도 모르지만 어떤 식으로 정답을 찾든 '우와' 소리가 저절로 나오리라는 점은 내가 보장한다. 그리고 나중에 일본을 여행하다가 이런 퍼즐을 만난다면 더 쉽게 접근할 수 있을 것이다.

《원론》을 통해 유클리드는 냉철하고 엄격한 논리적 사고의 인도자로 입지를 굳혔다. 하지만 현대에 이런 평판을 넘보는 이가 있었으니 바로 셜록 홈스다.

이 소설 속 탐정은 유클리드 같은 엄격한 논리를 열망했다. "불가능한 것을 모두 제거하고 남은 것은 아무리 말이 안 되는 것처럼 보여도 진실일 수밖에 없다고 내가 몇 번이나 말했나?" 하지만 그는 수학에는 별로 뛰어나지 못했다.

《프라이어리 학교》The Adventure of the Priory School라는 이야기에서 홈스는 자전거 바퀏자국을 보고 그 자전거가 어디로 향하고 있었는지 추론한다. 그는 존 왓슨에게 자신의 논리를 이렇게 설명한다. "당연히 더 깊게 파인 바퀏자국이 뒷바퀴지. 무게가 실리는 곳이니까. 몇 군데서 그 바퀏자국이 얕은 앞바퀴 자국을 가로지르거나 지우면서 지나가는 것이 보일 거야. 이 자전거는 분명 학교에서 멀어지고 있었어."

이 말을 믿어야 할지 모르겠다. 자전거가 어느 방향을 향하든 간에 뒷바퀴 자국이 당연히 앞바퀴 자국을 지우게 되지 않나?

셜록 홈스를 창조해낸 아서 코넌 도일Arthur Conan Doyle 경이 한 가지 놓친 것이 있다. 자전거 바퀏자국을 보고 자전거의 이동 방향을 추론할 수 있다는 점이다.

029

바큇자국만으로
자전거의 방향을 알아낼 수 있을까?

아래 그림처럼 자전거 바큇자국을 남긴 사람은 왼쪽에서 오른쪽으로 가고
있었을까, 오른쪽에서 왼쪽으로 가고 있었을까?

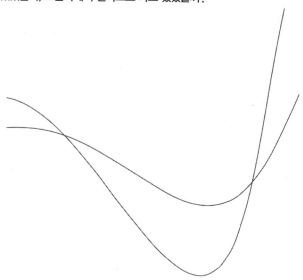

어느 쪽 바퀴가 어느 자국을 만들어냈는지부터 알아내야 한다고 한 홈스의
말은 옳다. 하지만 바큇자국이 얼마나 깊이 찍혔는지 몰라도 방향을 알아낼
수 있다.

여기 또 다른 자전거 퍼즐을 소개한다. 어쩌면 직관적으로 답을 알아낼 수 있을지도 모른다. 한쪽 그림은 왠지 맞는 것 같은데, 다른 그림은 그렇지 않다. 대체 왜 그런지 설명할 수 있을까?

사진에 찍힌 그림만으로
자전거가 움직인 방향 맞히기

사진작가가 움직이는 자전거를 찍고 있다. 자전거는 왼쪽에서 오른쪽, 혹은 오른쪽에서 왼쪽으로 수평 도로를 따라 움직이고 있다. 방향은 중요하지 않다. 하얀색 원반이 바퀴고 그 위에 오각형이 두 개 찍혔다.
아래 나온 두 그림 중 사진작가가 찍은 것은 어느 쪽일까?

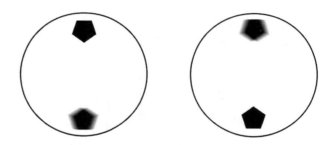

이 퍼즐의 교훈은 굴러가는 원의 움직임이 언뜻 보이는 것보다 더 미묘하다는 것이다.

다음에 나오는 문제는 1982년에 30만 명의 미국인이 치렀던 대학 입학 자격 시험SAT, Scholastic Aptitude Test의 일반 적성 검사에서 뽑아온 것이다. 정답을 맞힌 학생은 세 명에 불과했다. 당신은 풀 수 있을까?

031

작은 원이 몇 바퀴를 돌아야
큰 원 한 바퀴를 돌까?

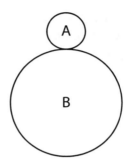

원 A의 반지름은 원 B 반지름의 1/3이다. 원 A가 원 B의 둘레를 한 바퀴 돌아 다시 출발점으로 온다. 원 A는 총 몇 바퀴나 돌았을까?

ⓐ 3/2

ⓑ 3

ⓒ 6

ⓓ 9/2

ⓔ 9

이번에는 다른 방식으로 머리를 쥐어뜯게 할 문제를 만나보자.

032 차곡차곡 쌓인 여덟 장의 종이가
놓인 순서 맞히기

똑같은 크기의 정사각형 종이 여덟 장이 책상 위에 있다. 종이는 아래 그림과 같은 형태로 배열되어 있고, 1번으로 표시된 제일 위의 종이 한 장만 완전히 노출된 상태다.

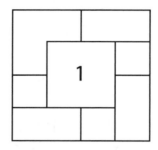

위에서 두 번째 종이는 2번, 세 번째 종이는 3번, 이런 식으로 나머지 종이도 위에서 아래까지 겹친 순서대로 번호를 매길 수 있을까?

나는 이 종이 퍼즐을 후지무라 고본藤村幸三郎의 멋진 퍼즐 책《도쿄 퍼즐》The Tokyo Puzzles에서 처음 보았다. 1930년대와 1970년대 사이에 후지무라는 일본 퍼즐계의 왕이었다. 그는 여러 책을 썼고, 일부는 베스트셀러가 되었으며, 1950년대에는 매주 텔레비전 퍼즐 쇼도 진행했다. 후지무라의 대중적 인기는 일본의 퍼즐이 현대에 들어 전 세계적으로 붐을 일으키리라는 것을 알리는 전조였다. 2000년대에 스도쿠가 전 세계적으로 큰 성공을 거둔 것이 그 사례다. 스도쿠에 대해서는 이 장의 뒷부분에서 더 자세히 다루겠다.

일본 사람은 서구 사람보다 수를 대하는 태도가 더 명랑하다. 적어도 내가 일본을 두 번 방문해서 받은 인상으로는 그렇다. 어린 학생들은 까불거리며 구구단을 리듬에 맞추어 부르며 외운다. 한때는 지하철 표에 찍힌 숫자로 게임을 하는 것이 유행일 때도 있었다. 암산은 많은 관중을 끌어들이는 스포츠로 바꾸어놓았다. 일본 학생들 사이에서는 주판이 여전히 인기 있는 방과 후 활동이고, 주판을 제일 잘 놓는 사람을 뽑는 토너먼트 연맹전도 있다. 내가 2012년에 전국 주판 선수권 대회에 참가했을 때 클라이맥스는 참가자들이 머릿속에 주판을 그려놓고 자기 앞에 번쩍이며 나오는 15개의 숫자를 2초 안에 모두 더하는 게임이었다. 이 게임은 정말 긴장감이 넘치고 짜릿했다!

여기 내가 정말로 좋아하는 후지무라의 또 다른 퍼즐을 소개한다.

033

16개의 정사각형으로 이루어진
큰 정사각형을 반으로 나누기

큰 정사각형 하나가 16개의 작은 정사각형으로 나뉘어 있다. 아래 그림은
큰 정사각형을 두 개의 똑같은 덩어리로 나누는 두 가지 방법이다.

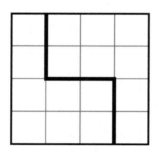 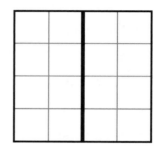

이렇게 나누는 방법이 네 가지 더 있는데, 찾아낼 수 있겠는가?

더 분명히 설명하면 이 정사각형은 내부에 그려진 선을 따라서만 자를 수 있
고, 그렇게 나뉜 두 덩어리가 똑같은 모양이어야 한다. 즉, 이것이 카드로 만
들어져 있다면 한쪽 카드 덩어리를 바닥에 대고 위치만 조정해서 다른 덩어
리 위에 포갤 수 있어야 한다. 한쪽 카드 덩어리를 뒤집어야 모양이 딱 맞게
포개진다면 두 덩어리는 똑같은 모양이 아니다.

　　마지막으로 곡선을 이용하는 후지무라의 퍼즐을 소개한다. 이것을 풀려

면 원의 면적을 구하는 공식이 필요하다. 원의 면적은 파이 곱하기 반지름의 제곱, 즉 πr^2이다.

다른 모양의 두 도형은
어떻게 크기가 같을까?

아래 그림을 보면 사분원 안에 그보다 작은 두 개의 반원이 들어 있다. 날개 모양의 도형 A가 렌즈 모양의 도형 B와 면적이 같음을 증명하라.

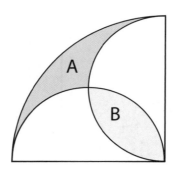

내가 이 퍼즐을 좋아하는 이유는 그림이 예쁘기도 하지만 17세기와 19세기 사이에 볼 수 있던 일본의 전통을 떠올려주기 때문이다. 당시 일본에서는 사당이나 절 바깥에 기하학 문제를 새긴 장식용 목판을 걸어놓는 풍습이 있었다. 산가쿠算額라는 이 수학적 이미지들은 종교적 봉헌인 동시에 최근의 발견을 대중에게 알리는 메시지였다. 이로 인해 수학은 시각적 즐거움과 경이로움을 제공하는 대중적 행사로 자리 잡았다.

나는 교토의 한 절에서 산가쿠 목판을 보았다. 목판에는 하얀색과 빨간색으로 아름답게 칠한 원, 삼각형, 구체, 그리고 기타 도형의 그림이 그려져 있었다. 산가쿠에 그려진 기하학 도형들은 조화롭고 예술적으로 구성되어 있다. 서양의 기하학 교과서에 실린 딱딱한 그림에서는 찾아볼 수 없는 미학이 숨어 있다. 산가쿠 목판에는 보통, 문제의 최종 이미지가 들어 있고 그 밑에 최소의 설명이 새겨져 있다. 수백 개의 산가쿠가 지금까지 남아 있는데, 나고야 근처의 어느 절에서 발견된 1865년산 산가쿠도 그중 하나다. 이 문제는 15세 소년 타나베 시게토시가 만들었다고 전해진다.

035 다섯 가지 크기의 원과
큰 원의 반지름을 비교하라

다섯 가지 크기의 원이 있다. 제일 작은 것부터 차례로 하얀 원이 여섯 개,
짙은 회색 원이 일곱 개, 옅은 회색 원이 세 개, 삼각형 안에 자리 잡은 점선
원이 한 개, 그리고 그보다 큰 실선 원이 한 개 있다.
점선 원의 반지름은 하얀 원 반지름의 몇 배일까?

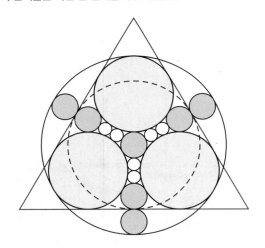

이 퍼즐은 화려한 모양으로 사람을 헷갈리게 한다. 대체 어디서 시작해야 할
지 막막하다. 하지만 일단 어떤 원의 반지름을 다른 원의 반지름으로 기술할
방법만 찾아내면 진정 아름다운 퍼즐을 발견하게 될 것이다.

다음에 나오는 문제는 훨씬 더 어린 일본의 10대가 만든 것이다. 1847년에 도쿄에서 북쪽으로 480km 정도 떨어진 어느 절에 13세 소년 사토 나오슈의 산가쿠가 내걸렸다. 이 문제는 앞에 나온 문제보다 더 까다롭다. 직각 삼각형이 들어가는 문제들은 피타고라스의 정리를 알아야 하는 경우가 대부분이기 때문이다(피타고라스의 정리에 대해서는 92쪽을 참조하라).

036

세 가지 크기의 원과
큰 원의 크기를 비교하라

아래 그림에 검은 원 두 개, 하얀 원 세 개, 회색 원 한 개, 모두 세 가지 크기
의 원이 있다. 회색 원의 반지름이 검은 원 반지름의 두 배임을 증명하라.

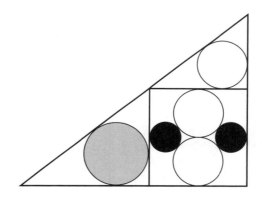

일본의 또 다른 전통으로 다다미가 있다. 짚을 엮어 만든 다다미는 대단히 부
드러워서 신발이나 슬리퍼를 신지 않아도 걷기 편하다. 다다미는 보통 길이
가 폭보다 두 배 긴 직사각형 모양이다.

037

무작위로 배열된 다다미,
그 위를 모두 밟고 지나가기

아래 그림과 같이 다다미를 배열했다. 당신이 다다미의 가장자리를 따라서 A에서 B까지 걸어간다고 상상해보자. 최대한 긴 경로를 걷고 싶다면 가능한 가장 긴 직선을 따라가면서 시작하는 것도 방법이다. 이를테면 중간 그림처럼 위쪽 가장자리를 따라가거나 오른쪽 그림처럼 측면을 따라 걷는 것이다. 하지만 이 두 가지보다 긴 경로가 존재한다. 찾을 수 있겠는가?

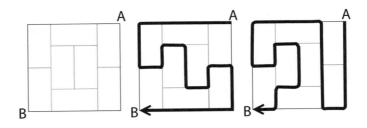

다다미를 깔 때는 길한 방법과 흉한 방법이 있다는 것을 알아야 한다. 이 퍼즐에 나온 것처럼 다다미 세 장이 만나는 곳마다 'T' 모양이 만들어지면 길한 것이고, 네 장이 모서리를 맞대고 만나서 '+' 모양이 만들어지면 흉한 것이다. 길한 배열에서는 네 장의 다다미가 한 점에서 만나는 일이 절대로 없다. 그런데 이런 미신 덕분에 정말로 재미있는 퍼즐이 등장한다.

제2장 기하학 문제   109

038 2×1 크기의 다다미를 30칸에 꽉 채우는 방법

아래 그림에 나온 방을 2 × 1 크기의 다다미로 채워라. 단, 네 장의 다다미가 한 점에서 만나서는 안 된다.

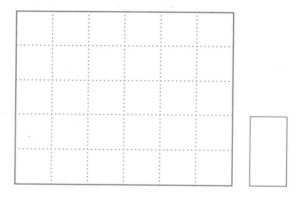

이 퍼즐과 다음 퍼즐을 풀 때는 잘못 시도했더라도 지울 수 있게 연필을 사용하자. 요시가하라는 일본의 화학공학자였는데 화학 폭발로 화상을 입은 후 퍼즐 작가로 전업했다. 2004년에 세상을 떠날 때까지 그는 세계적인 퍼즐 작가 중 한 명이었다. 그는 칼럼리스트이자 장난감 디자이너, 수집가, 국제학회 창립자이기도 했다. 국제퍼즐협회의 친구들은 그를 카리스마 넘치고 너그럽고 언제나 장난기 넘치던 인물로 기억한다. 그가 만든 가장 성공적인 장난감인 러시아워Rush Hour는 격자를 따라 플라스틱 자동차와 대형 트럭 들을 움직이는 슬라이딩 게임으로, 전 세계적으로 1000만 개 이상 팔려 나갔다.

요시가하라는 이 책의 맨처음에 나온 '숫자 나무'number tree도 고안했다. 또한 다다미 깔기 문제를 새로 변형해서 소개하기도 했다. 아래 나온 패턴을 보면 굵은 선으로 표시된 직선이 방의 한쪽에서 반대쪽으로 완전히 가로지른다.

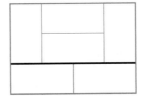

다음에 나오는 퍼즐에서는 이런 식으로 직선 하나가 방을 완전히 가로지르는 경우가 나오지 않게 다다미를 깔아야 한다.

039

2×1 크기의 다다미를
직선이 가로지르지 않게 배열하기

앞의 퍼즐에 나온 방을 2 × 1 크기의 다다미로 채우되, 이번에는 직선 하나가 방을 완전히 가로지르는 경우가 나오지 않게 하자. 이번에는 다다미 네 장이 한 점에서 만나도 괜찮다.

하지만 방이 항상 반듯한 직사각형 모양이어야 한다는 법은 없다! 다음에 나오는 문제에서는 계단 때문에 방 모서리 두 곳에서 정사각형 모양이 잘려나 갔다.

040

계단을 피해서
다다미를 까는 완벽한 방법

앞의 두 문제에 나온 방에서 두 모서리를 잘라내면 틈을 남기거나 중첩시키지 않고 아래 왼쪽 그림처럼 14장의 다다미로 채울 수 있다(이 경우 다다미는 어떤 위치라도 올 수 있다). 이번에는 방을 6 × 6 크기로 넓히되 마찬가지로 두 모서리 부분은 계단을 위해 잘라내자. 이 새로운 방을 17장의 다다미로 틈을 남기거나 중첩시키지 않고 덮기가 불가능함을 증명하라.

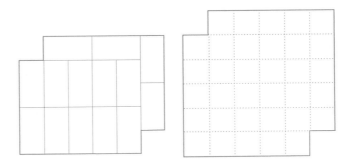

하지만 계단이 항상 모서리에만 있으란 법도 없다! 다음에 나오는 문제에서는 두 계단의 위치를 무작위로 고른다.

제2장 기하학 문제

041

모서리에 계단을 만들지 않고
다다미로 방을 덮는 방법

건축가들이 6×6 크기의 방에서 마주보는 두 모서리 부분에 계단을 만들지 않기로 했다. 대신 아래 그림처럼 방 안의 정사각형을 체스판처럼 칠하고, 계단 하나는 하얀 정사각형에, 다른 하나는 색칠한 정사각형 중에 한 칸씩을 선택해 만들기로 했다. 그렇게 할 경우, 틈을 남기거나 다다미를 중첩시키지 않으면서 17장의 다다미로 방을 덮을 수 있음을 증명하라. 다다미는 서로 인접한 두 개의 정사각형을 덮는다. 그리고 계단을 만들려고 잘라낸 두 정사각형 위만 아니면 어느 위치에나 놓을 수 있다.

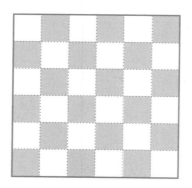

이 퍼즐에서는 그냥 다다미를 덮을 수 있는 사례를 하나 제시하는 것에서 그치지 않고 방을 덮는 것이 항상 가능함을 증명해야 한다.

다음에 나오는 문제를 내 〈가디언〉 칼럼에 올렸더니 몇몇 건축가는 문제가 뭐 이렇게 쉽냐며 놀렸다. 이 퍼즐의 정답은 영국의 가정집을 설계할 때 흔히 등장하는 특성이기 때문이다. 이들이 보인 반응을 보며 나는 어떤 사람의 머리를 쥐어뜯게 하는 퍼즐이 어떤 사람에게는 출제자가 민망할 정도로 뻔한 문제가 될 수도 있음을 분명하게 깨달았다.

042

건물의 위와 정면만으로
옆면을 추측하여 그리기

아래 그림은 편평한 면으로 구성된 3차원 목재 구조물을 위와 정면에서 바라본 모습이다. 이 구조물을 왼쪽에서 바라본 모습을 그려보자.

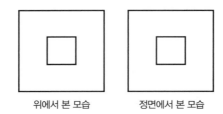

위에서 본 모습   정면에서 본 모습

눈에 보이는 모든 모서리는 선으로 표시되어 있다. 숨은 모서리는 점선으로 표시해야 한다. 다음 페이지의 그림에서 예로 든 물체는 가운데 정사각형 구멍이 뚫린 두 개의 정사각형 판을 모서리에서 이어 붙인 것인데, 이것은 정답이 될 수 없다. 위, 정면, 옆에서 바라본 모습에서 그림처럼 숨은 모서리가 점선으로 나타날 것이기 때문이다. 물론 옆에서 본 모습에는 숨은 모서리가 있어도 상관없다. 하지만 위에서 본 모습과 정면에서 본 모습에는 숨은 모서리가 없어야 한다. 숨은 모서리는 문제에서 제시한 점선 없는 그림과 모순되기 때문이다.

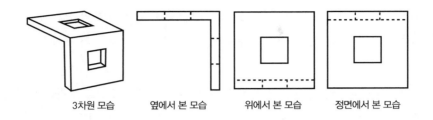

| 3차원 모습 | 옆에서 본 모습 | 위에서 본 모습 | 정면에서 본 모습 |

이 물체는 나무로 만들었기 때문에 두께가 0인 부분은 존재할 수 없다는 것을 명심하자.

보로메오 고리Borromean ring는 정말 매력적인 수학 문제다. 서로 맞물려 있는 세 개의 고리에는 흥미로운 속성이 있다. 모두 서로 연결되어 있지만 어느 고리를 하나 제거하면 아래 그림에서 보듯 나머지 두 고리는 연결되지 않는다(이 고리가 단단한 금속으로 만들어져 있다면 서로 겹치는 방식 때문에 각각의 고리가 다른 고리와 살짝 다른 방향을 향해야 하므로 이 그림은 살짝 사기성이 있는 그림이다).

각각의 고리들은 서로 연결되어 있지 않지만 세 고리를 합쳐놓으면 떼어

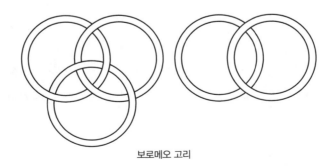

보로메오 고리

낼 수 없다는 사실이 무척 흥미롭다. 보로메오 고리는 세 부분이 상호의존적임을 나타내는 유명한 상징이고, 삼위일체를 상징하는 기독교의 표식으로도 사용되었다.

이 고리의 이름은 르네상스 시대 이탈리아의 보로메오Borromeo 가문의 이름을 따서 지어졌다. 이 가문의 문장紋章 위에는 서로 맞물려 있는 세 개의 고리 그림이 그려져 있는데, 세 개의 물체가 이런 식으로 서로 연결되는 개념은 그보다 앞서서 나왔다. 서로 맞물려 있는 세 개의 삼각형으로 이루어진 바이킹의 심볼 발크너트valknut는 요즘 문신, 펜던트, 헤비메탈 티셔츠에서 가장 즐겨 사용되는 문양이다.

발크너트

보로메오 고리는 서로 연결되어 있는 세 요소 중 어느 하나가 빠지면 완전히 분리된다. 다음에 나오는 퍼즐도 그 밑바탕에 이와 똑같은 개념이 깔려 있다.

043

못 두 개에 걸어둔 액자에서
못 하나를 빼면 액자가 떨어질까?

못 두 개에 액자를 걸 때는 아래 그림처럼 줄을 양쪽 못에 모두 걸치게 하는 것이 일반적이다.

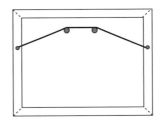

못을 두 개 사용할 때의 장점은 만약 못이 하나 벽에서 빠지더라도 또 다른 못이 버텨준다는 것이다.

그런데 두 못 중 어느 하나가 빠졌을 때 액자도 같이 바닥에 떨어지게 하려면 어떻게 해야 할까? (필요하면 줄의 길이를 늘려도 좋다.)

고리와 가구 소품을 다루다보니 자연스럽게 '냅킨 고리'napkin ring에 담긴 수학 개념으로 관심이 이어진다. 냅킨 고리는 구멍의 중심부가 구체의 중심부를 통과하도록 구체에 원기둥 모양의 구멍을 뚫었을 때 만들어지는 형태다.

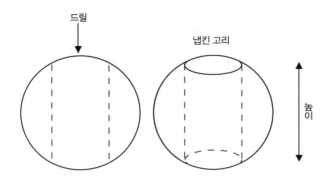

다음에 이어지는 퍼즐은 정말 믿기 어렵다. 제공하는 정보가 없어도 너무 없다.

044

냅킨 고리의 길이로
부피를 구하라

냅킨 고리의 길이가 6cm다. 그렇다면 부피는 얼마인가?

이 문제를 풀려면 아주 지루하고 고된 계산이 필요하지만 그것 때문에 단념하지는 말자. 내가 돕겠다. 나를 믿고 따라오기 바란다. 이것은 정말 놀라운 퍼즐이다.

　냅킨 고리의 부피는 구체의 부피에서 가운데 제거된 부분의 부피를 뺀 값이다. 가운데 제거된 부분은 원기둥에 윗면과 아랫면에 돔이 달린 원기둥처럼 보인다.

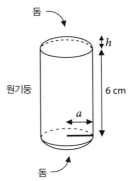

여기에 원기둥의 높이 6cm를 표시했다. 구체의 반지름을 r이라고 하고, 돔의 높이는 h, 원기둥 단면 반지름은 a라고 하자. 이 값은 돔 밑면의 반지름이기도 하다. 이제 여기에 부피를 구하는 공식만 있으면 된다. 염려 붙들어 매시라. 이 공식은 내가 알려주겠다.

구체의 부피: $(4/3)\pi r^3$

원기둥의 부피: $\pi a^2 \times 6\text{cm}$, 또는 $6\pi a^2$

각각의 돔의 부피: $(\pi h/6)(3a^2 + h^2)$

이제 거의 다 왔다. 냅킨 고리의 부피는 구체의 부피에서 원기둥의 부피와 돔의 부피 두 개를 뺀 값과 같다. 피타고라스의 정리를 이용하면 a를 r로, h를 r로 표현할 수 있다. 따라서 우리는 냅킨 고리의 부피를 r이라는 변수만 등장하는 수식으로 표현할 수 있다. 그 수식은 길기도 길지만 r과 π가 잔뜩 들어갈 것이다. 자, 뭘 망설이는가?

역사가 헤로도토스_{Herodotos}는 기하학이 나일강의 범람으로 경작지가 잠기는 면적을 측정하던 이집트 관습에서 기원했다고 적었다. 정사각형과 직사각형의 면적 계산은 여전히 우리가 기하학을 배울 때 처음 접하는 과제 중 하나다. 계산은 간단하다. 한 변의 길이를 이웃한 변의 길이와 곱하면 된다. 일본의 발명가 이나바 나오키_{稲葉直貴}가 만든 놀라운 퍼즐인 '면적 미로'_{Area Maze}를 풀 때도 이 간단한 과정만 알면 된다.

여기 간단한 예제를 낼 테니 대충 감을 잡아보기 바란다. 당신의 임무는 빠진 값을 찾아내는 것이다. 여기 그림에 표시된 길이는 정확한 길이가 아니기 때문에 자로 재서는 답을 구할 수 없다.

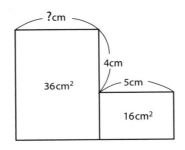

이 퍼즐의 아름다움은 반드시 기하학적으로 정수만 가지고 풀어야 한다는 점이다. 방정식이나 분수는 절대 사용 금지다! 이 면적 미로를 풀려면 아래 그림처럼 큰 직사각형을 만들어보면 된다. A는 변의 길이가 4cm와 5cm이므로 그 면적은 20cm²다. 그럼 A의 면적과 그 아래 있는 직사각형의 면적을 더하면 20cm² + 16cm² = 36cm²가 된다. 이 면적이 왼쪽에 있는 큰 직사각형의 면적과 같다. 그렇다면 두 직사각형의 높이가 같으므로 폭도 당연히 같아야 한다. 따라서 빠진 값은 5cm다.

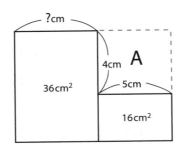

045

몇 가지 단서로
도형에서 빠진 값 구하기

빠진 값을 구하라.

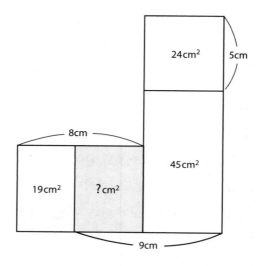

아마도 이나바 나오키는 현직 작가 중 가장 똑똑하고, 가장 많은 작품을 만든 추리 퍼즐 디자이너일 것이다. 하지만 그의 작품은 안타깝게도 일본 이외에는 거의 알려져 있지 않다. 일본은 이나바 나오키와 잡지 출판사 니콜리_{Nikoli} 등을 통해 전 세계적으로 가장 활성화된 퍼즐 공동체를 유지하고 있다.

아마 '니콜리'라는 잡지 출판사 이름은 못 들어봤겠지만 스도쿠에 대해서는 들어봤을 것이다. 스도쿠는 1980년대 중반에 〈퍼즐 통신 니콜리〉Puzzle Communication Nikoli라는 잡지에 처음 등장했다. 스도쿠는 미국의 잡지 〈델 연필 퍼즐과 단어 게임〉Dell Pencil Puzzles & Word Games에 나왔던 '넘버 플레이스'Number Place라는 퍼즐을 니콜리에서 새로 이름 붙여서 만든 것이다. 혹시나 오랫동안 세상과 담을 쌓고 산 사람을 위해 간단히 설명하자면, 스도쿠는 9×9 격자 속에 숫자가 든 칸과 빈칸이 섞여 있는 퍼즐이다. 1부터 9까지의 숫자는 각각의 가로줄과 세로줄에 한 번만 등장하고, 대격자 속에 들어 있는 3×3 소격자 안에서도 한 번씩만 등장해야 한다. 1986년까지도 스도쿠는 별다른 관심을 끌지 못했다. 그러다 니콜리 출판사에서는 주어진 숫자들을 십자말풀이에 등장하는 글자들처럼 대칭적인 패턴으로 배열했다. 이것이 효과를 보아 일본에서 큰 성공을 거두었다. 서구에는 2004년 말에 처음 등장했다. 영국의 연설가 웨인 굴드Wayne Gould가 휴가 차 일본에 갔다가 이 퍼즐을 발견하고 직접 컴퓨터 프로그램으로 스도쿠 퍼즐을 만들어 런던의 《타임스》를 비롯한 여러 신문사에 제공했다. 스도쿠가 《타임스》에 처음 등장한 지 몇 달 만에 이 퍼즐은 전 세계 각지의 수많은 신문에 약방의 감초처럼 매일 빠지지 않고 등장했다.

니콜리 출판사가 자체적으로 창작하지도 않은 퍼즐로 제일 유명해졌다는 점은 참 역설적이다. 1980년에 계간지를 펴내기 시작한 후로 이 회사에서 발표한 새로운 유형의 퍼즐만 600종 정도 되기 때문이다. 이 출판사는 스도쿠처럼 빈칸을 채워 넣어야 하는 격자 퍼즐이 전문이다. 꼼꼼한 부분까지 신경을 쓴 것이 이 퍼즐의 매력 중 하나다. 보통 이 퍼즐은 요소들이 아무렇게나 배열되지 않고, 대칭적으로 혹은 아름다운 모양이 나오도록 배열된다. 퍼즐의 규칙은 아주 간단하다. 그리고 연필을 이용해서 빈칸을 하나씩 채워가는 즐거움은 묘한 중독성이 있다. 그리고 나 같은 사람에게는 이것이 컬러링 북만큼이나 치유 효과가 있다. 여러분을 이 세계로 유혹하기 위해 네 가지 퍼즐을 골라보았다.

니콜리 잡지의 판매 부수는 5만 부 정도다. 잡지를 사는 독자들은 대부분 문제를 풀려는 사람들이지만 그중에는 퍼즐 제작자들도 꽤 많다. 이들은 매년 수백 편의 퍼즐을 만들어 잡지사에 제공한다. 다음에 나오는 시카쿠 퍼즐은 21세의 대학생 안푸쿠 요시나오가 니콜리 출판사에 보낸 아이디어였다. 이 대학생은 나중에 이 출판사에 입사해서 지금은 편집부에서 일하고 있다.

046

직사각형과 정사각형으로
상자를 나누는 시카쿠 퍼즐

시카쿠 퍼즐에서는 격자를 직사각형과 정사각형의 상자로 나누는 것이 목표다. 격자 속에 적힌 숫자는 그 숫자를 포함하는 상자의 면적을 결정한다(상자의 면적은 칸의 숫자로 측정한다).

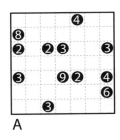

A

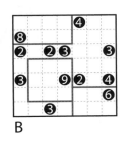

B

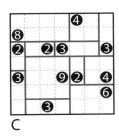

C

예제를 풀어보자. 위의 그림에서 A는 열린 격자 상태고 C는 문제 풀이가 완성된 상태다. C를 보면 직사각형과 정사각형이 모두 빠진 곳 없이 표시되어 있다. 처음 시작할 때는 열린 격자 안에서 가장 큰 수를 찾아보는 것이 좋다. 그 수가 들어간 상자는 취할 수 있는 형태와 위치가 제한된 경우가 많기 때문이다. 이 퍼즐에서 가장 큰 숫자는 9다. 그리고 면적이 9가 나올 수 있는 상자는 9×1 직사각형이나 3×3 정사각형밖에 없다. 수평이나 수직으로 연속 아홉 개의 칸이 비어 있는 것은 보이지 않으니 이 상자는 분명 정사각형일 것이고, 그림 B에 보듯이 이것이 가능한 위치는 딱 한 곳밖에 없다. 그와 마찬가지로 면적이 8인 상자, 면적이 6인 상자도 모두 그림 B에 나온 위치 말고 다른 곳에는 자리 잡을 수 없다. 이렇게 상자를 몇 개 그려 넣고 나면 나머지 상자들의 위치를 추론할 수 있다.

이번에는 여러분 차례다.

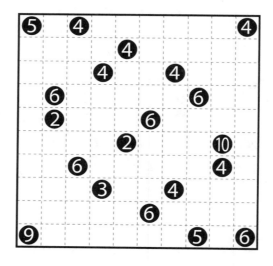

니콜리 출판사를 창립한 사람은 카지 마키銀治真起다. 경마에 미쳐 있던 그는 1980년 영국 최고 권위의 경마 대회인 엡섬 더비Epsom Derby에서 부진한 성적을 내고 있던 강력한 우승 후보, 아일랜드에서 훈련받은 수컷 망아지 이름을 따서 회사 이름을 지었다. 나는 2008년에 도쿄 니콜리 출판사 사무실에서 카지를 처음 만났다. 그는 내게 자신의 취미 두 가지를 알려주었다. 바로 고무줄 수집과 구구단이 나오는 자동차 번호판을 찍는 것이었다. 이를 테면 2306(2 × 3 = 6)이나 7749(7 × 7 = 49) 같은 번호다. 2016년에 그를 다시 만났더니 수집한 고무줄이 더 많아졌고, 태국과 헝가리에서 온 특이한 고무줄도 있다고 했다. 그리고 1단부터 9단까지의 구구단 숫자 중 85% 정도를 촬영했다고 했다. "이제 거의 다 찾았어요. 하지만 한 가지 원칙이 있습니다. 일부러 그런 숫자를 찾아다니지는 않아요. 우연히 마주친 번호판만 찍습니다."

047

점을 연결해
하나의 고리를 만드는 슬리더링크

슬리더링크Slitherlink에서는 점을 수평 혹은 수직으로 연결해서 하나의 고리를 만드는 것이 목표다. 격자 안에 적힌 숫자는 그 숫자를 둘러싼 선의 개수를 의미한다. '1' 칸 주변에는 선이 한 개, '2' 칸 주변에는 선이 두 개, 이런 식이다. 숫자가 적히지 않은 칸은 몇 개의 선이 둘러싸고 있는지 알 수 없다. 최종 만들어지는 고리는 절대로 선이 교차하거나 가지치기를 해서는 안 된다.

다음 그림 A를 보면 처음 시작할 장소는 '0' 칸이라는 것이 분명하게 보인다. 그 주변에는 선이 지나가지 않기 때문이다. '0' 칸 주변으로 선이 지나가지 않는다는 의미로 그림 B처럼 작은 가새표를 해두자. 그 가새표 중 하나가 '3' 칸과 이웃한다. 그럼 '3' 칸 주변으로 선이 지날 수 있는 변이 세 개밖에 남지 않는다. 따라서 그 변에 모두 선을 채워 넣을 수 있다. 그림 C에서 이 고리를 위로 계속해서 이어갈 수 있다. 그럼 '2' 칸 주변으로 선이 돌아갈 수 있는 방법이 하나밖에 없다. 그림 B에서 두 개의 '3' 칸 사이에 놓인 점에서 선이 뻗어 나올 수 있는 공간에 a, b, c, d로 표시해둔 곳을 보자. 고리는 이 '3' 칸 사이의 점을 반드시 통과해야 한다. 세 개의 선이 한 칸을 둘러싸는 경우는 그 칸을 둘러싸는 점 네 개가 모두 사용되기 때문이다. 그리고 고리는 a나 b 중 하나, 그리고 c나 d 중 하나를 반드시 통과해야 한다. 만약 이 고리가 a와 b를 모두 통과하거나, c와 d를 모두 통과하는 경우에는 고리가 가지치기를 하는데, 그것은 금지되어 있기 때문이다. 어떤 경우든 이 고리는 반드시 양쪽 '3' 칸의 나머지 두 변을 반드시 통과해야 하므로 그림 C에 그 선을 채울 수 있다. 완전한 고리는 그림 D에 그려놓았다.

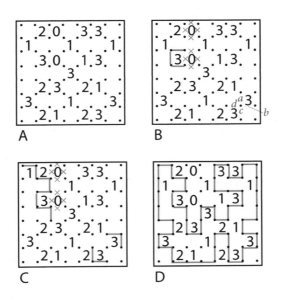

이번에는 직접 풀어보자. 선이 교차하거나 가지치기 하는 일 없이 하나의 고

리가 만들어진다는 점을 명심하자. 정답은 하나밖에 없고, 논리만으로 추론할 수 있다.

슬리더링크는 카지가 좋아하는 니콜리 출판사 퍼즐 중 하나고, 나도 좋아한다. 나는 고리가 격자를 따라 뱀처럼 구불구불 천천히 형태를 잡아가는 모습이 참 좋다. 그 선들을 모두 하나로 이어놓으면 정말로 흐뭇하다.

048
숫자만큼 공을 이동해
홀에 넣는 헤루 골프

니콜리 출판사에서는 지속적으로 새로운 퍼즐을 소개한다. 헤루 골프herugolf 는 골프에서 홀에 가까워질수록 타격 거리가 짧아진다는 점에 착안해서 근래에 새로 만들어낸 퍼즐이다.

헤루 골프에서는 동그라미로 표시된 각각의 공을 퍼팅해서 H로 표시된 홀에 바르게 집어넣어야 한다. 동그라미 안에 들어 있는 숫자는 공을 처음 퍼팅했을 때 움직여야 하는 칸 수를 나타낸 것이다. 첫 번째 퍼팅에서 H에 정확하게 들어가지 않을 경우 두 번째 퍼팅에서는 이동 거리가 한 칸 줄어든다. 두 번째 퍼팅에서도 H에 들어가지 않으면 세 번째 퍼팅의 이동 거리가 다시 한 칸 줄어들고, 이런 식으로 계속 이어진다. 따라서 '3' 공은 세 칸을 움직여 정확히 H에 들어가거나, 세 칸 움직이고 다시 두 칸을 움직이거나, 아니면 세 칸 움직이고 두 칸 움직이고 다시 한 칸을 움직여야 한다. 공은 수직 혹은 수평으로만 움직일 수 있다. 퍼팅을 새로 할 때마다 같은 방향으로 계속 갈 수도 있고, 방향을 바꿀 수도 있다.

공이 지나는 경로가 서로 교차해서는 안 된다. 그리고 공은 퍼팅으로 이동하는 거리 끝에서 정확하게 홀에 들어가야 한다. 두 공이 똑같은 홀에 들어갈 수는 없다. 음영으로 표시된 칸은 벙커다. 퍼팅한 공은 벙커를 가로지를 수는 있지만 그 안에 안착할 수는 없다.

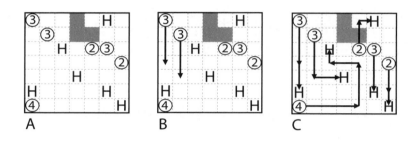

예제를 보자. A가 시작이다. 제일 먼저 할 일은 첫 번째 퍼팅을 어떻게 해야 하는지, 이미 결정된 공이 있는지 확인하는 것이다. 왼쪽 위 구석에 있는 '3' 공은 첫 퍼팅에 세 칸을 움직여야 한다. 하지만 수평으로는 갈 수 없다. 벙커에 빠지기 때문이다. 따라서 이 공은 그림 B처럼 수직으로 움직일 수밖에 없다. 마찬가지로 그 대각선에 이웃하고 있는 '3' 공도 수평으로 퍼팅하면 벙커에 빠지므로 아래 방향으로 움직일 수밖에 없다. 이 두 공 모두 그다음 퍼팅에서는 두 칸밖에 움직일 수 없으므로 왼쪽 위 구석에 있는 공은 계속 아래로 움직여야 한다. 다른 공의 경로를 가로지를 수 없기 때문이다. 그것으로 이 공은 홀에 들어간다. 다른 '3' 공은 수평으로 움직여야 한다. 아래로 내려가면 한 칸만 움직여야 하는 그다음 퍼팅에서 들어갈 수 있는 홀이 존재하지 않기 때문이다. 이렇게 해서 이 공도 홀에 들어간다. 그림 C는 완성된 정답이다.

자, 그럼 이제 티 오프!

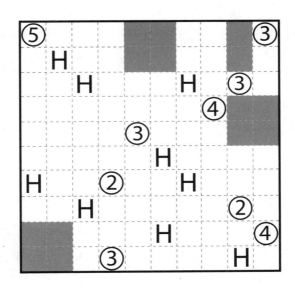

049

전구를 끼워 격자를 밝히는
아카리 퍼즐

마지막 니콜리 퍼즐 역시 실제에서 영감을 받아 만들어졌다. 실내에 불을 밝히는 전구가 영감의 원천이었다. 아카리Akari('밝은 빛'이라는 뜻—옮긴이) 게임의 목표는 전구를 끼워서 격자 전체를 밝히는 것이다. 전구는 동그라미로 그린다. 검은 칸에 적힌 숫자는 그 칸과 이웃한 위, 아래, 왼쪽, 오른쪽 칸에 전구를 몇 개 끼워야 하는지 나타낸 것이다. 각각의 전구는 자기가 놓인 가로줄과 세로줄에서 막히지 않은 모든 칸을 밝힌다. 숫자가 적힌 칸과 접하지 않은 칸에는 전구가 있을 수도, 없을 수도 있다. 문제를 풀면 하얀 칸은 모두 밝혀져야 하고, 두 전구는 서로의 빛이 같은 경로를 지나지 않도록 놓여야 한다.

　예제에서 격자 A는 비어 있다. 각각의 숫자는 수평과 수직으로 이웃한 칸에 전구가 얼마나 많이 끼워져 있는지 말하는 것이므로 '4' 칸에 수평과 수직으로 이웃한 모든 칸에 전구가 끼워져 있음을 알 수 있다. 그리고 '0' 칸과 수평과 수직으로 이웃한 칸에는 전구가 하나도 끼워져 있지 않음을 알 수 있

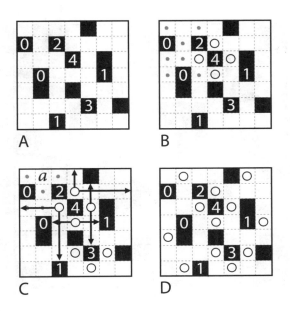

다. 이것은 그림 B에 점으로 표시했다. '4' 칸과 이웃한 두 전구는 '2' 칸과도
이웃하므로 '2' 칸의 나머지 이웃 칸에는 전구가 없다. 그래서 '2' 칸 위쪽 칸
에도 추가로 점을 찍었다. 그림 C에서는 앞의 그림에서 끼워 넣은 네 전구가
밝혀주는 가로줄과 세로줄을 화살표로 나타냈다. '3' 칸 위쪽 칸에는 전구가
올 수 없다. 또 다른 전구의 빛이 지나는 경로기 때문이다. 따라서 나머지 세
칸에 전구가 하나씩 들어가야 한다. 그리고 '*a*' 칸에도 전구가 들어가야 한다
는 것을 추론할 수 있다. 그곳에 빛을 비출 수 있는 다른 위치에 전구가 들어
가지 못하기 때문이다. 확인해보면 그 위치들은 전구가 없다고 표시되어 있
거나 다른 전구의 불빛이 지나는 경로에 있다. 완성된 퍼즐은 D에 나와 있다.

이제 여러분 차례다. 다음 문제에 빛을 비추어보자.

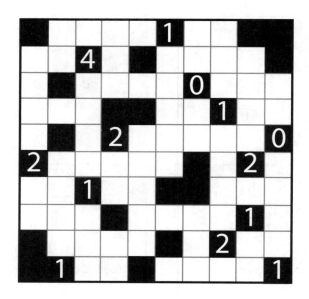

마지막 기하학 퍼즐은 우스꽝스럽게 생긴 방에 전구를 설치하는 문제다.
아래 그림은 방의 수평 절단면이다. 전구 표시는 조명의 위치다. 전구를
켜면 굵은 선으로 표시된 벽은 완전히 그림자 속에 들어간다(다른 벽에서 반사
되어 나오는 빛은 없다고 가정한다).

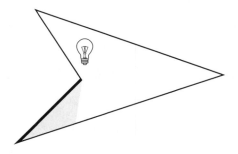

050

하나의 조명과
그림자가 있는 어두운 방

곧게 뻗은 벽으로 둘러싸인 방을 디자인하되, 조명을 하나 설치한다고 할 때 각 면의 벽 전체나 일부에 모두 그림자가 드리워지도록 만들어보자.
단, 방을 둘러싸는 모든 벽은 이어져 있어야 한다. 벽이나 모서리가 혼자만 따로 떨어져 나와 있어서는 안 된다.

이 문제를 마지막에 풀고 나가는 사람은 부디 불을 끄고 나가기 바란다.

제3장

실용적인 문제

_ 당신은 열두 살 아이보다 똑똑한가요?

맛보기 문제 3

(※ 계산기는 사용하지 말 것!)

01 이 직소 퍼즐 조각 중 네 개를 결합하면 직사각형이 만들어진다. 사용되지
    않는 것은 어느 조각인가?

02 다음에 나온 분수를 작은 순서로 배열하면 중간에 나오는 값은 무엇인가?

Ⓐ $\frac{1}{2}$ Ⓑ $\frac{2}{3}$ Ⓒ $\frac{3}{5}$ Ⓓ $\frac{4}{7}$ Ⓔ $\frac{5}{9}$

03

> **This sentence contains the letter e _____ times**
> (이 문장에는 e가 _____ 개 들어 있다).

seven(7)   eight(8)   nine(9)   ten(10)   eleven(11)

위에 나온 다섯 단어 중 빈칸에 넣었을 때 문장이 참이 되는 것은 몇 개인가?

Ⓐ 0   Ⓑ 1   Ⓒ 2   Ⓓ 3   Ⓔ 4

04 아래 그림은 아프리카 웨스트 센트럴 반투West Central Bantu 지역에 사는 초퀘족Tchokwe 사람들이 그린 모래 그림, 루소나Lusona다. 이 그림은 막대기를 이용해 모래 위에 한붓그리기로 그린 것이다. 즉 시작점에서 출발해서 막대기를 중간에 한 번도 떼지 않고 그려서 처음의 시작점에서 그리기가 끝났다. 이 루소나 그림이 시작한 곳은 어디일까? (두 선이 교차하는 점에서 끊어진 선은 먼저 그려진 선이고, 이어진 선은 나중에 그 위로 그려진 선이다.)

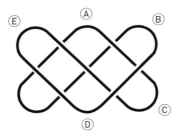

05 다음 중 1부터 10까지 모든 자연수로 나누어떨어지는 수는 무엇인가?

(A) 23×34

(B) 34×45

(C) 45×56

(D) 56×67

(E) 67×78

06 넷 중 진실을 말하는 사람은 몇 명인가?

> 하트의 잭: 내가 파이를 훔쳤어.
>
> 클럽의 잭: 하트의 잭은 거짓말을 하고 있어.
>
> 다이아몬드의 잭: 클럽의 잭은 거짓말을 하고 있어.
>
> 스페이드의 잭: 다이아몬드의 잭은 거짓말을 하고 있어.

(A) 1   (B) 2   (C) 3   (D) 4   (E) 더 많은 정보가 필요

07 정육면체의 면에 색을 칠하는데 한 모서리에서 만나는 두 면은 서로 다른 색으로 칠하려고 한다. 필요한 색은 최소 몇 가지인가?

(A) 2   (B) 3   (C) 4   (D) 5   (E) 6

08 할머니는 자기가 더 젊어지고 있다고 주장한다. 할머니가 계산해보았더니 지금 나이는 나의 네 배지만 5년 전에는 당시의 나보다 나이가 다섯 배였던 것이 기억난다고 한다. 그렇다면 지금 할머니와 내 나이를 합치면 몇 살인가?

Ⓐ 95   Ⓑ 100   Ⓒ 105   Ⓓ 110   Ⓔ 115

09 다음의 □에 +나 −를 넣어서 계산 결과가 100이 나오게 하라.

$$123 \;\square\; 45 \;\square\; 67 \;\square\; 89$$

+ 기호의 개수를 p라고 하고 − 기호의 개수를 m이라 하면 p − m은 얼마인가?

Ⓐ −3   Ⓑ −1   Ⓒ 0   Ⓓ 1   Ⓔ 3

10 아래 나오는 타일 붙이기 패턴은 두 가지 크기의 정사각형을 이용했다. 하나는 변의 길이가 1이고, 다른 하나는 4다. 이 두 정사각형을 아주 많이 가져와서 엄청나게 넓은 바닥을 아래 그림에 나온 패턴으로 깔았을 때, 바닥에 깔린 회색 타일과 흰색 타일의 비율에 가장 가까운 값은 다음 중 어느 것인가?

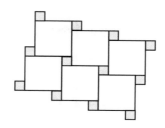

Ⓐ 1:1   Ⓑ 4:3   Ⓒ 3:2   Ⓓ 2:1   Ⓔ 4:1

정답 및 해설: p.291

닭 100마리,
새 100마리

이 장에서는 현실에서 일어날 수 있는 상황을 바탕으로 한 퍼즐들을 모아놓았다. 어떤 문제에서는 그릇, 주전자, 퓨즈, 차, 감자 같은 익숙한 물건이, 어떤 문제에서는 달리기 경주, 비행기 타기 등 일상생활에서 접하는 상황이 등장한다. 먼저 가장 오래된 문제부터 시작하자. 장보기와 관련된 문제다.

051
100닢으로 살 수 있는
닭과 병아리는 몇 마리일까?

수탉은 한 마리에 5닢, 암탉은 4닢, 병아리는 1/4닢이라면 100닢으로 수탉, 암탉, 병아리를 몇 마리씩 사야 모두 100마리를 살 수 있을까?

이 문제는 16세기 중반에 중국의 수학자 견란甄鸞이 냈지만 100단위의 통화로 세 가지 유형의 가축 100마리를 사는 이런 유형의 질문이 처음 등장한 것은 그보다 한 세기 전이었고, 역시 중국에서였다.

　이것은 아주 훌륭한 퍼즐이다. 간결한 문제지만 정답이 바로 떠오르지 않는다. 머릿속으로 몇 가지 수만 대입해봐도 머리가 복잡해질 것이다. 중국에서 사랑받은 '100마리 가축' 문제는 인도, 중동, 유럽으로 퍼져나갔다. 내가 논리 문제를 다루는 장에서 언급했던 8세기 유물, 앨퀸의《청년의 마음을 단련하는 문제집》에는 세 가지 버전이 나와 있다. 한 버전에서는 수퇘지, 암퇘지, 새끼 돼지의 값이 각각 은화 10닢, 5닢, 1/2닢일 때, 또 한 버전에서는 말, 암소, 양이 각각 금화 3닢, 1닢, 1/24닢일 때, 그리고 또 한 버전에서는 낙타, 당나귀, 양이 각각 금화 5닢, 1닢, 1/20닢일 때 100닢으로 100마리의 가축을 사야 한다. 그가 '동양에서 온 상인의 퍼즐'이라고 불렀던 마지막 문제는 아마도 이 문제가 동양에서 건너왔다는 사실에 경의를 표하기 위해 지은 제목이 아닌가싶다.

요즘 독자들이라면 이런 문제를 풀 때 바로 방정식을 적어볼 것이다. 이 문제에서 수탉은 x마리, 암탉은 y마리, 병아리는 z마리를 산다면 견란의 질문을 다음과 같이 정리할 수 있다.

(1) $x + y + z = 100$　　　(사들이는 가축이 총 100마리이므로)

(2) $5x + 4y + z/4 = 100$ (돈을 모두 더하면 100닢이므로)

이 방정식을 풀면 답을 구할 수 있다.

하지만 견란, 앨퀸, 그리고 두 사람의 동시대 사람들은 이 문제를 추측과 시행착오를 반복하며 풀었다. 이때만 해도 대수학$_{algebra}$이 발명되지 않아서 대수학 방정식을 이용할 수가 없었기 때문이다.

이 퍼즐은 방정식을 이용해서 푸는 것이 훨씬 더 직관적이고 재미있다. 내가 '100마리 가축' 문제를 좋아하는 이유는 이것이 대수학적 방법론의 막강한 힘을 보여주는 최초의 문제 유형이기 때문이다. 이 퍼즐은 이 새로운 수학적 방법론을 발전시키고 전파하는 데도 한몫했다. 단지 대수학의 유용성을 홍보하는 역할에 그치지 않고 문제 자체로도 흥미로웠기 때문에 중세와 르네상스 시대의 수학자들이 이것을 더욱 깊이 분석하도록 했다.

대수학은 수와 양$_{量}$을 방정식에서 x, y, z 등의 기호로 나타내는 수학의 한 분야다. 대수학을 의미하는 영단어 'algebra'는 복구를 의미하는 아랍어

'알자브르'_{al-jabr}에서 기원했다. 9세기 바그다드의 학자 알 콰리즈미_{Al-Khwarizmi}
는 어떤 수학적 연산을 의미하는 것으로 이 단어를 사용했는데, 이를 현대어
로 표현하면 방정식의 한 변에서 무언가를 가져다가 반대 변에 '복원'한다는
의미로 이해할 수 있다. 콰리즈미는 알자브르와 다른 절차를 이용해서 간단
한 방정식을 푸는 방법을 개발했다.

　9세기에 태어난 이집트 수학자 아부 카밀_{Abu Kamil}은 콰리즈미의 개념을
확장하는 초기 논문 중 일부를 썼다. 그중 하나는 100단위 통화를 이용해서
새 100마리를 구입하는 문제에 관한 것이었다. 그는 이렇게 적었다. "나는 지
위가 높은 사람과 낮은 사람, 배운 사람과 못 배운 사람을 막론하고 모든 사
람을 빠져들게 하는 매력적인 문제 유형을 잘 안다. 하지만 그 해법에 대해
사람들이 의견을 나눌 때 보면 자명한 원리나 체계가 없어서 그저 부정확한
추측만 오간다. … 그래서 나는 이런 문제를 더 잘 이해할 수 있게 도와줄 책
을 쓰기로 결심했다."

　그럼 이 문제를 손으로 풀어보자. 방정식이 두 개 나온다.

(1) $x + y + z = 100$

(2) $5x + 4y + z/4 = 100$

이런 방정식(학교에서는 연립 방정식이라고 부른다)을 풀 때는 보통 변수의
숫자만큼 방정식이 필요하다. 따라서 변수가 세 개인 경우에는 세 개의 방정
식이 필요하다.

　여기서는 방정식이 두 개밖에 없다. 하지만 이 문제에는 문제 풀이를 위

한 추가 정보가 있다. 우리는 새를 팔 때 1/2닢이나 1/4닢 단위로 팔지 않으며, 음수 단위로 팔지도 않을 것이라 가정할 수 있다. (그리고 각각의 가축을 적어도 한 마리는 사야 한다고 가정하자.) 따라서 x, y, z의 값은 반드시 양의 정수여야 하고, 100보다 작아야 한다.

그럼 계산을 시작해보자. (2)에 4를 곱해서 분수를 없앤다.

(3) $20x + 16y + z = 400$

따라서 살짝 '복원'해보면

$z = 400 - 20x - 16y$

이것을 방정식 (1)에 대입해보면 다음과 같다.

(4) $x + y + 400 - 20x - 16y = 100$

이것을 정리하면

$19x + 15y = 300$

이렇게 해서 변수 두 개가 등장하는 방정식 하나가 남았다. 변수는 두 개지만 다른 조건이 있기 때문에 이 문제를 풀 수 있다. x, y, z에 들어갈 수 있는 양의 정수는 $x = 15, y = 1$밖에 없다. 이것은 몇 번 시행착오를 겪어보면 풀 수 있다(300은 5로 나누어떨어진다는 것을 명심하자. 따라서 $19x + 15y$는 5로 나누어떨어진다. $15y$ 역시 5로 나누어떨어지므로 $19x$도 분명 5로 나누어떨어져야 한다. 그럼 x는 반드시 5의 배수여야 하므로 가능한 경우는 $x = 5, 10, 15$가 나온다. 그런데 처음 두 경우는 해법이 나오지 않는다). 따라서 $z = 100 - x - y = 100 - 16 = 84$다.

그래서 정답은 수탉 15마리, 암탉 한 마리, 병아리 84마리다.

카밀은 자신의 책에서 세 종류 닭 각각의 값에 따라서 해답이 이 경우처럼 하나가 나올 수도 있지만, 경우에 따라서는 해답이 아예 없거나 몇 개가 나올 때도 있다고 적었다. 그 사례로 다음과 같은 문제를 제시했다.

052 100닢으로 살 수 있는
오리, 비둘기, 암탉은 몇 마리일까?

오리는 마리당 2닢, 비둘기는 1/2닢, 암탉은 1/3닢이다. 100닢으로 새들을
100마리 사려면 오리, 비둘기, 암탉을 몇 마리씩 살 수 있는가? 정답을 여섯
개 찾아라.

중세 아랍의 학자들은 새로운 수학을 만들었을 뿐 아니라 0을 포함하는 숫자
열 개를 이용하는 인도의 수 체계도 받아들였다. 1, 2, 3, 4, 5, 6, 7, 8, 9, 0으로
구성된 아라비아 숫자는 13세기경에 유럽으로 전파됐다. 레오나르도 피보나
치Leonardo Fibonacci의 《산반서》算盤書, Liber abaci는 아라비아 숫자를 소개한 초기 책
중 하나다. 이 책에는 계산과 측정에 관한 강의와 아울러 새bird 문제 같은 산
수 퍼즐도 들어 있다. 그 문제 중 하나를 소개한다. 이 문제는 정답이 하나다.

  꿩은 3닢, 비둘기는 2닢, 참새는 1/2닢일 때, 30닢으로 새 30마리를 구입하시오.

이 문제의 풀이는 여러분에게 맡기겠다.

그 후로 3세기 동안 르네상스 시대의 내로라하는 수학자들은 너나 할 것

없이 모두 개똥지빠귀, 종달새, 찌르레기, 딱새, 거위 등 온갖 털 달린 동물을 사고파는 거래가 등장하는 자기만의 새 문제를 만들어냈다. 이들은 오락 퍼즐로 사람들에게 큰 즐거움을 주었을 뿐만 아니라 남부 유럽의 조류학에도 (그리고 미식학에도) 문화적 역사를 마련했다.

새 문제는 일단 하나만 풀 줄 알면 나머지도 다 풀 수 있다. 문제를 연립방정식으로 고쳐 쓴 다음에 정수 해만 찾아내면 그만이다.

다른 퍼즐 중에서도 상황을 연립 방정식으로 정리해서 풀 수 있는 것이 많다. 보통은 변수의 개수만큼 방정식이 나오지 않기 때문에 시행착오를 겪거나 수학적 통찰로 문제를 풀어야 한다. 이번에 소개할 문제는 내가 정말 좋아하는 문제다. 주어지는 정보의 양이 말도 안 되게 빈약할 뿐만 아니라(변수는 네 개인데 방정식은 두 개밖에 없다) 문제에 유명한 상표가 숫자로 등장하기 때문이다.

세븐일레븐에서 정확히
세븐일레븐만큼 물건 사기

한 손님이 세븐일레븐(7-11)에서 네 가지 물품을 구입한다.
"7.11달러입니다." 점원이 말한다.
"그것 참 재미있네요." 손님이 말한다.
"그렇죠? 저는 네 물품의 가격을 모두 곱하기만 했어요."
"곱하기가 아니라 더하기를 해야 하는 거 아닌가요?"
"상관없어요. 더해도 정확히 같은 액수가 나오니까요."
물품의 가격은 각각 얼마일까?

이 문제를 풀려면 간단한 수학 지식이 두 가지 필요하다. 먼저, 소수素數, prime number란 자기 자신과 1로만 나누어떨어지는 자연수를 말한다. 소수의 목록은 다음과 같이 이어진다.

2, 3, 5, 7, 11, 13, 17, 19 …

둘째, 소수에서 가장 중요하고 기초 규칙인 '산술의 기본 정리'fundamental theorem of arithmetic를 알아야 한다. 산술의 기본 정리에 따르면 1보다 큰 모든 자연수는 소수의 곱으로 나타낼 수 있으며, 곱하는 순서를 무시하면 그 표현 방법이 유일하다. 예를 들어보자.

$$60 = 2 \times 2 \times 3 \times 5$$
$$711 = 3 \times 3 \times 79$$
$$123{,}456 = 2 \times 2 \times 2 \times 2 \times 2 \times 2 \times 3 \times 643$$

각각의 경우에서 해당 수는 오직 한 가지 방식의 소수의 곱으로만 표현할 수 있다. 아마 여러분도 이름만 몰랐지 이 규칙을 당연한 것으로 받아들였을 것이다.

어쨌거나 산술의 기본 정리는 이 퍼즐을 푸는 데 필요한 방정식 하나를 구성하는 데 도움이 된다. 큰 수를 소수로 분해하려면 계산기나 컴퓨터의 도움을 받아야 할 수도 있다. 그래도 이 문제는 여전히 정말 환상적이다.

19세기 수학자 시메옹 드니 푸아송Simeon Denis Poisson과 할리우드의 액션 영웅 브루스 윌리스Bruce Willis의 공통점은 무엇일까? 두 사람 모두 다음에 나오는 퍼즐을 풀었다. 사실 푸아송의 전기 작가가 쓰기를, 이 젊은 프랑스인이 수학의 세계로 발을 딛도록 불을 당긴 것이 바로 이 문제였다고 한다. "단 한 번도 이런 문제에 대해 생각해본 적 없고, 대수학의 표기법이나 계산 방법도 몰랐고, 그 어떤 기초 수학 과정도 마치지 않았던 그는 이 문제를 스스로 풀어냈다. 그날 푸아송의 마음속에는 수학에 대한 사랑이 싹을 틔웠고, 결코 이것을 포기해서는 안 된다는 것을 느꼈다. 이것이 바로 그가 누리게 될 영광의 시작이었다."

윌리스에게도 이 문제는 인생에서 생사가 달린 중대한 문제였다. 영화 〈다이하드 3〉Die Hard With A Vengeance에서 그와 새뮤얼 L. 잭슨Samuel L. Jackson은 이 문제를 풀어서 시한폭탄을 해체하는 데 성공한다. 윌리스와 잭슨이 푸는 문제라면 당신도 못 풀 이유가 없다.

054 크기가 다른 주전자 세 개로
와인 4L를 따를 수 있을까?

와인이 가득 들어 있는 8L짜리 주전자가 있다. 그리고 빈 5L짜리 주전자와
3L짜리 주전자도 있다. 세 주전자에는 측정용 눈금이 없다.
세 주전자 중 하나에 정확히 와인 4L를 채워라.

이 퍼즐은 함부르크 근처 슈타데 출신의 수도원장 알베르트_{Albert}가 쓴 13세기 세계 연대기에 처음 등장했다. 이 작품에는 북유럽에서 로마까지 순례한 발자취가 자세하게 쓰여 있다. 이야기는 두 수도사 티리_{Tirri}와 피리_{Firri} 사이의 대화로 이루어졌다. 두 남자가 즐겁게 나눈 농담 중에는 몇 가지 수학 퍼즐도 들어 있다. 티리는 이 '세 개의 주전자' 퍼즐을 피리에게 내면서 이렇게 놀린다. "와인을 나눠보게. 아니면 와인 없이 살아보든가."

이 퍼즐은 정말 재미있게 풀 수 있다. 일단 일반적인 방식으로 이 주전자에서 저 주전자로 따르면서 문제를 풀어보기 바란다. 다음 순서로 넘어가기 전에 먼저 그렇게 해보자.

이제 '세 개의 주전자' 퍼즐을 푸는 다른 방법을 소개하겠다. 독특하게 생긴 당구대에서 굴러다니는 공을 이용하는 방법이다.

아래 그림에 나온 당구대는 한 변의 길이는 5단위, 다른 변의 길이는 3단위인 평행사변형꼴이고, 정삼각형으로 이루어져 있다. 정삼각형들은 좌표계를 보여준다. (x, y) 좌표는 수평으로는 x, 대각으로는 y인 위치를 말한다.

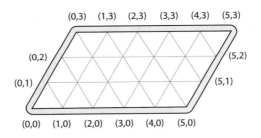

다음에 나오는 그림은 공을 $(5, 0)$에 놓고 삼각형의 선을 따라 쳤을 때 어떤 일이 일어나는지 보여준다. 이 공은 $(2, 3)$, $(2, 0)$, $(0, 2)$, $(5, 2)$, $(4, 3)$ 등을 차례로 튕겨 나오며 계속 움직인다(수학 당구대는 마찰이 없기 때문에 공이 완벽하게 예상대로 튕겨 나온다).

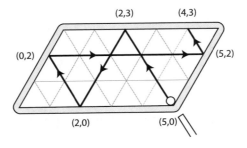

이번에는 $(0, 3)$에서 치는 경우를 생각해보자. 이 공은 $(3, 0)$, $(3, 3)$, $(5, 1)$, $(0, 1)$, $(1, 0)$, $(1, 3)$, $(4, 0)$ 등을 거치며 움직인다.

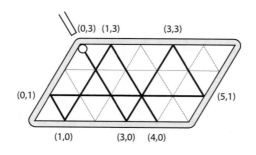

이 좌표들을 더 자세히 살펴보자.

1번 공	2번 공
(5,0)	(0,3)
(2,3)	(3,0)
(2,0)	(3,3)
(0,2)	(5,1)
(5,2)	(0,1)
(4,3)	(1,0)
	(1,3)
	(4,0)

　어디서 본 것 같지 않은가? 부디 그렇기를 바란다. 바로 '세 주전자' 퍼즐의 두 정답이니까 말이다.

　헷갈리지 않게 5L 주전자는 A, 3L 주전자는 B로 부르기로 하자.

　A와 B는 비어 있는 상태에서 시작한다.

A를 가득 채워보자. 그러면 주전자의 상태는 A = 5L, B = 0L다. 이것을 (5, 0)으로 적자.

이번에는 A를 B에 붓는다. 그럼 A에는 2L가 남고 B는 3L로 가득 찬다. 지금의 상태는 (2, 3)이다.

이번에는 B를 세 번째 주전자에 따른다. 주전자 상태는 이제 (2, 0)이다.

A를 B에 따른다: (0, 2)

A를 다시 채운다: (5, 2)

A를 B에 따른다: (4, 3)

A에 4L가 찼으니 이것으로 퍼즐이 풀렸다.

A와 B에 담긴 와인의 부피는 (5, 0)에서 친 당구공이 튕겨 나오는 좌표와 정확히 일치한다.

만약 B를 먼저 채우면서 시작하면 A와 B의 와인 부피는 (0, 3)에서 친 공이 튕겨 나오는 좌표로 기술된다.

튕겨 나오는 당구공으로 주전자 퍼즐을 푸는 이 놀라운 방법은 1939년에 영국의 통계학자 모리스 찰스 케네스 트위디Maurice Charles Kenneth Tweedie가 발견했다. 그는 당시 스무 살이었다. 공이 평행사변형꼴의 당구대에서 튕겨 나올 때마다 나오는 새로운 궤적이 당신을 다음 수로 이끈다.

액체가 가득 들어 있는 주전자가 있고 또 그보다 작은, 부피가 X와 Y인 빈 주전자가 있어서 특정 부피의 액체를 그 주전자에 따라야 하는 경우에는 변의 길이가 X와 Y인 평행사변형꼴 당구대를 만든 다음 공을 쳐보기만 하면 된다. (브루스 윌리스, 사무엘 잭슨 보고 있나?)

두 개의 양동이로
물 6L를 측정할 수 있을까?

당신은 7L짜리 양동이와 5L짜리 양동이를 들고 물가에 나왔다.
어떻게 하면 물을 따르는 횟수를 최소로 물 6L를 측정할 수 있을까?

그릇에서 그릇으로 물을 따른다는 개념에서 다른 멋진 퍼즐이 등장한다.

056 커피와 우유를 번갈아 섞으면
어느 것이 더 많아질까?

플라스크에는 블랙커피가, 컵에는 우유가 들어 있다. 이 우유에 커피를 약간 부은 다음, 섞인 것을 다시 플라스크로 부어 양쪽 용기에 담긴 음료의 높이를 처음과 같게 맞췄다.

그렇다면 플라스크 속에 들어간 우유보다 컵에 들어간 커피가 더 많을까?

이 문제는 아침 식사를 위한 것이었고, 다음 문제는 저녁을 위한 것이다.

057 물 1L와 와인 1L를 섞어
같은 비율로 맞춰보자

한 주전자에는 물 1L가, 또 다른 주전자에는 와인 1L가 들어 있다. 물 주전
자에 들어 있던 물 0.5L를 와인 주전자에 따르고 휘젓는다. 이제 와인 주전
자에는 1.5L의 물−와인 혼합액이 들어 있다. 이 혼합액 0.5L를 다시 물 주
전자에 따라서 양쪽 주전자 모두 각각 1L의 액체가 채워지게 하자. 이렇게
두 주전자 사이에서 0.5L씩 계속 따르기를 반복한다.
몇 번을 반복해야 각각의 주전자에서 와인의 비율이 같아지겠는가?

따라 부을 수 있는 물질이 액체만은 아니다. 모래도 부을 수 있다. 이번에는
부피가 아니라 시간을 측정하는 주전자 퍼즐을 만나보자.

058 7분, 11분짜리 모래시계로
15분 측정하기

7분짜리와 11분짜리 모래시계만 가지고 정확히 15분을 측정하라.

이번 문제에서는 힌트를 먼저 주겠다. 모래시계가 두 개 있으므로 시작할 때 둘 다 뒤집어야 한다. 둘 중 하나만 뒤집는 경우에는 7분이나 11분까지만 측정할 수 있고, 그럼 처음 시작할 때와 똑같은 상황으로 되돌아오기 때문이다.

이제 수치들을 살펴보자. 이 수치들 속에 힌트가 있다. 모래시계는 각각 7분과 11분을 측정할 수 있고, 우리가 측정해야 하는 시간은 15분이다. 7분과 11분의 차이는 4분이다. 이 차이는 11분과 15분 사이의 차이와 같은 값이므로 다음과 같은 전략을 생각해볼 수 있다.

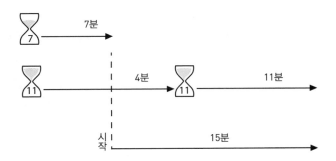

먼저 양쪽 모래시계를 모두 뒤집는다. 7분 후에 7분짜리 모래시계에서 마지막 모래가 떨어지면 11분짜리 모래시계는 4분이 남는다. 이 시간 간격이 우리가 원하는 간격이므로 여기서부터 15분을 재기 시작한다. 4분 후에는 11분짜리 모래시계가 빌 것이다. 그때 바로 모래시계를 뒤집으면 11분 후에는 정확히 15분을 측정할 수 있다. 앞의 그림에 이 과정이 나타나 있다.

하지만 이것이 최선의 해답은 아니다. 15분을 측정하는 데 22분이나 걸렸기 때문이다. 더 나은 방법을 찾아보자.

시간을 측정하는 또 다른 방법으로 도화선에 불을 붙이는 법도 있다.

059

도화선 두 개를 이용해
시간 측정하기

당신에게 1시간짜리 도화선이 몇 개 있다. 이 도화선은 길고 가늘며, 타는 속도가 고르지 않아서 어떤 구간이 다른 구간보다 더 빨리 타들어갈 수도 있다. 그래서 도화선을 절반으로 자른다고 해서 그 절반의 도화선이 정확히 30분씩 탄다는 보장이 없다.

1. 도화선 두 개를 이용해서 45분을 측정하라.
2. 도화선 하나를 이용해서 20분을 최대한 정확하게 측정하라.

타는 속도가 고르지 않은 도화선 퍼즐에서는, 수학적 통찰만 있다면 고르지 못한 속도를 극복하고 정확한 시간 간격을 측정할 수 있다는 것을 배운다. 이런 식으로 수학이 물리학을 뛰어넘을 수 있다는 점이 참 마음에 든다.

물질적인 불완전함을 극복하는 또 다른 문제를 소개한다.

불완전한 동전의 확률을
50 대 50으로 바꾸는 방법

정상적인 동전을 위로 던지면 앞면과 뒷면이 나올 확률은 50 대 50이다. 그런데 불완전한 동전이 있다고 가정해보자. 이 동전은 앞면과 뒷면이 나올 확률이 50 대 50이 아니라 다른 고정 값으로 나온다. 이 편향된 동전을 이용해서 정상적인 동전을 흉내 내는 것이 가능할까? 편향된 동전을 던졌을 때 앞면과 뒷면이 나오는 경우를 조합해 50 대 50이라는 결과가 나오게 해보자.

동전은 퍼즐 세계의 소품 목록에서 빠져선 안 될 도구다. 다음 장에서 동전 퍼즐을 더 구체적으로 살펴보겠다.

18세기에 홑접시 저울이 발명되기 전만 해도 사물의 무게를 잴 방법은 양팔 저울밖에 없었다. 어디서나 흔히 볼 수 있는 측정 도구였던 양팔 저울은 르네상스 시대부터 계몽 시대를 넘어서까지 수학 퍼즐의 소재로 큰 역할을 했다.

이번에는 이 문제를 접시 위에 올려보자.

양팔 저울과 추 두 개로
밀가루 나누기

양팔 저울 하나와 10g, 40g짜리 무게 추가 있다. 양팔 저울을 세 번만 써서
1kg의 밀가루를 각각 200g과 800g의 더미로 나눠라.

첫째 항이 1이고 두 배씩 증가하는 등비수열에서 처음 여섯 항을 이용해서
다음과 같은 무게 추(단위는 kg)가 있다고 가정해보자.

1, 2, 4, 8, 16, 32

이 무게 추 여섯 개를 이용하면 1kg에서 63kg 사이의 모든 무게를 조합
해 만들 수 있다. 예를 들면 다음과 같다.

3 = 2 + 1 (즉 2kg과 1kg을 더해서 3kg을 만든다.)
13 = 8 + 4 + 1
27 = 16 + 8 + 2 + 1
63 = 32 + 16 + 8 + 4 + 2 + 1

앞에 나온 여섯 개의 무게 추는 1kg부터 63kg까지의 모든 kg 무게를 측정할 수 있는 무게 추의 집합 중 가장 작은 것이다.

(그 이유는 무게 추를 이진수 표현으로 생각하면 이해할 수 있다. 이진수에서는 1과 0만을 사용해서 수를 센다. 이진수 1, 10, 100, 1000, 10000, 100000은 십진수 1, 2, 4, 8, 16, 32에 해당한다. 따라서 이진수는 첫째 항이 1이고 두 배씩 증가하는 수열을 이용해서 수를 구축하는 방법을 말해주는 지침이다. 3은 이진수로 11, 13은 이진수로 1101, 27은 이진수로 11011, 63은 이진수로 111111이다.

제일 오른쪽에 있는 1의 값은 1이고, 그 왼쪽에 있는 1의 값은 2고, 다시 그 왼쪽에 있는 1의 값은 4고, 이런 식으로 이어진다. 그와 비슷하게 제일 오른쪽에 있는 0은 1이 없다는 의미이고, 그 왼쪽에 있는 0은 2가 없다는 의미이고, 다시 그 왼쪽에 있는 0은 4가 없다는 의미이고, 이런 식으로 이어진다. 그럼 13을 살펴보자. 13은 이진수로 1101이다. 이 각각의 숫자는 오른쪽에서 왼쪽으로 1이 하나, 2는 없고, 4가 하나, 8이 하나라는 의미다. 바꿔 말하면 13 = 1 + 4 + 8이라는 뜻이다.)

이진수에 관한 내용이 재미있긴 하지만 너무 옆길로 샜다. 다시 무게 추와 저울로 돌아오자.

우리가 가지고 있는 무게 추 집합 {1, 2, 4, 8, 16, 32}을 조합해서 양팔 저울 한쪽 접시에 올려놓으면 1kg부터 63kg 사이의 자연수인 물체는 무엇이든 무게를 잴 수 있다.

그런데 양쪽 접시를 모두 쓸 수 있다면 어떻게 될까?

062

양팔 저울 세트를 이용해
무게 추의 개수 추측하기

양팔 저울 세트가 있다. kg 단위의 무게 추는 양쪽 접시 모두에 올려놓으면
서 이용할 수 있다. 무게 추로 1kg부터 40kg 사이의 자연수인 모든 무게를
잴 수 있다고 할 때, 무게 추는 최소 몇 개가 들어 있을까?

이 문제는 프랑스 수학자 클로드-가스파르 바셰_{Claude-Gaspard Bachet}의 무게 측정
문제로 알려져 있지만 사실은 1202년에 나온 레오나르도 피보나치의《산반
서》에 등장한다.

바셰는 퍼즐 책을 만들었다. 시인이자 번역가 겸 수학자였던 그는 1612년
에《숫자로 즐기는 재미있고 즐거운 문제》_{Problemes Plaisants et Delectables Qui Se Font Par Les}
_{Nombres}를 출간했다. 이 책에서 그는 작은 배로 강을 건너는 문제, 새 100마리
문제, 세 개의 주전자 문제 등 우리가 이미 살펴보았던 여러 퍼즐을 한데 모
았다. 3세기 동안 이 책은 오락 수학의 표준 교과서 역할을 했고, 그 후로 나
온 모든 퍼즐 책은 이 책에 빚을 지고 있다. 바셰의 책에는 양팔 저울 문제에
서 가장 유명한 분석도 들어 있다.

바셰가 수학의 역사에서 기여한 또 다른 결정적인 부분은 그리스어로 쓰
인 디오판토스_{Diophantos}의《산학》_{Arithmetica}을 라틴어로 번역한 것이었다. 프랑

스의 수학자 피에르 페르마Pierre Fermat는 바셰의 번역서를 읽다가 그 책의 한 페이지 여백에 적기를, 어떤 정리를 경이로운 방법으로 증명하는 데 성공했지만 여백이 부족해서 여기에 적지 못한다고 했다. n이 2보다 클 때 방정식 $a^n + b^n = c^n$을 만족시키는 정수 a, b, c는 존재하지 않는다는 이 페르마의 마지막 정리Fermat's Last Theorem는 350년 동안 증명되지 않았고, 그 기간 동안 수학에서 가장 유명한 미해결 문제로 수학자들을 괴롭혔다.

예비 퍼즐:
당신에게 여덟 개의 똑같은 동전이 있다. 그리고 아홉 번째 동전은 위조 동전이다. 이것은 겉모습은 똑같지만 나머지 동전보다 살짝 가볍다. 양팔 저울을 두 번만 사용해서 위조 동전을 찾을 수 있겠는가?

이 문제를 직접 풀고 싶을지도 모르겠지만 잠시만 기다리자. 이 문제는 내가 대신 풀겠다. 이것이 다음에 나올 문제를 푸는 데 도움이 될 것이다.

해답:
동전을 세 개씩 세 집단으로 나눈다. 동전에 각각 1, 2, 3, 4, 5, 6, 7, 8, 9라고 번호를 매기고, 처음에는 1, 2, 3 동전과 4, 5, 6 동전을 저울에 달아본다. 그러면 저울이 평형을 이루거나 어느 한쪽으로 기울어질 것이다.

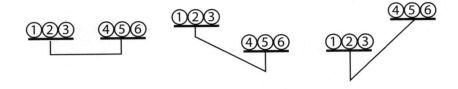

　　왼쪽 그림처럼 양쪽이 평형을 이룬다면 가벼운 동전은 7, 8, 9 중에 있다. 만약 저울이 가운데 그림처럼 기울어진다면 가벼운 동전이 1, 2, 3 중에 있고, 오른쪽 그림처럼 기울어진다면 가벼운 동전이 4, 5, 6 중에 있다는 것을 알 수 있다. 바꿔 말하면 세 경우 모두 가벼운 동전을 고를 확률을 9분의 1에서 3분의 1로 줄일 수 있다는 의미다.

　　두 번째 달아볼 때는 나머지 동전 세 개 중 하나는 남겨놓고, 나머지 두 개를 올려보면 된다. 저울의 어느 한쪽이 올라가면 그쪽이 가벼운 동전이다. 만약 양쪽이 평형을 이룬다면? 남겨둔 하나가 가벼운 동전이다. 만세!

　　다음에 나오는 퍼즐은 제2차 세계 대전 동안에 인기를 끌었다. 연합군의 두뇌들이 여기에 하도 정신을 팔다 보니 위조 동전을 적국에 떨어트려 독일군도 정신 못 차리게 만들어야 한다는 우스갯소리가 나오기도 했다.

063

똑같은 동전 11개와
12번째 위조 동전

똑같은 동전이 11개 있다. 그리고 12번째 동전은 위조 동전이다. 이것은 겉
모습은 똑같지만 무게가 다르다. 위조 동전이 다른 동전보다 무거운지, 가벼
운지는 알 수 없다.
양팔 저울을 세 번만 이용해서 위조 동전을 찾고, 그것이 더 무거운지 가벼
운지 판별할 수 있을까?

요즘 사용하는 디지털 저울같이 접시가 하나만 있어서 무게를 kg으로 표시
해주는 홑접시 저울로도 위조 동전이 등장하는 기발한 퍼즐을 만들 수 있다.

064

저울에 무게를 재서
가짜 동전 탑을 찾을 수 있을까?

100원짜리 동전을 열 개씩 쌓아 올린 동전 탑이 열 개 있다. 동전 탑 중 아홉 개는 진짜 100원짜리 동전으로 이루어져 있지만 동전 탑 하나는 모두 가짜 동전이다. 100원짜리 동전의 무게는 알고 있고, 가짜 동전들이 진짜 동전보다 1g씩 더 무겁다는 것도 알고 있다. 접시에 올라간 무게를 알려주는 홑 접시 저울을 이용해서 가짜 동전 탑을 찾아내려면 무게를 최소 몇 번 측정해야 할까?

바셰의 뒤를 이어 프랑스 숫자 퍼즐의 일인자 자리를 차지한 후계자는 에두아르 뤼카Edouard Lucas였다. 그의 오락 수학 퍼즐 책들은 19세기 말경에 등장했다. 소수에 대한 이해에서 중요한 발전을 이루는 등 그 자신도 주목받는 수학자였던 뤼카는 고전적인 퍼즐들을 분석한 것은 물론이고 새로운 퍼즐도 고안했다. 1915년 프랑스 수학 교과서에 따르면, 다음에 나오는 뤼카 이야기는 진짜라고 한다. 한 과학 학회에서 있었던 일이다. 이름 있는 걸출한 수학자 몇 명이 점심을 먹고 주변을 서성이고 있었다. 그때 뤼카가 그들에게 다음에 나오는 퍼즐을 제시했다. 몇 명은 틀린 답을 내놓았고, 대부분은 침묵했다. 정답을 맞춘 사람은 아무도 없었다.

여러분도 도전해보기 바란다.

065

르아브르 출발 뉴욕행 여객선이
마주친 배는 몇 대일까?

매일 정오면 프랑스 르아브르에서 원양 여객선이 뉴욕으로 항해를 떠난다. 그리고 동시에 뉴욕에서도 르아브르를 향해서 원양 여객선이 항해를 한다. 양쪽 방향 모두 대서양을 가로지르는 데 정확히 7일 낮, 7일 밤이 걸린다. 오늘 르아브르에서 출발하는 원양 여객선은 뉴욕에 도착할 때까지 바다에서 다른 원양 여객선을 몇 척이나 마주칠까?

이 퍼즐은 일상적인 사건이 등장하는 퍼즐이라 무척 좋아한다. 항구를 떠나고, 항구에 도착하는 배들 속에는 흥미로운 수학 퍼즐이 숨어 있다. 수송과 관련해서는 뛰어난 퍼즐이 아주 많다. 이런 퍼즐은 주로 사람들이 여행을 하다가 떠오를 만한 문제다.

바람이 불 때
비행시간은 어떻게 달라질까?

비행기 한 대가 A에서 B로 날아갔다가 다시 되돌아온다. 바람이 없는 경우에는 양쪽 방향 모두 시간이 똑같이 걸린다. 하지만 바람이 부는 경우에는 어떻게 될까? 왕복 여행에 시간이 더 걸릴까, 덜 걸릴까? 정확히 같은 시간이 걸릴까? 아니면 바람의 방향에 따라 달라질까?

비행기가 움직이는 내내 바람은 일정한 방향으로 분다고 가정하자. 만약 A에서 B까지 가는 동안에는 뒷바람이 불다가 바람의 방향이 갑자기 바뀌어 돌아올 때도 뒷바람이 분다면 바람이 없는 경우보다 당연히 왕복 여행 시간이 줄어들 것이다. 비행기는 A부터 B까지 갈 때와 돌아올 때 모두 직선으로 이동한다고 가정하자. 우선 비행기가 갈 때는 뒷바람을 받아 더 빨리 날아가고, 돌아올 때는 맞바람을 받아 느리게 날아갈 때 어떤 일이 일어나는지부터 생각해보자. 바람의 영향이 서로 상쇄될까? 그리고 바람이 비행기의 방향과 각도를 이루며 부는 경우에 대해서도 생각해보자.

장거리 운전을 할 때 계기판을 쳐다보기만 해도 수학의 즐거움을 맛볼 수 있다.

067 오도미터와 트립미터의 숫자를
똑같이 만들기

요즘 자동차는 주행기록계를 보통 두 개 장착한다. 하나(오도미터_{odometer})는 그 자동차가 수명을 다할 때까지 이동한 거리의 총량을 계산하기 때문에 리셋이 불가능하다. 그리고 나머지 하나(트립미터_{tripmeter})는 한 번 이동할 때 움직인 거리를 계산하기 때문에 0으로 리셋이 가능하다. 양쪽 기록계 모두 모든 숫자가 9가 되는 시점에 도달하면 그다음에는 모두 0만 표시될 것이다.

오도미터와 트립미터의 첫 숫자 네 개가 아래 그림과 같이 똑같다고 해보자 (제일 끝자리는 소수점 이하의 숫자를 나타낸다).

트립미터를 리셋할 수 없다면 오도미터의 주행 거리가 얼마가 됐을 때 양쪽 주행기록계에서 첫 숫자 네 개가 다시 한번 똑같아지겠는가?

이번에는 차가 아니라 발로 뛰어 움직이는 경우에 대해 생각해보자.

068 달리기 경주에서 추월했을 때, **몇 등이 될까?**

1. 달리기 경주를 하고 있다. 당신이 2등으로 달리는 사람을 추월하면 몇 등이 되는가?

2. 달리기 경주를 하고 있다. 당신이 꼴찌로 달리는 사람을 추월하면 몇 등이 되는가?

069

콘스턴스와 다프네 중
마라톤에서 이기는 사람은 누구일까?

콘스턴스와 다프네가 26.2마일(42.195km) 마라톤에 나갔다. 콘스턴스는 마라톤 전체 구간을 마일당 8분의 속도로 일정하게 달린다. 반면 다프네는 속도에 변화를 주어 빨리 달리기도 하고 느리게 달리기도 하면서 마일당 8분 1초에 달린다. 바꿔 말하면 마라톤 코스의 첫 1마일 구간을 뛰든, 마지막 1마일 구간을 뛰든, 아니면 13.6마일에서 14.6마일 사이의 구간을 뛰든 1마일을 콘스턴스는 8분에 뛰고 다프네는 그보다 1초 느리다는 점이다.
다프네가 이 경주에서 이기는 것이 가능할까?

단도직입적으로 말하자면 가능하다. 여기서의 핵심은 올바른 전략을 찾아내는 것이다. 내가 보기에 이 질문은 퍼즐보다는 역설로 분류해야 할 것 같다. 여기에는 논리적 역설이 존재한다. 전제가 자기모순적인 결론으로 이어지기 때문이다. 그보다 더 뻔뻔스러운 역설도 존재한다. 얼핏 듣기에는 터무니없어 보이지만 자세히 들여다보면 사실인 진술이 들어 있다. 다음에 같은 맥락의 퍼즐을 두 개 더 소개한다.

070 수분 99%의 감자가
수분 98%의 감자가 되면 무게는?

100kg 나가는 감자 무더기가 햇빛 아래 놓여 있다. 감자의 무게 중 99%는 수분으로 이루어져 있다. 하루가 지나니 수분이 증발해서 이제는 감자의 무게 중 98%가 수분이 됐다. 이 감자 무더기의 무게는 얼마일까?

다음에 나오는 문제는 월터 윌리엄 라우스 볼Walter William Rouse Ball의 《수학적 오락과 에세이》Mathematical Recreations and Essays 1896년 판에 나온 것이다. 이 책은 영어로 쓰인 수학 오락 서적 중 첫 번째로 나온 중요한 작품이다. 1892년에 처음 나온 이 책은 14판까지 나왔고, 저자가 사망한 이후인 1939년, 1942년, 1974년, 1987년에 출판된 네 개의 판본에는 캐나다의 위대한 기하학자 해럴드 스콧 맥도널드 콕스터Harold Scott MacDonald Coxeter가 수정하고 추가한 내용이 실렸다. 라우스 볼은 학자로서 경력을 보낸 케임브리지 대학교에서 수많은 활동을 했는데, 세계에서 가장 오래된 마술 학회인 '펜타클 클럽'Pentacle Club을 창설하기도 했다. 그는 유언장에서 옥스퍼드 대학교와 케임브리지 대학교 양쪽에 자신의 유산을 남겼고, 그 자금으로 두 곳 모두에 '라우스 볼 수학 교수' 자리가 생겼다.

071

연봉을 올리는 두 가지 방법 중
더 많은 연봉을 받는 방법은?

초봉으로 연봉 1만 파운드를 받는 새로운 일자리를 제안받았다. 사장은 급여를 올리는 방식으로 두 가지 안을 제시했다.

A안 : 6개월마다 500달러씩 인상(6개월마다 다음 6개월치의 봉급이 500달러 인상된다는 의미)
B안 : 매년 2,000달러씩 인상

당신이라면 어느 안을 선택하겠는가?

막대기를 임의로 잘랐을 때
짧은 막대기의 길이는?

막대기가 있다. 톱으로 이 막대기를 아무 데나 임의로 잘라 긴 막대기와 짧은 막대기 두 개로 나눌 경우 짧은 부분의 길이는 평균 얼마나 될까?

에드워드, 루시 부부가
여덟 명의 손님과 악수한 횟수

에드워드와 아내 루시가 부부 네 쌍을 저녁 식사에 초대했다. 이 자리에 모인 사람들 각각은 자기가 전에 만나 본 적이 없는 사람하고만 악수를 했다. 그리고 나서 에드워드가 루시와 여덟 명의 손님에게 악수를 몇 번이나 했느냐고 물었더니 서로 다른 아홉 가지 대답이 나왔다.
루시는 몇 사람과 악수를 했을까?

뤼카의 유명한 퍼즐 중 하나는 부부 퍼즐이다. 이 퍼즐은 탁자에 남자와 여자를 교대로 앉히되 남편과 아내가 나란히 앉지는 않게 자리를 배정하는 방법이 몇 가지나 있는지 묻는다. 이 문제의 해는 이 책에서 다루기에는 너무 복잡하다. 뤼카도 이 퍼즐을 수학 오락 책이 아니라 정수론에 관한 학술 서적에 부록으로 담아놓았다. 과정을 생략하고 답만 말하자면, 부부가 두 쌍인 경우에는 이렇게 앉히기가 불가능하고, 세 쌍인 경우에는 12가지, 네 쌍인 경우에는 96가지, 다섯 쌍인 경우에는 3,120가지 방법이 있다.

자리가 너무 딱딱했나 싶다. 분위기를 편안하게 바꿔보자.

074

에드워드, 루시 부부가 파티에서
악수한 횟수로 참석자 맞히기

에드워드와 아내 루시가 저녁 파티에 친구들을 몇 명 초대했다. 일부는 싱글
이고 일부는 부부 사이다(동성 부부는 없는 것으로 가정한다). 남자들끼리는 서
로 악수로 인사한다. 여자들은 남자와 여자에게 모두 가볍게 볼을 맞춰 인사
한다(물론 부부인 두 사람은 서로 인사하지 않는다). 파티에서 각각의 손님은 에
드워드와 루시, 그리고 나머지 손님들과 인사를 나눈다. 총 여섯 번의 악수
와 열두 번의 볼 맞춤이 있었다면 파티에 온 사람은 몇 명이고, 그중 싱글은
몇 명인가?

저녁 파티 퍼즐은 조합을 계산하는 문제다. 직접 세려면 조합의 수가 너무 많
을 때도 있다. 그러니 직접 세지는 말자. 그리고 극장에 갈 때는 잊지 말고 꼭
영화표를 가지고 가자.

075

영화관에 온 100명이
맞는 자리에 앉을 확률은?

100자리가 마련된 영화관에 들어가려고 100명이 줄을 섰다. 그런데 줄 맨 앞에 서 있던 사람이 영화표를 잃어버려서 아무 자리나 가서 앉아버렸다. 나머지 관람객들은 자기가 배정받은 자리에 앉지만, 누군가 그 자리에 이미 앉아 있는 경우에는 아무 빈자리나 가서 앉는다.

맨 마지막에 들어간 사람이 자기가 배정받은 자리에 앉을 확률은 얼마인가?

이번 장에서는 가상의 현실 상황을 다루는 퍼즐을 다루었다. 이번에는 실제 소품을 이용한 퍼즐을 만나보자.

제4장

소품을 이용한 문제

_ 주변에 있는 도구를 사용한 시대를 가로지르는 고전 퍼즐

맛보기 문제 4

01 영어로 한 음절로 발음하는, 유럽의 가장 큰 도시는 어디인가?

02 미국의 주 중에서 아프리카와 가장 가까운 곳은?
   Ⓐ 플로리다Florida
   Ⓑ 노스캐롤라이나North Carolina
   Ⓒ 뉴욕New York
   Ⓓ 매사추세츠Massachusetts
   Ⓔ 메인Maine

03 다음의 도시들을 서쪽에서 동쪽 순으로 나열하라.
   에든버러Edinburgh
   글래스고Glasgow
   리버풀Liverpool
   맨체스터Manchester
   플리머스Plymouth

04 **다음의 도시들을 북쪽에서 남쪽 순서로 나열하라.**

알제Algiers

노바스코샤 주 핼리팩스Halifax, Nova Scotia

파리Paris

시애틀Seattle

도쿄Tokyo

05 **다음의 도시들을 북쪽에서 남쪽 순서로 나열하라.**

부에노스아이레스Buenos Aires

케이프타운Cape Town

이스터 섬Easter Island

몬테비데오Montevideo

호주 퍼스Perth, Australia

06 **유럽의 국가 중 가장 많은 유럽 국가와 국경을 맞대고 있는 나라는?**

07 **다음의 지역을 인구수 순서로 나열하라.**

셔틀랜드 제도Shetland Islands

맨섬Isle of Man

아일오브와이트Isle of Wight

제르제Jersey

포클랜드 제도Falkland Islands

08 세계에서 해안선이 가장 긴 나라는 어디인가?

09 프랑스는 표준시간대가 가장 많은 국가다(12개). 이는 프랑스 공화국이 해외 영토와 해외 레지옹region(프랑스의 지방 행정 구역 단위)을 아우르고 있기 때문이다. 그렇다면 표준시간대가 하나인 가장 큰 나라는 어디인가?

10 아콩카과Aconcagua, 엘브루스 산Mount Elbrus, 킬리만자로 산Mount Kilimanjaro, 매킨리 산Mount McKinley은 각각 남미 대륙, 유럽, 아프리카, 북미 대륙에서 가장 높은 봉우리들이다. 이들을 높이 순서로 나열하라.

정답 및 해설: p.294

나무 아홉 그루를 심는데
자네 도움이 필요해

실제 소품으로 푸는 퍼즐은 사람을 특히나 몰두하게 한다. 이런 퍼즐은 종이에 끄적거리거나 추상적으로 생각할 필요가 없기 때문에 애쓰지 않아도 집중이 잘 돼서 시간 가는 줄 모르고 풀게 된다. 게다가 퍼즐을 푸는 과정이 마치 장난감을 갖고 노는 것처럼 느껴져 아주 재미있다.

　이번 장에서는 동전, 성냥, 우표, 종이, 줄 등 가방 속에 흔히 들어 있는 물건들을 가지고 놀 것이다. 첫 번째 문제는 똑같이 생긴 동전 네 개만 있으면 된다. 만약 당신이 나와 함께 기차 여행을 할 기회가 있었다면 분명 나는 이 문제를 냈을 것이다.

　똑같이 생긴 동전 네 개를 다음 그림처럼 정확한 위치에 배열할 수 있겠는가? 다섯 번째 동전이 어디에도 막히지 않고 그림자 처리된 위치로 미끄러져 들어가 나머지 동전 네 개와 동시에 접촉해야 한다.

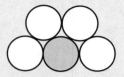

이 문제에서는 동전 네 개를 배열하고 난 뒤 다섯 번째 동전이 그 위치에 완벽하게 들어맞아야 한다. 한번 풀어보자. 눈짐작만으로는 동전을 제 위치에 맞출 수 없다.

해답은 다음과 같다. 우선 동전 네 개의 상대적인 위치를 정할 방법을 찾아야 한다. 방법은 하나밖에 없다. 아래 1단계 그림처럼 동전을 마름모꼴로 배열하는 것이다. 그런데 이 중에 어떤 동전을 미끄러뜨려 빼냈을 때 동전들이 모두 고정된 위치에 남으려면 빼낸 동전이 다른 두 동전과 접하는 새로운 위치로 들어가야 한다.

따라서 매번 동전을 움직일 때마다 다른 동전 두 개와 접하는 위치로 들어가야 한다는 규칙을 지키면서 1단계의 배열을 문제에 나온 배열로 바꾸는 것이 핵심이다. 그 해답이 2단계와 3단계에 나와 있다.

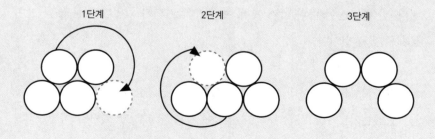

동전 퍼즐은 아주 환상적인 심심풀이 문제다. 이것은 사람을 몰입시키는 힘이 있다. 이런 퍼즐의 해법은 일반적으로 처음 생각했던 것보다 훨씬 까다롭지만 조금만 깊이 생각하면 찾을 수 있다.

우리가 방금 풀었던 문제는 한 세기 전에 헨리 어니스트 듀드니가 고안한 것이다. 다음에 나오는 문제도 그가 만든 것이다.

076

여섯 개의 동전과
그 안에 꼭 맞는 일곱 번째 동전

똑같이 생긴 여섯 개의 동전이 있다. 이 동전을 특정 모양으로 배열했다가 움직여서 아래와 같이 정확히 원 모양이 되도록 만들 수 있는가? 일곱 번째 동전이 그림자 처리된 위치에 꼭 맞게 들어가 나머지 동전과 접촉해야 한다.

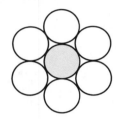

먼저 동전 여섯 개로 정확히 원 모양으로 바뀔 수 있는 초기 모양을 생각해내야 한다. 그 후로는 동전을 빼서 움직일 때마다 그 동전을 다른 두 동전과 접촉하는 위치로 옮겨야 한다. 동전을 들어 올리거나 동전으로 다른 동전을 밀어내서는 안 된다.

동전 퍼즐은 특히나 중독성이 강하다. 일단 위 문제를 풀고 나면 자기도 모르게 다음 문제를 찾게 될 것이다.

077 삼각형 모양의 동전 배열을
직선 배열로 바꾸기

동전을 일곱 번 움직여 삼각형 배열을 직선으로 만들 수 있는가? 앞 문제와
마찬가지로 동전을 움직일 때는 다른 두 동전과 접촉하는 위치로 미끄러져
들어가게 해야 한다. 동전을 들어 올리거나 동전으로 다른 동전을 밀어서는
안 된다.

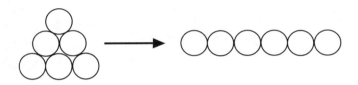

다음 문제는 똑같이 생긴 동전 여덟 개가 필요하다.

제4장 소품을 이용한 문제

197

078

동전 여덟 개로 만든
H를 O로 바꾸기

앞의 퍼즐에서 나왔던 동전 이동 규칙을 이용해 동전을 네 번 움직여 H를 O로 만들 수 있는가?

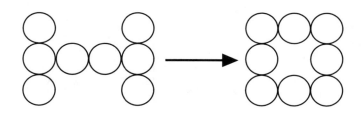

그리고 다시 여섯 번 움직여서 O에서 H로 돌아올 수 있겠는가?

이 책에서 이미 듀드니를 만나본 바 있다. 그는 1930년대에 논리 추리 문제의 붐을 일으켰던 '스미스, 존스, 로빈슨 퍼즐'을 만든 사람이다.

듀드니는 영국 최고의 퍼즐 발명가였고, 세계 최고였다고 해도 과언이 아니다. 40년 동안 신문과 잡지에 글을 투고하면서 그는 다른 어떤 사람보다도 고전 수학 퍼즐 문제를 많이 만들었다. 그의 창조성은 멈추는 법이 없었다. 1장에서 말했듯이 스미스, 존스, 로빈슨 퍼즐(7번 퍼즐)은 1930년 그가 사망한 달에 그가 《스트랜드 매거진》에서 오랫동안 운영한 칼럼인 '퍼플렉시티

스'_{Perplexities}에 등장했다.

　듀드니가 퍼즐에 소명 의식을 가진 뿌리는 그의 할아버지인지도 모르겠다. 그의 할아버지는 잉글랜드 남동부에서 일하는 양치기였는데, 양을 돌보는 동안 수학과 천문학을 독학했다. 그는 학교 선생님이 됐고, 아들도 그랬다. 듀드니는 1857년에 태어났지만 제도권 교육을 받을 처지가 아니었다. 그래서 학교에 다니지 않고 열세 살의 나이에 런던 사무 공무원으로 일을 시작했다. 그는 이런 생활에 지겨움을 느껴 신문에 퍼즐을 투고하기 시작했고 결국 아예 하던 일을 그만두고 퍼즐 만드는 일을 업으로 삼았다.

　듀드니가 만든 퍼즐은 방대함도 놀랍지만 깊이 또한 대단하다. 그가 독학으로 공부했지만 그의 수학적 비상함은 타의추종을 불허했다. 1907년 낸 그의 첫 번째 책 《캔터베리 퍼즐》The Canterbury Puzzles에 나온 한 문제에서는 1의 세제곱과 2의 세제곱을 더하면 9가 된다고 밝힌 다음($1^3 + 2^3 = 1 + 8 = 9$) 독자에게 세제곱해서 더하면 9가 되는 다른 숫자 두 개를 찾아내라고 한다. 그 정답은 다음과 같다.

$$\frac{415,280,564,497}{348,671,682,660} \quad \text{그리고} \quad \frac{676,702,467,503}{348,671,682,660}$$

　듀드니는 이렇게 적었다. "한 보험 계리사와 또 다른 동료가 수고스럽게도 이 수를 세제곱 계산해서 내 해답이 옳다는 것을 확인해주었다." 그가 종이와 연필만으로 어떻게 이런 해답을 찾아냈을지를 생각하면 머리가 아찔해진다.

듀드니는 여러 편의 동전 퍼즐을 고안했다. 다음 퍼즐은 1917년에 출간된 《수학의 즐거움》Amusements in Mathematics에서 가져왔다.

동전 다섯 개를
서로 같은 거리로 붙이기

079

여기 정말 어려운 문제가 있다. 그런데 문제에 제시된 조건은 터무니없이 간단하다. 동전 네 개가 각각 다른 동전 세 개와 모두 맞닿게 하는 방법은 독자들도 모두 잘 알 것이다. 동전 세 개를 서로 닿도록 책상 위에 납작하게 삼각형 형태로 배열한 다음 네 번째 동전은 그 가운데 올려놓으면 된다. 그럼 모든 동전이 나머지 다른 동전들과 닿아 있으므로 모두 서로 같은 거리에 놓인 것이 된다. 이번에는 다섯 개의 동전으로 각각의 동전이 나머지 다른 동전들과 닿게 만들어보자. 아마도 이것이 완전히 다른 문제라는 것을 알게 될 것이다.

이 퍼즐은 가급적 큰 동전으로 풀어야 그나마 조금 쉬워진다. 적어도 나처럼 손재주가 부족한 사람에게는 그렇다. 듀드니는 한 가지 정답만 제시했지만 정답은 두 개다.

1821년에 존 잭슨John Jackson이 쓴《겨울밤의 논리적 즐거움》Rational Amusement for Winter Evenings에는 다음과 같은 시구가 있다.

나무 아홉 그루를 심는데 자네 도움이 필요해.
스무 개의 절반 되는 줄에
줄마다 나무가 세 그루 들어가게 심어야 해.

제4장 소품을 이용한 문제

이 문제만 풀어줘. 다른 건 바라지도 않을게.

이것을 번역하면 이렇다. "나무 아홉 그루를 열 줄에 심는데, 각각의 줄에 나무가 세 그루씩 들어가게 할 수 있는가?"
해법은 다음과 같다.

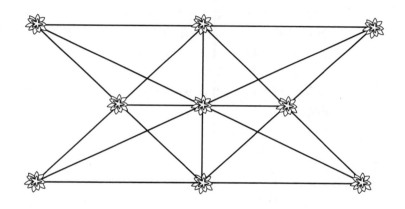

《수학의 즐거움》에서 듀드니는 이 문제를 아이작 뉴턴이 고안했다고 적었다. 하지만 이 문제가 잭슨 이전에 존재했다는 증거는 없다. 특정 수의 나무를 특정 수의 줄에, 각각의 줄에 특정 수의 나무가 들어가도록 심어야 하는 나무 심기 퍼즐은 동전을 이용해서 푸는 것이 제일 편하다. 다음에 나오는 퍼즐도 듀드니의 작품이다.

080 동전 열 개, 직선 다섯 개
그리고 한 줄에 동전 세 개

큰 종이를 꺼내서 아래 그림처럼 동전 열 개를 배열하자.
여기서 동전 네 개를 다른 위치로 이동해서 동전 열 개가 직선 다섯 개를 이루도록 하고, 각각의 직선에 동전이 네 개씩 들어가게 할 수 있는가?

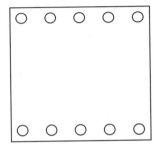

이 문제를 풀었다면(듀드니의 말로는 어렵지 않은 문제라고 했다), 다시 돌아가서
처음부터 문제를 시작한다고 가정했을 때 이 퍼즐을 푸는 방법이 몇 가지나
되는지 알아낼 수 있는가?

동전을 조금씩 움직이다 보면 헷갈릴 수 있으니까 동전의 처음 위치를 종이
위에 표시해두는 것이 좋다.

듀드니는 점 열 개, 즉 '나무' 열 그루가 한 줄에 네 개씩 다섯 줄로 배열되
게 하는 문제를 몇 가지 만들었다. 앞의 퍼즐에서 동전을 네 개만 옮길 수 있

다는 규칙을 무시하고 원하는 만큼 마음대로 움직일 수 있다고 한다면 동전 열 개로 직선 다섯 개를 만들고, 각각의 직선에 동전이 네 개 들어가게 만드는 배열은 다섯 가지가 더 나온다. 듀드니는 이 배열들을 각각 '별', '다트', '나침반', '깔때기', '못'이라 불렀다(앞 문제의 정답은 '가위'라고 불렀다). 그중 '별'이 아래에 나와 있다. 나머지 네 가지도 찾을 수 있겠는가?

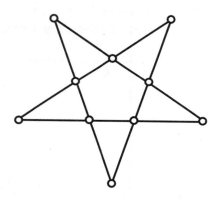

여기서 수수께끼 하나. 20세기 초 가장 유명했던 헨리 듀드니가 남성이 아니라 여성이었던 이유는 무엇일까?

앨리스 휘핀Alice Whiffin은 18세에 듀드니와 결혼했다. 그녀는 나중에 토머스 하디Thomas Hardy, 이디스 휘턴Edith Wharton에 필적하는 소설가로 성공을 거두었고, 필명을 결혼 후의 성인 헨리 듀드니 부인Mrs. Henry Dudeney으로 썼다. 그녀는 50편 정도의 소설을 썼는데, 그중에는 영국 남동부 지방을 배경으로 하는 것이 많았다. 듀드니 부부는 런던 문학인 모임의 터줏대감이었다. 앨리스는 필립 사순Philip Sassoon 경과 절친한 사이였는데, 사순 경은 돈이 엄청나게 많은 하원 의원이자 사교계의 명사로 자신의 켄트 대저택에서 화려한 파티를 여는 것으로 유명했다.

듀드니 부부는 관계도 격정적이었다. 앨리스가 바람을 피워 두 사람은 별거에 들어갔다. 그러다가 1916년에는 두 사람 모두 루이스_{Lewes}의 한 집으로 함께 들어왔고, 위층과 아래층에 각자 따로 서재를 두고 지냈다. 앨리스는 루이스에서 어니스트 듀드니와 함께 보낸 시간을 일기장에 자세하게 기록했다. 이 일기는 1998년에 출간되었다. 덕분에 세상에서 가장 위대한 퍼즐 발명가와 함께 살았던 삶을 가시가 돋았을망정 애정 어린 시선으로 엿볼 수 있게 됐다. 때때로 두 사람은 거의 불편할 정도로 친밀했다. 어니스트 듀드니는 앨리스를 사모했지만 질투심에 분노가 폭발할 때가 많았다. 그녀는 이렇게 적었다. "어니스트의 성격은 정말 끔찍하지만 그도 어쩔 수 없다. 심지어 자기 성격이 그렇다는 것도 모른다(내가 믿기로는 그렇다). 어쨌거나 천재와 결혼했는데 자기 자신도 천재라면 충돌은 불가피한 법이다⋯."

듀드니의 특출한 재능 중 하나는 일상적인 물건으로 수학 퍼즐을 만드는 것이었다. 그는 런던 모임에서 시가에 대한 기발한 문제를 만들었다. 그는 이렇게 적었다. "이 퍼즐은 상당히 긴 시간 동안 회원들의 관심을 끌었다. 그들은 문제를 풀지 못했고, 해법이 없다고 생각했다. 하지만 정답은 놀라울 정도로 간단하다."

시가를 소재로 낸 퍼즐이지만 내 생각에는 동전으로 대체하는 것이 해법을 찾기가 더 쉬울 것 같아서 문제를 고쳐 썼다(오리지널 문제를 풀고 싶은 사람은 '동전'을 '시가'로 바꿔치기하면 된다).

081

탁자 위에 동전 놓기 게임에서
항상 이기는 방법은?

두 선수가 정사각형 탁자 앞에 앉아 있다. 첫 번째 선수가 탁자 위에 동전을 하나 놓으면, 두 번째 선수도 탁자 위에 동전을 놓는다. 두 선수는 이런 식으로 번갈아가며 동전을 놓는다. 이 게임의 조건은 한 가지, 동전들이 서로 닿아서는 안 된다. 게임의 승자는 탁자에 마지막으로 동전을 놓는 사람이다. 즉, 동전들 사이에 남은 마지막 공간을 채우는 사람이 승자다.

탁자는 동전 하나 크기보다는 커야 한다. 그렇지 않으면 첫 번째 수에 게임이 무조건 끝날 테니까 말이다. 그리고 모든 동전은 똑같은 크기여야 한다. 이 게임에서는 이기는 사람은 어느 쪽일까? 먼저 시작하는 사람일까, 두 번째로 시작하는 사람일까? 이기려면 어떤 전략을 사용해야 할까?

듀드니 얘기는 나중에 다시 하고 지금은 이왕 동전이 탁자 위에 올라와 있으니 동전을 가지고 좀 더 놀아보자.

1883년 에든버러 수학 학회Edinburgh Mathematical Society의 도입 연설에서 스코틀랜드의 수학물리학자 피터 거스리 테이트Peter Guthrie Tait는 기차를 타고 가다가 뒤에 나오는 퍼즐을 발견했다고 말했다. 동전 퍼즐이 철도의 역사만큼이나 긴 시간 동안 기차 승객들의 관심을 사로잡았다고 생각하니 기분이 좋다.

테이트는 과학에 수많은 기여를 했다. 수학 분야에서는 '매듭 이론'theory of knots을 정립했다. 열정적인 실험가이자 다작을 한 작가이기도 했던 그는 켈

빈 경Lord Kelvin과 함께 고전적인 물리학 교과서를 공동으로 집필했다. 그는 방을 가득 채울 정도로 거대한 자석, 물 분사기, 전기 스파크가 등장하는 환상적인 과학 시연으로 에든버러 대학교 학생들에게 큰 사랑을 받았다. 하지만 그가 가장 좋아하는 소품은 아마도 골프채였을 것이다. 그의 골프 사랑은 집착이라 할 만큼 대단해서 결국에는 골프공, 즉 '회전하는 구형 발사체'의 궤적에 관한 논문까지 썼다. 그의 아들인 프레디Freddie는 골프 선수로 성공해 영국 아마추어 골프 선수권 대회The British Amateur Championship에서 우승을 두 번이나 차지했다.

다음에 나오는 퍼즐은 일본에서 시작된 것으로 알려져 있는데, 그 퍼즐을 서구에 널리 알린 사람은 테이트였다.

082 번갈아 놓인 동전을 **네 번 만에 같은 것끼리 묶기**

두 종류의 동전을 1번 그림처럼 하나씩 번갈아 나오도록, 동전이 한 종류밖에 없는 경우에는 앞면과 뒷면이 번갈아 나오도록 배열하라. 이 퍼즐의 목표는 동전 여덟 개의 위치를 바꿔서 그림 2처럼 종류가 같은 동전 네 개끼리 이웃하게 하는 것이다.

1
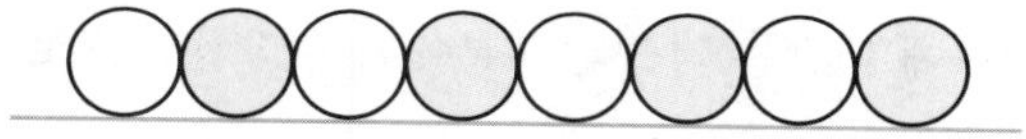

2
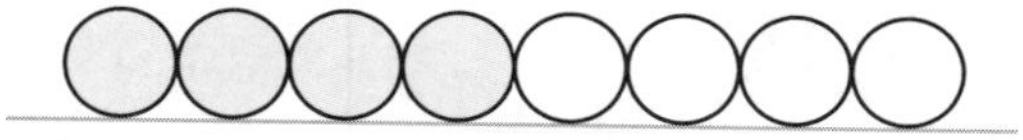

동전을 움직일 때는 인접한 동전까지 두 개를 동시에 움직여야 한다. 다른 동전들과 동일 선상에 위치하는 자리라면 어디로 움직여도 좋지만 움직이는 두 개의 동전이 위치를 바꿀 수는 없다. 즉, 움직이는 동안 왼쪽에 있던 동전은 왼쪽에, 오른쪽에 있던 동전은 오른쪽에 자리 잡고 있어야 한다.
동전을 네 번 움직여서 퍼즐을 완성할 수 있는가?

이 퍼즐은 그 자리에서 바로 풀지 못하면 낙담하기 쉽다. 하지만 인내심을 갖자. 분명히 풀 수 있다. 도움이 될까 해서 여기 동전 여섯 개가 등장하는 더 간단한 버전의 문제를 푸는 법을 소개한다. 연속된 모든 동전의 최종 위치가 전체적으로 왼쪽으로 두 공간씩 움직였다는 점에 주목하자.

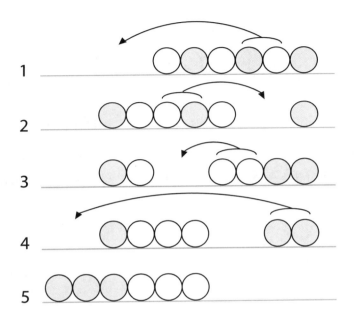

이런 주제를 다루는 김에 테이트 스타일의 문제를 하나 더 살짝 끼워넣어 볼까 하는 생각이 들었다. 이 문제는 동전이 다섯 개밖에 나오지 않지만 동전을 움직일 때 종류가 다른 두 개의 동전만 움직일 수 있다는 추가적인 조건이 붙는다. 다음 페이지 그림 위에 배열된 동전을 네 번 움직여서 다음 배열처럼 바꿀 수 있는가?

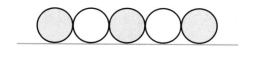

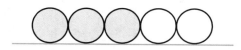

　3장에서 만나본, 동료들에게 원양 여객선 문제를 냈던 19세기의 프랑스 수학자 에두아르 뤼카는 《오락 수학》_{Recreations Mathematiques}에 다음의 전통 퍼즐 두 개를 포함시켰다. 두 문제 모두 엄청 난감하지만 알고 보면 지독히 간단한 문제다.

동전 여덟 개를 네 번 만에
네 개로 나누기

동전 여덟 개가 아래 그림처럼 일렬로 배열되어 있다. 동전은 움직일 때마다 오른쪽이나 왼쪽으로 동전 두 개를 뛰어넘어 세 번째 동전 위에 올라갈 수 있다. 따라서 하나짜리 동전 두 개를 뛰어넘거나, 동전 두 개짜리 무더기 하나를 뛰어넘을 수 있다.

동전 네 개를 움직여서 동전 두 개짜리 무더기 네 개를 만들 수 있겠는가?

뤼카는 다음에 나오는 퍼즐을 '개구리 놀이'jeu des grenouilles 라고 불렀다. 그는 검은색과 하얀색의 체스 졸❖을 사용하라고 했지만 체스가 없는 경우에는 동전을 사용해도 된다.

084 개구리 자리와 두꺼비 자리를
바꿀 수 있을까?

액수가 다른 동전을 각각 세 개씩 아래 그림처럼 한 줄로 늘어놓고 가운데
공간을 비워둔다(같은 동전밖에 없다면 세 개는 앞면, 세 개는 뒷면을 향하게 놓아도
된다). 왼쪽 동전들은 개구리고, 오른쪽 동전들은 두꺼비다. 개구리는 왼쪽에
서 오른쪽으로만 뛸 수 있고, 두꺼비는 오른쪽에서 왼쪽으로만 뛸 수 있다.
개구리나 두꺼비는 빈자리로 한 칸 앞으로 움직이거나, 방향만 올바르다면
동전 하나를 뛰어넘어 다음 빈자리로 들어갈 수 있다.
개구리는 모두 두꺼비 자리로, 두꺼비는 모두 개구리 자리로 오게 움직일 수
있는가?

솔리테르 solitaire 게임은 말로 다른 말을 뛰어넘는 1인 게임 중에서는 아마도
제일 유명할 것이다. 독일의 수학자 고트프리트 라이프니츠 Gottfried Leibniz 는
1716년에 이렇게 적었다. "솔리테르라는 게임 덕분에 무척 즐겁다."

라이프니츠는 뉴턴과는 독립적으로 미적분학을 발견하고, 계산기를 발
명하고, 이진수 사용의 대의명분을 지지하는 등 과학과 철학에 기여했다. 이
진수에서 사용하는 0과 1은 그가 좋아하는 솔리테르 게임의 구멍과 말에 대

응했다. 하지만 라이프니츠는 이 게임을 거꾸로 하는 것을 즐겼다. 빈자리로 뛰어넘어 가서 자기가 뛰어넘은 말을 제거하는 것이 아니라 거꾸로 빈자리를 뛰어넘어 간 후에 그 빈자리에 말을 채우는 것이다. '뭐 하러 그런 짓을?' 이런 질문이 나올 만도 하다. 그는 이렇게 적었다. "나는 이렇게 대답하고 싶다. 발명이라는 예술을 완벽하게 만들기 위해서라고."

우리는 동전 솔리테르를 즐겨보자. 일반적인 규칙이 그대로 적용된다. 동전으로 이웃한 동전을 뛰어넘어 그 반대편 빈자리로 들어갈 수 있다. 그리고 동전으로 뛰어넘은 동전은 제거된다. 동전이 뛰어넘어 간 자리가 다시 다른 자리로 뛰어넘어 갈 수 있는 위치라면 그 여러 개의 동전을 한꺼번에 뛰어넘을 수 있다.

삼각형으로 배치한 동전을 제거하는
솔리테르 문제

085

아래 그림처럼 동전 열 개를 삼각형으로 배치한다. 그리고 동전 하나를 들어내 빈자리를 만든다. 동전 하나가 다른 동전을 뛰어넘어 빈자리로 이동할 때, 그 사이에 놓여 있던 동전은 제거된다. 이런 방식으로, 이 삼각형 격자에서 동전을 하나만 남겨라.

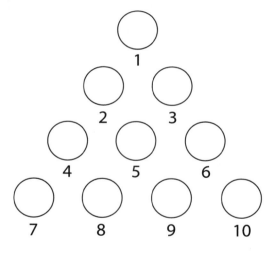

앞에 나온 동전 퍼즐처럼 이 문제도 풀기 전까지는 당신을 사로잡고 놓아주지 않을 것이다. 문제를 풀기 전에 종이 위에 열 군데를 표시해서 그 위에 동전을 올려놓고 시작할 것을 권한다. 그래야 격자 위 동전들의 위치를 혼동하지 않는다.

한동안 가지고 놀다 보면 다음과 같이 2번 위치에서 동전을 들어내고 난 후에 여섯 번 움직여서 문제를 푸는 방법을 발견할 수 있다.

(1) 7번이 2번으로(4번을 들어낸다.)
(2) 9번이 7번으로(8번을 들어낸다.)
(3) 1번이 4번으로(2번을 들어낸다.)
(4) 7번이 2번으로(4번을 들어낸다.)
(5) 6번이 4번으로, 다시 1번으로, 다시 6번으로(5, 2, 3번을 들어낸다.)
(6) 10번이 3번으로(6번을 들어낸다.)

하지만 더 훌륭한 방법이 있다. 다섯 번 만에 푸는 해법을 찾아보자.

지금까지 동전 퍼즐을 여섯 개나 소개했다. 이 정도면 이 장의 거의 절반에 해당한다. 동전은 모든 퍼즐 소품 중에서도 가장 쓸모가 많기 때문이다. 동전의 물리적 특성은 아주 다양한 방식으로 활용할 수 있다. 보드게임에서 쓰는 패처럼 미끄러뜨리거나 쌓아올릴 수도 있고, 기하학적인 점이나 솔리테르 게임의 말로도 사용할 수 있다. 그리고 양쪽 면이 다르게 생겼다. 마법 같은 다음 퍼즐에서는 이런 속성을 이용한다.

어둠 속에서 동전의 앞뒷면을
알아맞힐 수 있을까?

마법사인 당신은 눈가리개를 하고 있다. 그러고는 관객들에게 자기 앞 탁자 위에 동전 열 개를 펼쳐놓은 후에 그중 앞면은 몇 개인지 말해달라고 한다. 당신은 동전을 볼 수도 없고, 손으로 만져 앞뒷면을 확인할 수도 없다. 여기서 동전을 두 그룹으로 나누되, 각각의 그룹에 앞면 동전의 개수가 똑같 이 포함되도록 나누려면 어떻게 해야 하는가?

처음 이 문제를 보고 감명을 받았지만, 해법을 보고는 더 깊은 감명을 받았다.

우선 눈가리개를 하지 않고 문제를 풀어보자. 동전 열 개를 탁자 위에 펼 쳐놓는데, 세 개가 앞면이 보이게 놓였다고 해보자. 그리고 양쪽 그룹에 앞면 동전의 개수가 똑같도록 이 동전들을 두 그룹으로 나눠야 한다. 앞면 세 개는 2로 나누어떨어지지 않기 때문에 일부 동전을 뒤집을 필요가 있다. 이 퍼즐 을 푸는 핵심은 어느 동전을 뒤집을지 결정하는 것인데, 즉 어떻게 하면 눈가 리개를 한 상태에서 이것을 결정할 수 있는지 알아내는 것이다.

'어둠 속의 동전'The Coins in the Dark 퍼즐은 마치 마법 같다. 아이디어가 떠오 르는 순간 무릎을 칠 것이다. 퍼즐은 마법 같을 때가 많다. 정답이 일종의 계 시처럼 찾아오기 때문만은 아니다. 문제에서 미묘하게 잘못 지시된 부분이 있는 덕분에 풀리는 경우도 많기 때문이다.

다음에 나오는 퍼즐은 꼭 동전이 나와서가 아니라 정답도 아주 재미있어서 포함했다. 여러분이 동전 100개를 실제로 펼쳐놓고 문제를 풀 거라 생각하지는 않지만 문제를 풀 수 없더라도 해답은 꼭 읽어볼 것을 추천한다. 이 문제는 예비 대학생을 위해 열리는 1996년 국제 정보 올림피아드_{International Olympiad in Informatics} 대회에 처음 나왔다. 그러니까 원래 엄청나게 똑똑한 10대 컴퓨터광들을 대상으로 만들어진 문제다. 정말 놀라운 퍼즐이다.

동전 100개를 하나씩 집는 게임에서
무조건 이기는 법

동전 100개가 탁자 위에 한 줄로 놓여 있다. 10원, 50원, 100원 등 액수가 다양하다. 이 게임은 두 사람이 번갈아가면서 줄 양쪽 끝에서 동전을 하나씩 집어내 더 많은 돈을 모으는 사람이 이기는 게임이다. 어느 쪽 끝에서 동전을 집을지는 매 순서마다 선택할 수 있다.

페니와 밥이 게임을 한다. 먼저 페니가 한쪽 끝에서 동전을 하나 집어서 자기 주머니에 넣는다. 밥도 한쪽 끝에서 동전을 하나 골라 자기 주머니에 넣는다. 두 사람은 동전이 모두 사라질 때까지 번갈아가며 게임을 진행하고, 자기 차례가 올 때마다 양쪽 끝에 있는 두 개의 동전 중 하나를 선택해서 갖는다.

이 게임에서 페니가 아무리 못해도 늘 밥만큼 돈을 모을 수 있다는 것을 증명할 수 있는가?

힌트를 주겠다. 동전에 1번부터 100번까지 번호를 매겨보자.

좋다. 동전 퀴즈는 이만하면 됐다! 이제 역사상 두 번째로 인기가 많은 퍼즐 소품인 성냥개비로 넘어가보자. 하지만 그 전에 동전과 성냥개비가 함께 등장하는 퍼즐을 하나 소개한다. 이 정도면 유명한 두 노장 가수가 함께 부른 진귀한 듀엣 곡에 견줄 만하다.

088 성냥개비를 떨어뜨리지 말고
동전을 탈출시켜라

뒤집은 유리잔 두 개가 아래 그림처럼 놓여 있다. 두 유리잔 사이에는 성냥개비가 걸쳐 있고, 왼쪽 유리잔에는 동전이 갇혀 있다. 성냥개비를 떨어뜨리지 않고 동전을 꺼내려면 어떻게 해야 할까?

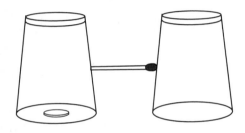

성냥은 19세기 중반에 발명됐고, 그 후로 100년 동안 성냥개비 퍼즐은 지역과 세대를 가리지 않고 제일 널리 퍼진 퍼즐 유형이었을 것이다. 요즘에는 성냥을 찾아보기 힘들다. 담배를 피우는 사람도 줄었고, 흡연자도 라이터를 즐겨 사용한다. 이쑤시개, 펜, 면봉 같은 것이 성냥을 대신할 수 있을 것이다.

듀드니는 다음에 나오는 퍼즐을 '젊은 독자들을 위한 조그마한 퍼즐'이라고 설명했다.

089

성냥개비 네 개를 들어내서
정삼각형을 네 개로 만들기

성냥개비 16개가 아래 그림처럼 정삼각형 여덟 개를 이루고 있다.

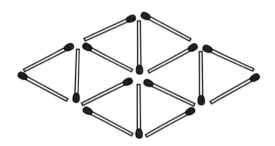

여기서 성냥개비 네 개를 들어내서 정확히 네 개의 정삼각형을 남겨라. 단,
되다만 삼각형이나 남는 성냥개비가 나오지 않게 하라.

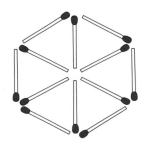

자유자재로 모양을 바꾸는
12개의 성냥개비

090

성냥개비 12개를 가지고 정삼각형 여섯 개로 이루어진 육각형을 만든다.

이 퍼즐은 문제가 네 개다.

1. 성냥개비 두 개를 다른 위치로 옮겨서 정삼각형 다섯 개를 만들어라.

2. 1에서 성냥개비 두 개를 다른 위치로 옮겨 정삼각형 네 개를 만들어라.
   되다만 삼각형은 절대로 만들어서는 안 된다. 다만, 다음 두 문제에서는
   삼각형의 크기가 달라져도 상관없다.

3. 2에서 성냥개비 두 개를 다른 위치로 옮겨서 정삼각형 세 개를 만들어라.

4. 마지막으로 그 과정을 다시 되풀이해서 정삼각형 두 개를 만들어라.

이번에는 반대로 삼각형의 수를 늘려보자. 다음에 나오는 퍼즐은 성냥개비가
몇 개 필요하지 않기 때문에 내가 정말로 좋아하는 퍼즐이다.

성냥개비 여섯 개로
만드는 여러 가지 삼각형

1. 성냥개비 여섯 개로 만든 삼각형 두 개가 있다. 성냥개비를 두 개만 옮겨서 삼각형을 네 개로 만들 수 있는가? 성냥개비를 겹쳐도 괜찮다.

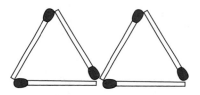

2. 성냥개비 여섯 개로 삼각형 네 개를 만들어보자. 이번에는 성냥개비를 겹칠 수 없다.

앞에서 다섯 개의 동전이 서로 모두 닿도록 배치하는 문제를 풀어보았다. 여기 그 퍼즐의 성냥개비 버전을 소개한다.

서로서로 맞닿은
성냥개비 네트워크

성냥개비 여섯 개 각각이 나머지 모든 성냥개비와 접촉하도록 배열할 수 있는가?
일곱 개의 성냥개비로도 가능한지 방법을 찾아보자.

성냥들이 끝에서만 접촉하는 배열은 두 가지 방식으로 이해할 수 있다. 우선 성냥개비의 배열로 생각할 수 있다. 하지만 다음에 나오는 퍼즐처럼 성냥개비로 연결된 점들의 네트워크로 생각할 수도 있다.

성냥개비 12개로 모든 지점에서
점이 만나는 모양 만들기

성냥개비 12개가 있다. 모든 성냥개비의 양쪽 끝이 각각 정확히 다른 성냥개비 두 개의 끝과 만나게 배열해보자. 바꿔 말하면 점과 점이 성냥개비로 연결되고 모든 지점에서 다른 세 점이 만나는 네트워크를 만들어라.

성냥개비 퍼즐의 마지막 문제로 우리의 오랜 친구 듀드니가 살짝 비틀어놓은 문제를 풀어보자.

094 성냥개비 20개로
두 개의 울타리 만드는 법

아래 그림처럼 성냥개비 20개를 각각 여섯 개와 14개로 나누어 직사각형 울타리 두 개를 만들면 두 번째 직사각형의 면적은 첫 번째 직사각형의 세 배가 된다.

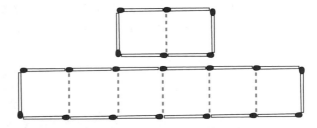

여기서 큰 울타리에서 작은 울타리로 성냥개비를 하나 가져가면 성냥개비가 각각 일곱 개와 13개인 울타리 두 개를 새로 만들 수 있는데, 이때도 역시 두 번째 울타리의 면적이 첫 번째 울타리의 세 배가 되게 만들 수 있는가?

듀드니의 작품들을 읽다 보면 주머니 속에 들어 있을 만한 일상적인 물품에서 기발한 퍼즐 소재를 찾아내는 그의 능력에 끝없이 감탄하게 된다. 다만 다음에 나오는 퍼즐은 예외다. 이 퍼즐은 우표 여덟 장이 붙어 있는 우표 시트를 이용한다. 우표가 없다면 종이를 자르고 접어서 이용하자.

이제 가위를 하나 준비하자. 나머지 퍼즐을 풀 때 필요할 테니까 말이다.

번호가 붙은 우표를
순서대로 접기

아래 그림과 같이 시트에 우표 여덟 장이 붙어 있다. 각 우표에는 1번부터 8번까지 번호를 매겨두었다. 목표는 이 우표를 경계를 따라 접어서 1이 제일 앞에 오고 나머지 우표들을 그 뒤로 접혀 보이지 않게 만드는 것이다.
우표가 1-5-6-4-8-7-3-2의 순서, 그리고 1-3-7-5-6-8-4-2의 순서 (더 어려움)가 되게 우표를 접을 수 있겠는가?

듀드니는 이렇게 적었다. "아주 흥미진진한 퍼즐이다. 불가능하다고 포기하지 않길 바란다!"

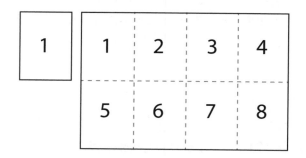

듀드니는 정사각형 우표가 붙어 있는 시트가 나오는 다음의 문제도 만들어냈다.

096 우표 네 장을 연결해서 뜯는 방법은 몇 가지일까?

아래 그림처럼 3×4 격자로 구성된 12장의 우표가 있는데 친구가 그 중 네 장을 달라고 한다. 당신은 네 장을 서로 연결된 상태로 뜯어주기로 했다. 예를 들면, 1-2-3-4, 1-2-5-6, 1-2-3-6, 1-2-3-7 등의 형태다. 우표들은 어느 쪽 모서리가 연결되어도 상관없지만 모서리가 아닌 꼭짓점에 달랑달랑 매달려 있어서는 안 된다.

이렇게 연결된 상태로 우표를 뜯어주는 방법은 몇 가지나 될까?

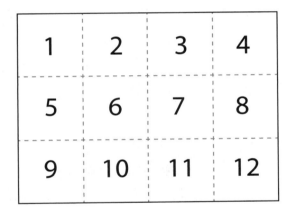

이 문제의 정답 및 해설에 연결된 우표 네 장으로 만들 수 있는 형태를 그려놓았다. 일단 풀고 난 후에 확인해보기 바란다. 혹시 어디서 본 모양 아닌가?

맞다. 듀드니의 우표 퍼즐에는 테트리스 게임에 나오는 도형이 등장한다.

이 게임을 즐겨본 적이 없는 사람을 위해 간단히 설명하자면, 테트리스는 아주 간단하면서도 중독성이 강한 컴퓨터 게임이다. 정사각형 네 개가 연결된 도형(380쪽 그림)이 스크린 위에서 아래로 떨어진다. 당신은 이 도형을 수평으로 움직이거나 회전시키면서 차곡차곡 쌓아야 한다. 테트리스 게임의 발명가 알렉세이 파지노프Alexey Pajinov는 1965년에 정사각형을 연결해서 만들 수 있는 도형에 대한 책을 발표한 수학자 솔로몬 골롬Solomon Golomb의 연구에 영감을 받았다. 그리고 골롬 자신은 듀드니에게 영감을 받았다.

듀드니는 정식 교육을 전혀 받지 않았음에도 퍼즐을 통해 새로운 개념을 소개하는 데 뛰어난 소질이 있었고, 훗날 수학자들은 그중 많은 개념이 학문적으로 연구할 가치가 있음을 발견했다.

듀드니의 첫 번째 책인《캔터베리 퍼즐》에는 정사각형을 연결해서 만든 도형이 등장하는 그의 첫 번째 퍼즐이 들어 있다.

이 퍼즐은 존 헤이워드John Hayward의《정복자 윌리엄 1세》William the Conqueror에 나오는 1613년의 사건(전적으로 신뢰할 만한 이야기는 아님)에서 영감을 받아 나온 것이다. 윌리엄 1세의 아들인 헨리Henry와 로버트Robert가 프랑스 왕위 계승자인 루이Louis를 방문한다. 그런데 체스를 하다 헨리가 루이를 이기자 싸움이 일어난다. 헤이워드는 이렇게 썼다. "헨리가 다시 체스판으로 루이를 때려 피를 보고 말았다. 이를 보고 헨리와 로버트는 당장 말로 달려갔고, 프랑스 병사들이 즉각 뒤쫓았지만 두 사람은 말에 박차를 가해 꽁지 빠지게 달아났다." 울랄라!

여러 조각으로 박살난 체스판을
제대로 맞추기

체스판이 아래 그림처럼 13조각으로 박살났다. 이 조각들은 네 조각짜리 정사각형 블록을 빼면 모두 정사각형 다섯 개를 연결해서 나올 수 있는 모양이다.

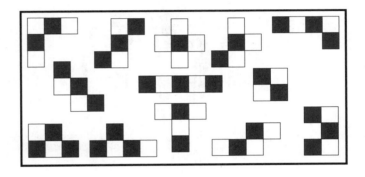

이 조각으로 체스판을 다시 짜 맞출 수 있겠는가?

듀드니는 정사각형 종이로 모양을 잘라 체스판에 올려놓고 퍼즐을 풀 것을 제안했다. 그는 이렇게 적었다. "이 문제를 집에서 푼다면 무한한 즐거움을 느낄 것이다. 하지만 문제 풀이에 성공하더라도 정답을 기록해두지 않길 바란다. 그러면 다시 풀 때도 처음 풀어보듯 여전히 어렵다고 느낄 것이다.”

이왕에 종이와 가위를 꺼낸 김에 아주 재미있는 종이 접기 퍼즐을 하나 더 풀어보자. 이번 퍼즐은 지난번 것보다는 더 빨리 풀 수 있을 것이다.

여덟 개의 정사각형 링으로
정육면체 접기

아래 그림처럼 3×3 정사각형 격자에서 가운데 있는 정사각형을 잘라낸다. 이 여덟 개의 정사각형 링을 접어서 정육면체를 만들 수 있겠는가? 정육면체는 면이 모두 여섯 개이므로 정사각형 두 개는 중첩된다.

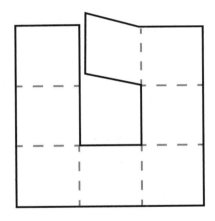

보이 스카우트나 걸 스카우트 활동을 하면서 스카프 고리 묶는 법을 배웠다면 그래도 어린 시절을 헛되이 보낸 것은 아니다. 드디어 그 기술을 써먹을 기회가 찾아왔으니까 말이다.

간단하지만 불가능에 가까운
비닐 땋기

비닐봉지에서 아래 그림 A처럼 가늘게 조각을 하나 오려낸 다음 안쪽을 길게 자른다. 틈을 만든다. 이것을 그림 B처럼 보이게 땋을 수 있겠는가?

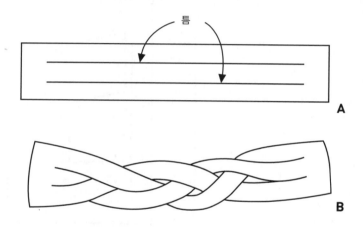

나는 처음 이 퍼즐을 풀 때 종잇조각을 이용했는데 너무 잘 찢어졌다. 비닐봉지가 훨씬 실용적이다. 가죽 조각을 사용하는 것도 좋다.

그냥 세 가닥 줄을 땋을 때는 창의적으로 생각하고 자시고 할 것이 없다. 줄을 제대로 꼬기만 하면 된다. 하지만 이 문제에서는 그 세 가닥이 끝에서 다시 이어져 있다. 세 가닥이 땋은 머리처럼 서로를 감으며 지나간다는 점에 주목하자. 이 가닥들은 여섯 지점에서 서로 교차하고 있고 서로를 감는 과정에서도 납작한 형태를 유지한다. 이제 꼬아보자!

이 장의 마지막 퍼즐 문제를 풀려면 소품이 더 필요하다. 약간의 줄과 골판지를 준비하자. 골판지로 작은 직사각형을 만들고 아래 그림처럼 줄로 연결하자. 그리고 각각의 골판지 윗면에 '앞면'이라고 적자.

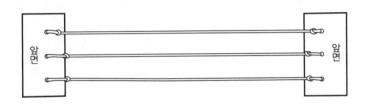

이 모형은 위상기하학적으로 보면 앞 퍼즐에 나온 것과 동일한 형태다. 양쪽 모두 세 가닥의 줄이 양쪽 끝에서 하나로 이어진 형태를 하고 있다. 하지만 이것을 굳이 끈으로 만든 이유는 그 물리적 속성을 탐구해볼 수 있기 때문이다.

덴마크의 시인이자 오락 수학자 피트 헤인Piet Hein은 1930년대에 코펜하겐에 있는 닐스 보어 이론물리학 연구소Niels Bohr's Institute for Theoretical Physics에 뻔질나게 방문하다가 현 모형string model에 대해 알고서 다음의 퍼즐을 대중화시켰다.

100

골판지를 회전시키지 않고
꼬인 줄을 푸는 탱글로이드

그림 A에 나온 것처럼 왼쪽의 골판지와 현 모형 끝을 잡은 상태에서 오른쪽 골판지를 위쪽 두 줄 사이로 넣어 완전히 한 바퀴 회전시킨다. 한 바퀴 회전시킨 후에는 오른쪽 골판지 위에 쓰인 '앞면'이라는 글자가 다시 앞을 바라보아야 한다. 그럼 모형이 그림 B처럼 보일 것이다. 이번에는 오른쪽 골판지를 그림처럼 아래 두 줄 사이로 넣어 완전히 한 바퀴 회전시킨다. 그러면 줄의 위치가 그림 C처럼 보일 것이다.

여기서 골판지를 어느 쪽도 회전시키지 않고 꼬인 줄을 풀 수 있겠는가?

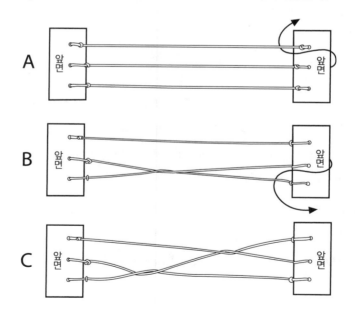

골판지 조각을 회전하지 않기 위해 왼쪽 골판지는 왼손으로, 오른쪽 골판지는 오른손으로 잡고 있자. 양쪽 골판지 모두에서 '앞면'이라는 글자가 정면을 바라보고 있고, 양쪽이 서로 같은 높이에 있게 하자. 골판지를 회전시킬 수 없으므로 당신이 할 수 있는 것은 골판지 조각을 줄 사이로 미끄러트리는 것밖에 없다.

골판지를 계속 줄 사이로 미끄러트리다 보면 꼬여 있던 줄이 풀릴 것이다. 이것은 마치 기적처럼 느껴진다. 내 생각에는 이번 장에서 이것이 제일 재미있는 퍼즐이 아닐까 싶다. 꼬인 줄을 힘들이지 않고 푸는 것처럼 기분 좋은 일이 또 어디 있겠는가?

당신이 이 즐거움을 확실하게 맛볼 수 있도록 정답 풀이에 이 퍼즐의 해법은 싣지 않기로 했다. 이 문제는 당신 스스로 풀어야 한다.

일단 문제를 풀고 나면 이 모형에 푹 빠져서 아마 또 다른 꼬인 줄 풀기 퍼즐을 풀고 싶을 것이다. 그렇다면 질문에서 왼쪽 골판지는 그대로 잡고 있고 오른쪽 골판지를 두 번 회전시키는 과정을 되풀이하면 된다. 대신 첫 번째 회전에서 위의 두 줄 사이를 앞에서 미끄러져 들어가게 하지 말고 뒤에서 미끄러져 들어가게 하거나, 앞쪽에서든 뒤쪽에서든 아래 두 줄 사이로 들어가게 하거나, 다이얼을 360도 돌리듯이 둥글게 회전시키기만 해도 된다. 두 번째 회전 역시 여기서 말한 회전 중 아무것이나 골라서 하면 된다.

회전을 한 번만 한 경우에는 골판지를 줄 사이로 미끄러트리는 것만으로는 꼬인 줄을 풀 수가 없다. 하지만 회전을 두 번 하면 어떤 방식으로 회전을 시켰든 꼬인 줄을 풀 수 있다. 헤인은 이 퍼즐을 제일 재미있게 즐기는 방법은 2인용 게임으로 하는 것이라고 했다. 그는 이 게임을 '탱글로이드'tangloids라고 불렀다. 한 명은 모형의 왼쪽 끝을 잡고, 다른 한 명은 반대쪽 끝을 잡는다. 첫 번째 사람이 자기가 쥔 골판지를 두 번 회전시키면 상대방이 그 꼬인 줄을 풀어야 한다. 이렇게 두 사람이 차례로 문제를 내고 풀기를 번갈아 해서 꼬인 줄을 제일 빨리 푸는 사람이 이긴다.

두 번 회전한 것은 언제나 풀 수 있지만, 한 번만 회전한 것은 풀리지 않는다는 현 모형의 재미있는 속성은 공간 속 어떤 회전의 습성을 설명하는 데 도움이 된다. 닐스 보어Niels Bohr와 그 동료들이 이 모형에 흥미를 느낀 이유도 그 때문이었다. 코펜하겐에서 시간을 보냈던 영국의 양자물리학자 폴 디랙Paul Dirac은 '3차원 공간에서 회전군의 기본군은 2주기의 단일 생성자를 갖는다는 사실'을 보여주는 교육 도구로 이 모형을 이용했다.

앞에서도 봤지만 좋은 퍼즐은 마술처럼 보일 수 있다. 그리고 진지한 과학을 설명하는 기발한 방법이 될 수도 있다.

제5장

숫자 게임

_ 당신은 열세 살 아이보다 똑똑한가요?

맛보기 문제 5

(※ 계산기는 사용하지 말 것!)

01 **아래에서 참인 문장은 몇 개인가?**

> 이 문장들 중 참은 없다.
> 이 문장들 중 정확히 하나만 참이다.
> 이 문장들 중 정확히 두 개가 참이다.
> 이 모든 문장이 참이다.

(A) 0   (B) 1   (C) 2   (D) 3   (E) 4

02 **다음에 나오는 도형 중 똑같은 모양의 정사각형 두 개를 중첩시켰을 때 나올 수 없는 모양은?**

(A) 정삼각형   (B) 정사각형   (C) 연 모양

(D) 칠각형   (E) 정팔각형

03 다음 등식 중 옳은 것은 딱 하나다. 어느 것인가?

(A) $44^2 + 77^2 = 4477$ (B) $55^2 + 66^2 = 5566$

(C) $66^2 + 55^2 = 6655$ (D) $88^2 + 33^2 = 8833$

(E) $99^2 + 22^2 = 9922$

04 일렬로 늘어선 다섯 개의 '온/오프' 스위치에서 바로 붙어 있는 두 스위치가 '오프'에 오지 않도록 설정하는 방법은 몇 가지나 되는가?

(A) 5   (B) 10   (C) 11   (D) 13   (E) 15

05 아래 나와 있는 덧셈에서 각각의 글자들은 서로 다른 숫자를 나타내는데, S는 3을 나타낸다. 그럼 Y × O의 값은 무엇인가?

$$
\begin{array}{r}
S\,O \\
+\ M\,A\,N\,Y \\
\hline
S\,U\,M\,S
\end{array}
$$

(A) 0   (B) 2   (C) 36   (D) 40   (E) 42

06 시간, 분, 초가 나오는 디지털시계에서 24시간 동안 숫자 여섯 개가 동시에 변하는 경우는 몇 번이나 생기겠는가?

$$\boxed{18\ 45\ 29}$$

(A) 0   (B) 1   (C) 2   (D) 3   (E) 24

07 다음의 세제곱 값 중 양수의 세제곱 값 세 개를 더한 가장 작은 값은 어느 것인가?

    Ⓐ 27   Ⓑ 64   Ⓒ 125   Ⓓ 216   Ⓔ 512

08 어느 수열에서 연속되는 세 개 항 이후에 나오는 각 항의 값은 앞에 나온 세 항의 합이다. 처음 세 개의 항은 −3, 0, 2다. 몇 번째 항이 처음으로 100을 넘겠는가?

    Ⓐ 11번째 항   Ⓑ 12번째 항   Ⓒ 13번째 항
    Ⓓ 14번째 항   Ⓔ 15번째 항

09 책의 페이지가 1, 2, 3 … 으로 숫자가 매겨 있다. 이 책의 모든 페이지를 표시하는 데 총 852개의 숫자가 들었다. 마지막 페이지는 몇 쪽일까?

    Ⓐ 215   Ⓑ 314   Ⓒ 320   Ⓓ 329   Ⓔ 422

10 아래 그림에 단위 정육면체(길이, 폭, 높이가 모두 1인 정육면체)가 나와 있다. 이 정육면체에 파란색이 칠해졌다고 해보자. 이제 이 정육면체의 각 면에 파란색 단위 정육면체를 붙여서 3차원 '십자가'(✚)를 만든다. 이제 이 십자가의 노출면에 노란색 단위 정육면체를 갖다 붙이려면 몇 개나 필요한가?

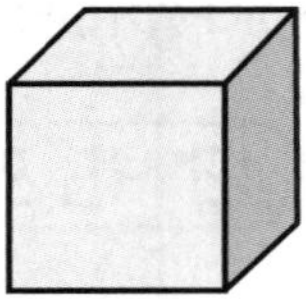

    Ⓐ 6   Ⓑ 18   Ⓒ 24   Ⓓ 30   Ⓔ 36

정답 및 해설: p.295

순수주의자들을 위한
문제

수학 문제를 다루는 책에 숫자 퍼즐이 빠지면 말이 안 된다. 수를 이용해서 푸는 퍼즐을 말하는 것이 아니다(이전 장들에서 봤듯이 그런 퍼즐은 많다). 수와 그 수가 드러내는 패턴 자체를 찬양하는 퍼즐을 말하는 것이다. 이런 퍼즐은 소품을 등장시키지도 않고, 문제를 풀고 싶은 마음이 들게 포장하려들지도 않는다. 오히려 노골적이다. 이런 솔직함 때문에 숫자 퍼즐은 정말 재미있다. 심지어 수를 더하는 간단한 과정 속에도 즐거움이 있을 수 있다.

1부터 100까지 자연수를 모두 더한 값은?

이 오래되고 낡은 문제를 18세기 말 아직 어린 소년이었던 카를 프리드리히 가우스_{Carl Friedrich Gauss}는 그 자리에서 바로 풀었다. 적어도 전해지는 이야기로는 그렇다고 한다. 문제를 낸 선생님은 가우스가 실제로 모든 수를 하나씩 더해볼 줄 알았다. 하지만 어린 천재 가우스는 그 속에서 패턴을 발견했다.

$$1+2+3+4+\cdots++97+98+99+100$$

이것은 아래와 같이 수를 앞과 뒤에서 하나씩 차례로 빼서 짝을 지어 더한 값과 같다.

$$(1+100)+(2+99)+(3+98)+(4+97)+\cdots+(50+51)$$

그리고 이것을 풀면 아래와 같다.

$$101+101+101+101+\cdots+101$$

따라서 총합은 $101 \times 50 = 5,050$이다.

똑똑하고! 이 이야기는 마치 가우스가 이런 아이디어를 처음 내놓은 사람인 듯 전해지지만 그보다 1,000년 앞선 앨퀸의 《청년의 마음을 단련하는 문제집》에도 나와 있다.

가로대가 100개 달린 사다리가 있다. 첫 번째 가로대에는 비둘기가 한 마리, 두 번째 가로대에는 두 마리, 세 번째에는 세 마리, 네 번째에는 네 마리, 다섯 번째에는 다섯 마리… 이렇게 100번째 가로대까지 이어진다. 사다리 위에는 비둘기가 총 몇 마리 앉아 있는가?

　문제의 설정은 다르지만 그 안에 담긴 산수는 똑같이 1부터 100까지 더하는 문제다. 앨퀸 역시 수를 짝 지우는 방법을 사용하지만 그 방법이 다르다. 그는 첫 번째 가로대와 끝에서 두 번째 가로대를 쌍으로 묶어 1+99 =100을 얻었다. 그리고 그다음에는 두 번째 가로대와 끝에서 두 번째 가로대를 묶고, 이런 식으로 이어갔다.

　따라서 그 합은 다음과 같다.

$$(1+99)+(2+98)+(3+97)+\cdots+(49+51)+50번째 가로대의 50+100$$
번째 가로대의 100

이 값은 다음과 같다.

$$(49 \times 100)+50+100 = 4,900+150 = 5,050$$

　앨퀸의 해법은 가우스의 해법보다 조금 더 번거롭기는 하지만 그래도 더 쉽다. 101을 곱하는 것보다는 100을 곱하는 것이 더 쉽기 때문이다. 앨퀸처럼 당신도 로마 숫자를 사용한다면 앨퀸의 방법을 쓰는 것이 훨씬 편하다.

　이 두 퍼즐에서 얻는 교훈은 다음과 같다. 여러 수를 모두 더하라는 문제를 만나면 그 문제에 나온 말을 곧이곧대로 듣지 말라는 것이다. 대신 패턴을 찾아서 그것을 활용해야 한다.

대칭으로 보이는 열 자리 숫자
아홉 개의 합은?

다음의 두 합 중 어느 것이 더 큰가?

987654321	123456789
087654321	123456780
007654321	123456700
000654321	123456000
000054321	123450000
000004321	123400000
000000321	123000000
000000021	120000000
+000000001	+100000000

102

가우스처럼 머리를 굴려
24개 숫자 더하기

1, 2, 3, 4가 포함된 네 자리 숫자 24개를 오름차순으로 정리하면 다음과 같다. 이 값들을 모두 더하면 얼마인가?

1234	1423	2314	3124	3412	4213
1243	1432	2341	3142	3421	4231
1324	2134	2413	3214	4123	4312
1342	2143	2431	3241	4132	4321

가우스처럼 머리를 굴려
100개 숫자 더하기

이번에는 2차원으로 생각해보자. 어떻게 해야 하는지 감이 올 것이다. 모두
더한 값은 얼마인가?

1	2	3	4	5	6	7	8	9	10
2	3	4	5	6	7	8	9	10	11
3	4	5	6	7	8	9	10	11	12
4	5	6	7	8	9	10	11	12	13
5	6	7	8	9	10	11	12	13	14
6	7	8	9	10	11	12	13	14	15
7	8	9	10	11	12	13	14	15	16
8	9	10	11	12	13	14	15	16	17
9	10	11	12	13	14	15	16	17	18
10	11	12	13	14	15	16	17	18	19

다음에 나오는 퍼즐 세 개는 수학계의 구상시_concrete poetry_ (일부 단어나 글자를 그림 형식으로 배열한 시—옮긴이)라 할 만하다. 각각의 문제마다 아홉 개의 칸으로 된 격자가 나온다. 이 칸에는 1부터 9까지의 숫자가 들어가야 한다. 수의 가장 단순한 요소인 0을 제외한 나머지 숫자들이 이렇게 우아하고 정확하게 맞아떨어지는 것을 보면 참으로 놀랍다.

이 각각의 격자에 숫자 아홉 개를 끼워 넣는 조합은 모두 2만 4,192가지가 있다. 1초마다 새로운 조합을 시도해본다고 해도 모두 확인하려면 2주일이 넘게 걸린다. 따라서 가능한 조합을 줄일 방법을 찾을 수 있는지부터 확인해보자.

정사각형만으로 이루어진
수수께끼 공식

□ 안에 들어가는 숫자는 1~9까지로 각각 다른 숫자다.

$$□ - □ = □$$
$$×$$
$$□ ÷ □ = □$$
$$=$$
$$□ + □ = □$$

105

정사각형만으로 이루어진
유령 방정식

☐ 안에 들어가는 숫자는 1~9까지로 각각 다른 숫자다.

$$\square\square \times \square = \square\square$$
$$\square \times \square = \square\square$$

숫자의 합을 일정하게 하는
숫자 채워 넣기

이 퍼즐은 '3 – in – 1' 퍼즐이다. 각각의 원에 들어 있는 숫자의 합이 11이
되도록 칸을 채워라. 그리고 합이 13이 되도록, 다시 14가 되도록 채워보라.

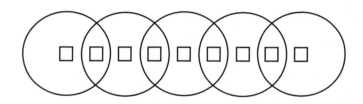

토머스 딜워스Thomas Dilworth의《학교 교사를 위한 실용 수학 및 이론 수학 개요
서》The Schoolmaster's Assistant, Being a Compendium of Arithmetic both Practical and Theoretical는 1743년
에 나왔고, 영국과 미국에서 수학 교과서로 큰 인기를 누렸다. 이 책에는 다음
과 같은 퍼즐이 있다.

잭이 동생 해리에게 말한다.

"나는 3을 네 개 나란히 배열해서 정확히 34가 나오게 할 수 있어. 너
도 그렇게 할 수 있겠어?"

정답은 33 + 3/3 = 34다.

이런 종류의 퍼즐은 딜워스의 책에서 처음 등장한다. 이 퍼즐에서는 똑같은 숫자 네 개를 배열해서 어떤 값이 나오게 만들어야 한다. 앞서 나온 세 문제에서는 연산이 주어지고, 그 식을 만족시키는 수를 찾아내야 했지만, 이번에는 수가 주어지고, 그 식을 만족시키는 연산을 찾아내야 한다.

이 장르에서 가장 흔히 등장하는 것은 '네 개의 4' 문제다. 이 문제는 딜워스 이후로 한 세기 후에 처음 언급됐다. 1881년에 나온 《지식: 그림으로 보는 과학 잡지》Knowledge: an Illustrated Magazine of Science에서 쿠피두스 쉬엔티에Cupidus Scientiae 는 이렇게 적었다. "일부 독자들은 처음 접하는 사실일지도 모르겠다. … 나역시 얼마 전에 처음 접했다. 19 하나만 제외하면 20까지의 수(그리고 그 이상의 수도) 모두 제곱과 세제곱을 제외한 나머지 연산 기호를 이용해서 네 개의 4로 표현할 수 있다고 한다."

'네 개의 4'는 놀라운 퍼즐이다. 단순하면서도 재미있고 중독성이 있다. 더도 말고, 덜도 말고, 4, 4, 4, 4 이 네 개의 숫자만으로 얼마나 많은 수를 만들 수 있는지 보면 깜짝 놀라게 된다. 하지만 쉬엔티에가 가능한 것이 무엇이고, 허용되는 연산 기호가 무엇인지 진술한 부분을 분명히 해둘 필요가 있다.

107

네 개의 4를 이용해
0~9까지 만들기

1. 네 개의 4를 이용해 0부터 9까지 모든 수를 만들어라. 단 기본 연산자인 +, −, ×, ÷와 괄호만 사용할 수 있다. 모든 숫자에서 4가 네 개 모두 사용되어야 한다는 것을 명심하자.

2. 네 개의 4를 이용해서 10에서 20까지 모든 수를 만들어라. 위의 기본 연산에 추가로 √ 연산과 소수점을 사용할 수 있다(따라서 .4라고 쓸 수 있다). 그리고 숫자 4를 이어 붙여 쓸 수도 있다(따라서 44, 444, 4.4 등으로 쓸 수 있다).

3. 이 정도면 워밍업은 충분히 됐으니 계속해서 21부터 50까지 만들어보자. 이번에는 거듭제곱을 사용해도 좋다(4⁴로 적어도 된다). 그리고 계승(팩토리얼) 연산기호인 !도 쓸 수 있다(4!로 쓸 수 있다). 어떤 수의 계승을 구할 때는 그 수에 그 수보다 작은 자연수를 모두 곱한다. 따라서 4! = 4×3× 2×1 = 24다.

내가 먼저 시작해보겠다. 4를 네 개 이용해서 0을 만드는 방법은 다음과 같다.

$$4 - 4 + 4 - 4 = 0$$

쉽다. 1을 만드는 방법은 다음과 같다.

$$\frac{(4+4)}{(4+4)} = 1$$

50 이후로는 어디까지 갈 수 있을까? 훨씬 더 멀리 갈 수 있다. 위에 나열된 수학 연산만 이용하면 73, 77, 87, 99를 빼고 100까지 모든 수를 만들 수 있다. 하지만 제외된 숫자들도 추가적인 수학 기호를 실험적으로 사용하면 만들어낼 수 있다. 예를 들면 다음과 같다.

$$\left(\frac{4}{4}\right)\% - \frac{4}{4} = 99 \ \left(\frac{1}{4}\text{이 네 개 있는 것은 100\%이므로}\right)$$

1911년에 출간된 《수학의 오락과 수필》에서 월터 윌리엄 라우스 볼은 '네 개의 4' 퍼즐에 대해 얘기하며 자기는 이 문제를 인쇄된 형태로는 한 번도 본 적이 없지만 이것이 오래 전부터 아주 잘 알려져 있던 문제로 보인다고 했다. 그는 이런 방법으로 170까지 만들어낼 수 있다고 했다.

하지만 1917년 판이 나올 즈음까지 그는 아주 열심히 이 부분을 파고들었다. 그는 이렇게 적었다. "정수 자수를 채용하고 서브팩토리얼sub-factorial까지 동원하면 877까지 갈 수 있다." 그리고 이렇게 덧붙였다. "네 개의 1로는 34까지, 네 개의 2로는 36까지, 네 개의 3으로는 46까지, 네 개의 5로는 36까지, 네 개의 6으로는 30까지, 네 개의 7로는 25까지, 네 개의 8로는 36까지, 네 개의 9로는 130까지 갈 수 있다." 제일 멀리 가는 것은 네 개의 4다.

더 높은 수까지 올라가 본 사람이 있을까? 물론이다! 그 후로 4장 말미에서 만나보았던 수리물리학자 폴 디랙은 무한까지 모든 숫자에 대해 '네 개의 4' 문제를 풀어냈다.

디랙이 내놓은 해답은 당시 케임브리지 대학교에 빠른 속도로 퍼지고 있던 '네 개의 2' 문제를 풀려고 내놓은 것이었지만 '네 개의 4' 문제에도 통했다. 로그$_{logarithm}$의 사용을 허용하면 임의의 숫자 n은 다음과 같이 표현할 수 있다. $\log_{\sqrt{4}/4}(\log_4 \sqrt{\cdots \sqrt{4}})$ (여기서 n은 앞의 식에서 제곱근 기호의 개수. 로그를 모른다고 걱정할 필요는 없다. 그저 이 해답이 놀라울 정도로 간결하고, 쉽게 확장이 가능하다는 점만 이해하면 된다.) 디랙은 수학 퍼즐을 좋아했기 때문에 이런 기발한 공식으로 유명한 문제를 일반화할 수 있다는 점에 흥분을 느꼈을 것이다. 그레이엄 파멜로$_{Graham\ Farmelo}$는 디랙의 전기 《제일 이상한 사람》$_{The\ Strangest\ Man}$에 이렇게 적었다. "그는 이 게임을 무의미한 것으로 만들어버렸다."

《지식: 그림으로 보는 과학 잡지》에서 처음으로 '네 개의 4' 퍼즐을 언급하고 1년 후인 1882년에 미국의 퍼즐 기획자 샘 로이드는 '우리의 콜럼버스 문제'$_{Our\ Columbus\ Problem}$를 발표했다. 이 문제는 숫자를 제시하고 적절한 연산을 찾아내는 퍼즐 장르 중에서는 가장 사악하고 터무니없었다. 그는 최고의 해답을 제시하는 사람에게는 상금 1,000달러를 지급하겠다고 약속했다. 오늘날의 가치로 환산하면 2만 파운드(한화로 약 3,000만 원)에 해당하는 액수였다. 수백만 편의 답장이 날아왔지만 그중 정답은 두 개밖에 없었다. 어쨌거나 그의 말로는 그랬다. 로이드는 퍼즐 발명에도 재능이 있었지만 자기 홍보에도 능한 사람이었다. 여기 그 문제를 소개한다. 여러분이 풀 수 있을 거라고는 생각하지 않지만 역사적 완결성을 고려해 소개한다. 부디 여러분이 내 생각이 틀렸음을 입증해주기 바란다!

108

숫자 일곱 개, 점 여덟 개로 푸는
콜럼버스 문제

다음의 일곱 개 숫자와 여덟 개 점을 가지고 최대한 82에 가까운 답이 나오
는 덧셈을 만들어보라.

.4.5.6.7.8.9.0.

점은 두 가지 방식으로 사용할 수 있다. (1) 소수점으로, (2) 순환 소수를 나타
내는 기호로. 순환 소수는 하나나 두 개의 숫자 위에 찍어서 표현한다. 숫자 하
나 위에 점이 찍혀 있는 경우에는 점을 찍은 그 숫자가 무한히 반복된다. 따라서
1/3은 0.333…이 아니라 0.3̇으로 표시할 수 있다. 숫자 두 개 위에 점이 찍혀
있는 경우에는 첫 번째 점이 찍힌 숫자에서 두 번째 점이 찍힌 숫자까지의 구
간이 무한히 반복되는 것이다. 따라서 1/7은 0.142857142857142857… 대
신 0.1̇42857̇로 간단하게 표시할 수 있다.

이것은 맛보기인데, 다른 코스로 넘어가기 전에 입맛을 돋우는 의미로
퍼즐을 하나 더 소개한다.

109

3과 8만으로
24 만들기

3, 3, 8, 8을 이용해서 24를 만들 수 있겠는가?
기본적인 수학 연산인 +, −, ×, ÷와 괄호만 사용할 수 있다.

다음에 나오는 숫자 퍼즐은 몇 년 전에 크게 유행했다. 이 문제에는 이런 문구가 따라왔다. "이 문제는 미취학 아동의 경우에는 5분에서 10분, 프로그래머의 경우에는 한 시간 정도가 걸리고, 고등 교육을 받은 사람들의 경우에는… 음, 본인이 직접 확인해보기 바란다!" 이 문장이 과학적으로 검증된 것인지는 나도 모르겠지만 어쨌거나 여러분으로 하여금 이 문제를 풀고 말겠다는 의욕이 솟구치게 만들 것은 분명해 보인다.

네 자리 숫자
그리고 그들만의 규칙

8809 = 6	5555 = 0
7111 = 0	8193 = 3
2172 = 0	8096 = 5
6666 = 4	1012 = 1
1111 = 0	7777 = 0
3213 = 0	9999 = 4
7662 = 2	7756 = 1
9313 = 1	6855 = 3
0000 = 4	9881 = 5
2222 = 0	5531 = 0
3333 = 0	2581 = ?

숫자는 양을 기술할 수 있다. 한 문단, 여섯 단어, 세 문장 등. 하지만 숫자가 목록 속에 등장하는 경우에는 순서를 표현할 수도 있다.

다음에 나오는 세 문제는 숫자의 순서에 관한 것이다. 순서의 규칙을 알아내서 다음에 올 수를 맞추는 것이 문제다.

111

숫자의 규칙에 맞춰
화살표 따라가기 1

77 → 49 → 36 → 18 → ?

다음에 나오는 퍼즐은 이 책을 시작할 때 살펴봤던 문제를 고안한 요시가하라가 만든 것이다. 이런 식으로 자기에게 다시 되돌아오는 수열을 찾아내면 꼭 마법 같다는 생각이 든다.

112

숫자의 규칙에 맞춰
화살표 따라가기 2

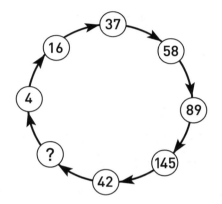

숫자의 규칙에 맞춰
화살표 따라가기 3

$10 \rightarrow 9 \rightarrow 60 \rightarrow 90 \rightarrow 70 \rightarrow 66 \rightarrow ?$

나는 수학에 대해 글을 쓰는 사람이라 수도 좋아하고, 글도 좋아한다. 그래서 당연히 수와 단어를 연결하는 퍼즐도 좋아한다(힌트: 원래 영어권에서 나온 문제라 여기서 단어는 영단어로 생각해야 한다.—옮긴이).

다음에 나오는 퍼즐은 아주 멋질 정도로 개념이 간단하다. 수가 알파벳 순서로 나열되어 있다고 상상해보라.

오로지 숫자만으로
이루어진 사전

사전에 1부터 1000조(1,000,000,000,000,000)까지 모든 정수가 영단어로 나열되어 있다. 이 사전에서 다음의 수를 찾아내라(여기서 수는 영어로 표현된 다는 점을 명심하자.-옮긴이).

첫 번째 항목
마지막 항목
첫 번째 홀수 항목
마지막 홀수 항목

문제를 분명히 하기 위해 이 사전이 다음의 규칙을 따른다고 해보자.

(1) 수를 나타내는 영단어는 미국식으로 적는다. 즉 'and'를 생략한다. 예를 들어 2,001은 'two thousand and one'이 아니라 'two thousand one' 으로 적는다.

(2) 수를 알파벳으로 표현할 때 100은 'one hundred', 1,000은 'one thousand', 그리고 그보다 큰 수도 이런 식으로 표현한다.

(3) 공백과 붙임표는 무시한다. 따라서 'fourteen'이 'four trillion'보다 앞에 온다.

로이드는 수를 단어로 나타내는 퍼즐을 고안한 초창기 사람 중 한 명이다. 그의 《잡화점 퍼즐》General Store Puzzle 에는 다음의 항목들이 나열되어 있다.

```
        C H E S S
          C A S H
      B O W W O W
          C H O P S
      A L S O P ' S
    P A L E A L E
            C O O L
            B A S S
            H O P S
            A L E S
            H O E S
        A P P L E S
            C O W S
        C H E E S E
      C.H.S O A P
        S H E E P
    ─────────────────
    A L L W O O L
```

PEACH BLOWS(감자의 일종)의 열 글자를 순서대로 1, 2, 3, 4, 5, 6, 7, 8, 9, 0을 나타내는 열쇠로 사용해보자(즉 P =1, E =2, A =3, C =4, H =5 등). 그럼 CHESS는 45,200, CASH는 4,305가 된다. 위에 나온 16개의 단어를 각각 단어가 나타내는 수로 번역해 더하면 계산한 값은 마지막 단어인 ALLWOOL, 즉 3,779,887이 된다.

로이드의 퍼즐은 기발하기는 하지만 거추장스러운 면이 있다. 숫자가 너무 많아서 재미가 반감된다. 하지만 의미 있는 구절들을 그 글자의 숫자로 대치하면 정답이 나오는 이런 유형의 퍼즐을 지금은 '알파메틱스'alphametics, '크립탈리즘'cryptarithms, '복면산'verbal arithmetic 등으로 부르는데, 헨리 어니스트 듀드니가 이것을 완벽의 경지로 끌어올렸다. 그가 1924년에 발표한 다음의 퍼즐은 이 분야에서 아직도 최고로 쳐주는 퍼즐이다.

```
    S E N D
 +  M O R E
  M O N E Y
```

이 문제를 풀려면 계산이 정확하게 맞아떨어지게 하는 숫자들을 찾아야 한다(단, 각각의 글자가 중복되지 않는 단일한 숫자를 나타내고 제일 왼쪽의 글자는 0이 아니라는 단서가 붙는다).

로이드는 듀드니보다 열여섯 살 많았고, 듀드니와 동시대에 활동하던 퍼즐 발명가 중 다작과 독창성 면에서 함께 견줄 만한 유일한 인물이다. 두 사람은 대서양 너머로 서신을 왕래했지만 로이드가 듀드니의 퍼즐을 자기 것인 양 행세하는 것을 알고 난 후에는 듀드니 쪽에서 절교해버렸다. 사실 두 사람의 성격을 보면 그 나라 사람들에 대한 고정관념이 그대로 드러난다. 기계처럼 쉬지 않고 퍼즐을 만들어내는 에너지 덩어리였던 미국인 로이드는 사업가로서 아이디어를 특허 내기도 하고, 자기가 낸 문제를 푸는 사람에게는 상금을 제시하기도 했으며, 명성이 올라가자 자신을 그럴 듯하게 포장하는 전기를 펴내기도 했다. 반면 듀드니는 성격이 괴팍하고, 항상 담배 파이프를 물고 다니던 영국 시골뜨기였다.

'SEND MORE MONEY'(돈을 더 보내줘) 퍼즐은 너무 잘 알려진 것이라 여기에 그냥 보너스 퍼즐로 집어넣었다. 이 문제를 푸는 법은 다음과 같다. M은 반드시 1이라야 한다. 두 개의 네 자릿수 숫자를 더해서 다섯 자릿수의 숫자가 나온다면 그 수는 1로 시작할 수밖에 없다(네 자릿수 숫자 중 제일 큰 값인 9,999를 생각해보자. 여기에 다시 9,999를 더하면 19,998이 나온다. 이 수도 1로 시작한다. 따라서 네 자릿수 숫자 두 개를 합해서 2나 그 이상의 숫자로 시작하는 다섯 자릿수 숫자가 나오기는 불가능하다).

$$
\begin{array}{r}
\text{S E N D} \\
+ \quad \text{1 O R E} \\
\hline
\text{1 O N E Y}
\end{array}
$$

S + 1 = 1O(여기서 O는 숫자 0이 아니라 영어 알파벳 대문자다)이 성립하기 위해서는 S = 9이거나 S = 8이고 백의 자리에서 자리 올림이 있어야 한다. S = 8이고 백의 자리에서 자리 올림이 있다고 해보자. 그러면 대문자 알파벳 O가 숫자 0이어야 한다는 의미다. 그렇다면 덧셈은 이렇게 된다.

$$
\begin{array}{r}
\overset{1}{8} \text{E N D} \\
+ \quad \text{1 O R E} \\
\hline
\text{1 O N E Y}
\end{array}
$$

내용을 정확히 전달하기 위해 8 위에다 자리 올림 1을 표시해놓았다. 만약 이 덧셈이 맞다면 백의 자리에서 E + 0 = 10 + N이거나, 아니면 십의 자리에서 자리 올림이 있어서 1 + E + 0 = 10 + N이라는 의미다(이 방정식에 등장하는 10은 천의 자리로 올라가는 자리 올림을 의미한다). 전자의 경우에서는 E와 N의 값이 10만큼 차이가 난다는 의미인데, E와 N이 모두 10보다 작은 수이므로 이것은 불가능하다. 후자의 경우도 불가능하다. E − N = 9라는 의미인데, 이게 가능한 조합은 E = 9, N = 0일 때밖에 없다. 하지만 알파벳 O가 이미 0이므로 서로 다른 두 글자가 같은 숫자를 나타낼 수는 없다. 따라서 S = 9일 수밖에 없다. 여기서부터 나머지는 여러분에게 맡긴다(정답은 뒤에 나와 있다).

기발한 숫자 퍼즐이 참 많이 나와 있지만 다음에 나오는 것은 내가 특히나 좋아하는 문제다. 'toil'과 'trouble' 사이에 'and'만 빠져 있지 윌리엄 셰익스피어의 《맥베스》Macbeth에 나오는 내용을 거의 완벽하게 인용하고 있기 때문이다("double, double toil and trouble"—두 배로, 두 배로 고통과 고난을). 하지만 머리를 잘 굴려서 더하기 기호만 적당한 곳에 위치시킨다면….

115

문제를 일으키는
세 마녀

다음의 합이 성립하는 숫자들을 찾아라.

DOUBLE
DOUBLE
TOIL +
─────────
TROUBLE

여기 멋지게 꼬아놓은 또 다른 숫자 퍼즐을 소개한다.

알파벳으로 쓴
홀수와 짝수 곱하기 문제

아래 나온 긴 자릿수 곱셈에서 각각의 E는 짝수 숫자, 각각의 O는 홀수 숫자
를 의미한다. 바꿔 말하면 각각의 E는 0, 2, 4, 6, 8이 될 수 있고, 각각의 O
는 1, 3, 5, 7, 9가 될 수 있다는 말이다. 단, 두 수가 모두 E라고 해서 두 수
가 같은 숫자라는 의미는 아니다. 물론 경우에 따라 그럴 수는 있다. 이 곱셈
을 완성할 수 있겠는가? (일의 자리에 있는 빈자리는 숫자 0을 나타낸다. 숫자 0이
대문자 알파벳 O와 너무 혼동될 것 같아 0을 나타내는 기호는 생략했다. 그리고 원래
이런 긴 자릿수 곱셈을 할 때는 원래 그 자리가 항상 0이기 때문에 그로부터 추론하고
말고 할 것도 없다.)

```
      E E O
  ×     O O
  ─────────
    E O E O
    E O O
  ─────────
  O O O O O
```

1960년대 초에 수학 교수 겸 마술사인 윌리엄 피치 체니William Fitch Cheney가 고
안한 앞의 문제는 《사이언티픽 아메리칸》Scientific American 에서 마틴 가드너Martin
Gardner의 '수학 게임'Mathematical Games 칼럼에 처음 등장했다. 로이드가 미국에서
가장 위대한 퍼즐 발명가라면 가드너는 미국에서 수학 퍼즐을 가장 널리 대
중화시킨 사람이다. 그는 《사이언티픽 아메리칸》의 칼럼을 20년 넘게 운영

제5장 숫자 게임

269

하고 수십 권의 책을 내면서, 타의 추종을 불허할 정도로 방대한 수학 퍼즐을 모아 설명해놓았다. 그는 또한 광범위한 비공식 퍼즐 마니아 네트워크의 중추가 되었다. 체니도 그런 퍼즐 마니아 중 한 명이었고, 그의 뛰어난 아이디어는 가드너의 칼럼을 통해 소개될 때가 많았다.

다음에 나오는 퍼즐은 수학적 말장난의 대가인 리 살로우스 Lee Sallows 의 것으로 그의 작품 역시 가드너를 통해 널리 알려졌다. 내가 보기에 환상적일 정도로 기발한 이 자기나열식 십자말풀이는 한 편의 예술 작품이다.

같은 글자는 몇 개?
자신을 세는 십자말풀이

117

아래 그림에 나오는 십자말풀이의 항목들은 다음과 같은 형태를 띠고 있다
(이 십자말풀이는 영어로 되어 있음에 유의하자.-옮긴이).

[수][빈칸][글자][S]

그리고 이 항목들은 전체 격자 안에 특정 글자가 몇 번이나 들어가는지 정확
하게 나타낸다.

예를 들어 격자에 'Q'가 하나 나온다면 여기 나오는 항목 중 하나는 다음과 같다.

'ONE Q'

만약 'P'는 다섯 개, 'E'는 17개라면, 격자 속에 나오는 두 항목은 다음과 같을 것이다.

'FIVE PS'
'SEVENTEEN ES'

바꿔 말하면 모든 항목은 수를 나타내는 단어가 하나 나오고 그 뒤로 빈칸 하나, 그리고 그 뒤로 문제의 글자, 글자가 복수이면 'S'가 붙는다. 각각의 항목은 전체 격자 안에서 그 글자가 등장하는 횟수를 정확하게 나타낸다. 논리만을 이용해서 십자말풀이를 채워보자.

이 퍼즐은 다른 정보 없이 제시된 틀만으로 풀 수 있는 자족적인 퍼즐이다. 전체 격자에 12가지 글자만 사용되었고, 각 글자는 자기만의 항목이 있다.

시동을 거는 의미로 처음 세 글자를 채우는 법을 알려주겠다. 8번 항목은 칸이 다섯 개밖에 없다. 따라서 'ONE *'이라는 형태를 가져야 한다. 여기서 '*'는 글자 하나를 의미한다(글자의 개수가 1보다 큰 항목은 모두 복수형으로 맨 끝에 'S'를 붙여야 하기 때문에 적어도 여섯 칸이 필요하다는 점을 기억하자).

이제 당신 차례다.

자기를 세는 십자말풀이가 있다면 자기를 세는 숫자도 가능할까?

여기 한 가지 방법이 있다. 1,210이라는 숫자는 자신을 세고 있다고 말할 수 있다. 그 첫 번째 숫자 '1'은 0이 몇 개인지, 두 번째 숫자 '2'는 1이 몇 개인지, 세 번째 숫자 '1'은 2가 몇 개인지, 네 번째 숫자 '0'은 3이 몇 개인지 세고 있기 때문이다. 수를 격자에 적어보면 1,210이라는 수가 자기 자신을 기술하는 속성이 있음을 더욱 분명하게 확인할 수 있다.

0	1	2	3
1	**2**	**1**	**0**

두 번째 줄에 있는 각각의 숫자는 그 위에 나오는 숫자가 두 번째 줄의 수에서 몇 번이나 나타나는지 기술하고 있다.

1,210처럼 제일 왼쪽 자리는 0이 몇 번 나타나는지, 왼쪽에서 두 번째 자리는 1이 몇 번 나타나는지, 왼쪽에서 세 번째 자리는 2가 몇 번 나타나는지 등을 기술하고 있는 수를 '자기기술 수'autobiographical number라고 한다. 네 자리 수 중에 자기기술 수는 두 개밖에 없다. 1,210과 2,020이다.

다섯 자리 수 중에는 자기기술 수가 21,200 하나밖에 없다.

0	1	2	3	4
2	1	2	0	0

이 수는 0이 두 개, 1이 하나, 2가 두 개 있고, 3과 4는 없다.

이해되었는가? 그럼 준비를 마쳤다.

118 세상에 단 하나뿐인
열 자리 자기기술 수

하나밖에 없는 열 자리 자기기술 수를 찾아내라.

그 수는 아래 그림에 나온 격자의 아랫줄에 들어갈 것이다. 각각의 숫자들은 두 번째 줄에 자기 위에 적힌 숫자가 몇 번 등장하는지 기술한다.

0	1	2	3	4	5	6	7	8	9

1,234,567,890처럼 1, 2, 3, 4, 5, 6, 7, 8, 9, 0이 열 개의 숫자 모두를 포함하는 수를 '범숫자 수'pandigital number라고 한다(범숫자 수의 제일 왼쪽 숫자는 0이 아니라야 한다).

열 자리로 이루어진
범숫자 수는 몇 개일까?

열 자리 범숫자 수는 몇 개나 존재하는가?

열 자리 범숫자 수에 관한 한 가지 흥미로운 사실이 있다. 이 수들은 모두 3으로 나누어떨어진다.

3에 의한 가분성_divisibility by 3 (3으로 나누어떨어지는 속성) 검사법을 이용하면 이것을 증명할 수 있다. 이 검사법을 학교에서 배워 기억하는 사람도 있을 것이다. 특정 수에 들어 있는 숫자를 모두 더한 값이 3으로 나누어떨어지면 원래의 숫자도 3으로 나누어떨어진다.

열 자리 범숫자 수는 모든 숫자가 딱 한 번씩만 들어가야 한다. 따라서 그 숫자들을 모두 더하면 $1 + 2 + 3 + 4 + 5 + 6 + 7 + 8 + 9 + 0 = 45$가 나와야 하고, 이 수는 3으로 나누어떨어진다. 따라서 열 자리 범숫자 수는 모두 3으로 나누어떨어져야 한다. 훌륭하다.

그보다는 덜 알려진 가분성 검사법도 있다.

4에 의한 가분성: 한 수의 마지막 두 자리 수가 4로 나누어떨어지면 전체 수도 4로 나누어떨어진다.

8에 의한 가분성: 한 수의 마지막 세 자리 수가 8로 나누어떨어지면 전체 수도 8로 나누어떨어진다.

이 두 검사법이 왜 참인지 궁금한 사람도 있을 것이다.

물론 궁금하지 않은 사람도 있겠지만, 다음 퍼즐을 풀 때는 이 두 검사법이 쓸모가 있을 것이다.

120

열 자리 범숫자 수,
열 개의 힌트

열 자리 범숫자 수 abcdefghij를 찾아라. 단, 이 숫자들은 다음의 속성을 만족시킨다.

a는 1로 나누어떨어진다.
ab는 2로 나누어떨어진다.
abc는 3으로 나누어떨어진다.
abcd는 4로 나누어떨어진다.
abcde는 5로 나누어떨어진다.
abcdef는 6으로 나누어떨어진다.
abcdefg는 7로 나누어떨어진다.
abcdefgh는 8로 나누어떨어진다.
abcdefghi는 9로 나누어떨어진다.
abcdefghij는 10으로 나누어떨어진다.

이것은 환상적일 정도로 우아한 퍼즐이다. 퍼즐에서 제시하는 조건이 하나의 유일한 정답을 이끌어내기 때문이다. 이것을 풀려면 계산기가 필요하지만 그렇다고 그것이 이 여정을 망치지는 않을 것이다.

수를 하나 생각해보자.

이 수는 예를 들어 258처럼 첫째 숫자와 마지막 숫자가 적어도 2 정도는 차이가 나는 세 자리 수여야 한다. 이 숫자들을 거꾸로 뒤집어서 두 수의 차이를 계산해보자.

내가 예로 들었던 경우에서는 852 – 258 =594가 나온다. 이 수에 뒤집은 수를 더한다. 594 +495. 그러면 답은 1,089다.

이번에는 다른 수로 이 과정을 반복해보자. 즉, 수를 거꾸로 뒤집어서 그 차이를 계산하고, 이 수에 뒤집은 수를 더하면 … 혹시?

맞다! 그 답은 1,089다.

어떤 세 자리 수로 시작하든 항상 1,089라는 답이 나온다. 처음 해보면 정말 신기하다는 생각이 든다. 그리고 산술적으로 1,089에 주목할 만한 또 다른 이유가 있다.

121

4를 곱하면 물구나무를 서는
네 자리 수 찾기

1089에 9를 곱하면 수가 거꾸로 뒤집어진다.

1089 × 9 = 9801

4를 곱하면 뒤집어지는 네 자리 수를 찾을 수 있겠는가? 바꿔 말하면 다음의 식을 만족시키는 abcd를 찾아라.

abcd × 4 = dcba

102,564라는 수는 4를 곱하면 아주 재미있는 방식으로 변한다.

102564 × 4 = 410256

어떤 변화인지 찾아냈는가? 102,564의 마지막 숫자가 410,256의 첫 번째 숫자가 되고, 나머지 다른 숫자들은 자리를 지켰다. 바꿔 말하면 102,546에 4를 곱하면 등장하는 숫자는 똑같은데 원래 수의 제일 오른쪽 숫자가 이제는 제일 왼쪽에 왔다는 말이다.

다음 식에서도 똑같은 변화가 일어난다.

$$142857 \times 5 = 714285$$

첫 번째 수의 제일 오른쪽 숫자인 7이 계산한 값에서는 첫 번째 숫자가 됐고, 나머지 다른 숫자들은 똑같은 자리를 지키고 있다.

122 2를 곱하면 뒤에서 앞으로 **이동하는 숫자**

*N*이라는 수가 있다. *N*에 2를 곱해서 나온 답이 *N*과 등장하는 숫자도 똑같고, 차례도 똑같은데 다만 *N*에서 제일 오른쪽에 있던 숫자가 이제는 답에서 왼쪽 첫 번째 숫자가 되는 *N*을 찾을 수 있겠는가?(바꿔 말하면 *N*에 2를 곱하면 102,564에 4를 곱했을 때와, 142,857에 5를 곱했을 때와 같은 일이 일어난다는 뜻이다.)

저명한 영국의 물리학자 프리먼 다이슨Freeman Dyson은 과학 학회에 참가했다가 구내매점에서 사람들이 이 문제에 대해 얘기 나누는 것을 듣게 됐다.

그가 끼어들며 이렇게 말했다. "아, 그거야 어려울 거 없죠. 하지만 그런 숫자 중 가장 작은 수도 18자리나 돼요."

《뉴욕타임스》에 따르면 그의 동료들은 모두 깜짝 놀랐다. 프리먼이 어떻게 그런 사실을 알아냈는지, 심지어 어떻게 그 사실을 불과 2초 만에 머릿속으로 계산해낸 것인지 짐작조차 할 수 없었기 때문이다.

결국 다이슨이 옳았다. 참고로 이 문제는 초등학생이 이해할 수 있는 수준의 수학만 알면 누구나 풀 수 있다.

이제 이 책도 끝이 멀지 않았는데, 등장하는 수가 점점 더 커지고 있다. 사실 어찌나 큰지 감히 이 책에 풀어 적을 수도 없을 정도다.

123

아홉 제곱을 한
아홉 가지 숫자

아래 나오는 아홉 개의 수는 31^9, 32^9, 33^9, 34^9, 35^9, 36^9, 37^9, 38^9, 39^9의
마지막 네 자리 수를 나열한 것이다. 하지만 그 순서는 무작위다.
이것을 오름차순으로 정리할 수 있겠는가?

··· 2848

··· 5077

··· 1953

··· 6464

··· 8759

··· 8832

··· 0671

··· 1875

··· 8416

그다음에 나올 수는 그 정도밖에 안 되느냐며 39^9를 깔보고 있다.

124

무한히 이어지는
2의 제곱수

2^{64}가 대략 얼마나 될지 예측해보라.

마지막으로 만나볼 숫자를 보면 2^{64}도 별것 아닌 듯 보인다.

125

무한히 이어지는
수많은 0

100!이라는 수의 끝에는 0이 몇 개나 달려 있을까?

254쪽에서 설명했듯이 100!이라는 수는 100에 그보다 작은 자연수를 모두 곱한 수를 말한다. 따라서 이 값은 $100 \times 99 \times 98 \times 97 \times 96 \times \cdots \times 3 \times 2 \times 1$ 이다. 이 수를 실제로 계산해보라는 의미는 아니다(무려 158자리 수다). 대신 수학적 통찰을 통해 끝에 0이 달려 있다는 의미가 무엇인지 생각해보자.

정답 및 해설

01 D

세 그림을 보면 정육면체에 I, K, M, O, U, P 이렇게 여섯 가지 글자가 새겨진 것을 알 수 있다. 정육면체는 면이 모두 여섯 개이기 때문에 이 정육면체 위의 글자들은 분명 이것이 전부다. 첫 번째 각도에서 본 모습에서는 I와 M이 각각 K와 이웃해 있다. 두 번째 각도에서는 O와 U가 K와 이웃해 있다. K와 이웃할 수 있는 면은 모두 네 개밖에 없다. 만약 첫 번째 그림처럼 K가 위를 향하게 하면 I는 M의 시계 방향으로 이웃해 있다. 그럼 두 번째 그림으로부터 우리는 K가 제일 위에 올 경우 O가 U의 시계 방향으로 이웃해 있음을 추론할 수 있다. 따라서 K 주변의 네 면은 시계 방향으로 M-I-U-O 순서로 배열되었음을 알 수 있고 U의 반대쪽 면에는 M이 온다.

02 D

아홉 번 거짓말을 하면 피노키오의 코 길이는 $2^9 \times 5\text{cm} = 512 \times 5\text{cm} = 25.6\text{m}$나 된다. 이것은 23.8m인 테니스장의 길이와 비슷하다. 이렇게 큰 코가 부러지지 않고 버틸 수 있을까 싶지만 레스터 대학교 학제간 과학 센터의 2014년 보고서에 따르면 이 길이는 피노키오 코가 버틸 수 있는 물리적 한계치에 한참 못 미친다. 그 센터의 계산에 따르면 나무로 된 꼭두각시 인형의 머리가 4.18kg이고, 처음에 코의 길이가 1인치(2.54cm), 무게는 6g이라고 가정할 경우, 피노키오가 열세 번 거짓말을 해서 208m는 되어야 코가 무게를 감당 못하고 부러진다고 한다.

03 C

'eighteen(18)'은 글자가 여덟 개인데 18은 8의 배수가 아니다.

맛보기 문제

제1장

제2장

제3장

제4장

제5장

04 D

우선 에이미는 벤과 크리스보다 왼쪽에 있다. 따라서 세 사람은 에이미, 벤, 크리스, 또는 에이미, 크리스, 벤의 순서로 있다. 우리가 아는 것은 여기까지이므로 D는 분명 참이다. B는 참일 가능성이 없지 않지만 D를 제외한 나머지 진술 중에서 반드시 참이어야 하는 것은 없다.

05 E

시행착오를 통해 정답을 알아낼 수도 있지만 규칙을 찾아낼 수도 있다. 그 규칙은 종이에서 연필을 떼지 않고, 한 번 그린 선을 다시 지나가지 않으면서 도형을 따라 그리기 위해서는 도형 속에 홀수 개의 선이 만나는 점이 두 개를 넘지 않아야 한다는 것이다. 이런 조건을 만족시키는 도형은 E뿐이다.

06 B

부디 여러분이 7단 구구단은 암기하고 있기를 바란다! 그렇다면 35가 7로 나누어떨어지니까 350,000도 7로 나누어떨어진다는 것을 알 것이다. 49도 7로 나누어떨어지니까 4,900도 당연히 나누어떨어진다. 354,972 = 350,000 + 4,900 +72이므로 이제 72를 7로 나누었을 때의 나머지만 구하면 된다. 그럼 7 × 10 = 70이므로 나머지는 2다.

07 C

남자 형제는 적어도 두 명이어야 한다. 한 명만 있을 경우에 그 한 명은 남자 형제가 없기 때문에 문제의 조건을 위반하기 때문이다. 그와 마찬가지로 여자 형제도 적어도 두 명이어야 한다. 따라서 형제는 모두 최소 네 명이다.

08 E

그냥 종이 뒷면에 이 재미있는 곱셈을 직접 풀어보면 답이 나온다.

$$\begin{array}{r} 9\,8\,7\,6\,5\,4\,3\,2\,1 \\ \times\ 9 \\ \hline 8\,8\,8\,8\,8\,8\,8\,8\,9 \end{array}$$

09 A

종이 뒷면에 여백이 좀 남았기를 바란다. 여기서 필요한 계산은 다음과 같다. $p = 105 - 47 = 58$; $q = p - 31 = 58 - 31 = 27$; $r = 47 - q = 47 - 27 = 20$; $s = r - 13 = 20 - 13 = 7$; $t = 13 - 9 = 4$; $x = s - t = 7 - 4 = 3$

10 A

긴 나눗셈$_{\text{long division}}$(장제법$_{長除法}$이라고도 한다. 초등학교 시절에 나눗셈의 몫과 나머지를 구할 때 배웠던 방법이다.—옮긴이) 문제를 포함시키지 않았다면 무례하다는 얘기를 들었을 것이다. $20/11 = 1.818181\cdots$ 이다. 따라서 서로 다른 숫자가 두 가지 등장한다.

맛보기 문제 2

01 SLYLY

02 TYPEWRITER: 질문에서는 이 열 개의 글자만 이용하라고 했지, 이 글자들을 모두 사용하라고는 안 했다.

03 TONIGHT

**04 June(6월) July(7월) August(8월) September(9월) October(10월) November(11월) December(12월) January(1월) February(2월) March(3월) April(4월) May(5월)

05 EXTRAORDINARY

**06 40(forty)의 F. 이 문자열은 17(seventeen)에서 39(thirty-nine)까지 영단어들의 첫 번째 글자를 나열한 것이다.

07 EARTHQUAKE

08   각각의 단어에서 첫 번째 글자를 지우면, 남은 글자들이 회문, 즉 앞에서부터 읽으
나 뒤에서부터 읽으나 동일한 단어다.

ssess, anana, resser, rammar, otato, evive, neven, oodoo

09   **INS**TANTAN**EOUS**

10   U. 문자열에 글자가 일곱 개 들어가는 경우에는 요일을 생각해보라.

Monday, **Tu**esday, **W**ednesday, **Th**ursday, **F**riday, **Sa**turday, **Su**nday.

맛보기 문제 3

01   E

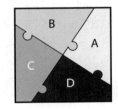

02   D

이 문제는 여러 방법으로 풀 수 있다. 모든 수를 공통분모인 630으로 통분해서 풀 수도
있다. 1/2은 315/630, 2/3는 420/630 등으로 바꾸어 비교가 가능하다. 아니면 소수로 풀
어서 비교해볼 수도 있다. 하지만 이것들은 모두 1/2에 가까운 값이기 때문에 각각의 분수
에서 1/2을 빼서 비교할 수도 있다. 문제에서 주어진 순서대로 하면 그 값은 각각 0, 1/6,
1/10, 1/14, 1/18이 나온다. 따라서 작은 순서로 배열하면 그 차례는 1/2, 5/9, 4/7, 3/5,
2/3다.

03 C

'e'라는 글자가 이미 여덟 번 나와 있다. 따라서 문장에 집어넣었을 때 참이 되는 단어는 'nine(9)'과 'eleven(11)'이다.

04 B

선이 교차하는 점에서 끊어진 선은 먼저 그려진 선이고, 이어진 선은 그 위로 그려진 선이다. 따라서 선이 어느 교차점이든 처음 지나갈 때는 끊어져 있고, 그 교차점을 두 번째 지나갈 때는 이어져 있는 경로를 찾아내야 한다. B에서 시작해서 D와 멀어지는 방향으로 향하는 경로만 이런 조건을 만족한다.

05 C

주어진 보기 중 23×34, 56×67, 67×78는 5로 나누어떨어지지 않으므로 여러 보기를 제외할 수 있다. 34는 4로 나누어떨어지지 않고, 45는 홀수이므로 34×45 역시 제외할 수 있다. 그럼 남은 보기는 45×56밖에 없다. 이 수를 소인수 분해해보면 $45 \times 56 = 2^3 \times 3^2 \times 5 \times 7$이다. 그럼 이 수가 1부터 10까지 모든 자연수로 나누어떨어진다는 것이 분명해진다. 소수인 2, 3, 5, 7이 포함되어 있고, 나머지 수는 이 소수들을 조합해서 만들 수 있기 때문이다. $4 = 2^2$, $6 = 2 \times 3$, $8 = 2^3$, $9 = 3^2$

06 B

만약 하트의 잭이 진실을 말한다면 클럽의 잭은 거짓말을 하고 있고, 그렇다면 다이아몬드의 잭이 진실을 말하지만 스페이드의 잭은 거짓말을 한다는 의미다. 반대로 만약 하트의 잭이 거짓말을 하고 있다면 클럽의 잭은 진실을 말하는 것이고, 그렇다면 다이아몬드의 잭은 거짓말을 하고 있지만, 스페이드의 잭은 진실을 말한다는 의미다. 두 경우 중 어느쪽이 맞는지는 알 수 없지만, 어쨌거나 두 경우 모두 네 명의 잭 중 둘은 거짓말을 하고 있음을 알 수 있다.

07 B

정육면체 각각의 꼭짓점을 생각해보자. 세 개의 면이 그곳에서 만나고, 면으로 이루어진 각각의 쌍은 하나의 모서리에 공통으로 접한다. 따라서 여기서는 세 가지 서로 다른 색이 필요하다. 반대쪽 면들도 같은 색으로 칠한다고 하면 더 이상의 색은 필요 없다. 반대쪽 면들은 공통의 모서리에 접하지 않기 때문이다.

08 B

지금 내 나이가 x라면 할머니의 나이는 $4x$다. 그럼 5년 전에는 $4x-5=5(x-5)$가 성립한다. 이 방정식을 풀면 $x=20$이다. 따라서 할머니는 80살이고 나는 20살이다.

09 B

먼저 주어진 수의 가장 오른쪽 숫자에 집중해보자. 3, 5, 7, 9가 나온다. 이 숫자들을 더하고 뺐을 때 끝 숫자가 0이 나와야 한다. 3이 수식에서 제일 먼저 나와 있으므로 이 값은 양수다. $3+7=10$이기는 하지만 5와 9는 어떻게 조합해도 끝자리가 0이 나올 수 없다. 그럼 $3-7$을 이용해야 한다. 따라서 수식에서는 67 앞에 $-$ 기호를 붙여야 한다. 그럼 이제 $123-67=56$이다. 따라서 45와 89를 결합해서 44를 만들어야 한다. 이렇게 하는 방법은 $89-45$밖에 없다. 따라서 올바른 계산은 $123-45-67+89$다. $-$ 기호는 두 개, $+$ 기호는 한 개이므로 $p-m=-1$이다.

10 A

이 타일 붙이기 패턴은 아래 모양으로 쪽매맞춤~tessellation~을 하는 것으로 생각할 수 있으므로 비율은 1:1이다.

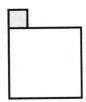

01 로마(발음: 롬)

02 메인 주다. 미국의 북대서양 해안은 생각보다 동쪽으로 더 많이 뻗어 있다.

03 글래스고, 플리머스, 에든버러, 리버풀, 맨체스터. 스코틀랜드는 서쪽으로 기울어 있기 때문이다.

04 파리, 시애틀, 핼리팩스, 알제, 도쿄

05 이스터 섬, 퍼스, 케이프타운, 부에노스아이레스, 몬테비데오

06 독일. 독일과 국경을 접하고 있는 아홉 개 국가를 시계 방향으로 나열하면 다음과 같다. 덴마크, 폴란드, 체코공화국, 오스트리아, 스위스, 프랑스, 룩셈부르크, 벨기에, 네덜란드.

07 적은 곳부터 나열하면 다음과 같다. 포클랜드 제도, 셔틀랜드, 맨섬, 제르제, 아일오브와이트.

08 캐나다

09 중국은 동서의 길이가 런던에서 모스크바까지 거리의 두 배에 살짝 못 미치는 약 52,000km나 되지만 놀랍게도 시간대는 하나다.

10 아콩카과 6,962m, 매킨리 산 6,194m, 킬리만자로 산 5,892m, 엘브루스 산 5,642m

맛보기 문제

제1장

제2장

제3장

제4장

제5장

맛보기 문제 5

01 B

이 문장들은 모두 서로 모순을 일으키므로 참인 문장은 많아야 하나다. 그리고 이 중 하나가 참이라면 그것은 두 번째 문장이어야 한다. 이 문장은 실제로 참이다.

02 A

중첩된 부분이 삼각형이 되려면 그 삼각형의 세 변 중 두 개는 한 정사각형의 이웃한 두 변이라야 하므로 한 각은 90도가 되어야 한다. 따라서 모든 내각이 60도인 정삼각형은 나올 수 없다. 다른 도형이 어떻게 만들어지는지는 아래 그림에 나와 있다.

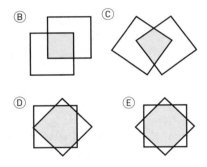

03 D

등식의 양변에 나오는 일의 자리 숫자를 보면 어느 등식이 옳은지 알 수 있다. $44^2 + 77^2$의 일의 자리 숫자는 5다. 4^2의 일의 자리 숫자는 6이고 7^2의 일의 자리 숫자는 9이기 때문이다. $55^2 + 66^2$의 일의 자리 숫자와 $66^2 + 55^2$의 일의 자리 숫자는 1이고, $99^2 + 22^2$의 일의 자리 숫자는 5다. 따라서 이 등식은 모두 거짓이다. 마지막으로 $88^2 + 33^2$를 확인해보면 $7744 + 1089 = 8833$임을 알 수 있다.

04 D

분명 '온'인 스위치가 적어도 두 개는 있어야 한다. '온' 스위치가 두 개, '오프' 스위치가 세 개로 설정되는 방법은 딱 하나, '오프', '온', '오프', '온', '오프'밖에 없다. 그리고 '온' 스위치가 세 개, '오프' 스위치가 두 개인 경우는 여섯 가지 방법이 가능하다. 그리고 '온' 스위치가 네 개, '오프' 스위치가 한 개 인 경우는 다섯 가지 방법이 가능하다. 마지막으로 '온' 스위치가 다섯 개인 경우에는 한 가지 방법밖에 없다. 따라서 총 13가지 방법이 있다.

05 E

천의 자리를 생각해보자. 글자들은 각각 다른 숫자를 나타낸다. S = 3이므로 M은 0, 1, 2 중 하나여야 한다. 여기서 0과 1은 배제할 수 있다. 그 경우에는 'MANY'의 값이 너무 작아지기 때문이다. 따라서 M = 2다. 백의 자리에서는 반드시 자리 올림을 해야 한다. 그럼 A = 9다. 그보다 낮은 값이면 계산이 성립하지 않기 때문이다. 따라서 U는 분명 0이다. A가 9니까 U가 9일 수는 없고 십의 자리에서 자리 올림이 발생하면 이 자리에 0 말고 다른 숫자는 올 수 없기 때문이다. 십의 자리를 보면 N이 9일 수는 없다. 이미 9는 사용했기 때문이다. 따라서 N은 8이어야 하고 그럼 일의 자리에서 자리 올림을 하나 받아야 한다. 그럼 O + Y = 13이라는 결론이 나온다. O와 Y가 될 수 있는 숫자 쌍은 4와 9(혹은 반대), 5와 8(혹은 반대), 6과 7(혹은 반대)밖에 없다. 하지만 8과 9는 이미 사용했으므로 마지막에 나온 6과 7이어야 한다. 따라서 $6 \times 7 = 7 \times 6 = 42$가 정답이다.

06 D

이런 일은 시계가 09 59 59에서 10 00 00으로 변할 때, 19 59 59에서 20 00 00으로 변할 때, 23 59 59에서 00 00 00으로 변할 때만 일어난다.

07 D

처음 등장하는 양의 세제곱 값 여섯 개는 1, 8, 27, 64, 125, 216이다. 분명 64는 양의 세제곱 값 세 개를 합한 값이 될 수 없다. 64보다 작은 양의 세제곱 값 세 개를 모두 더하면 1 + 8 + 27 = 36이기 때문이다. 그와 마찬가지로 125도 양의 세제곱 값 세 개를 더한 값이 될 수 없다. 125보다 작은 양의 세제곱 값 세 개를 어떻게 골라서 더해봐도 8 + 27 + 64 = 99밖에 되지 않기 때문이다. 하지만 27 + 64 + 125 = 216이다. 따라서 216이 양의 세제곱 값 세 개를 더한 가장 작은 세제곱 값이다.

08 C

첫 세 항이 -3, 0, 2라면 네 번째 항은 -3 + 0 + 2 = -1이다. 따라서 다섯 번째 항은 0 + 2 + -1 = 1 등으로 이어진다. 이 수열에서 처음 13번째 항까지 확인해보면 -3, 0, 2, -1, 1, 2, 2, 5, 9, 16, 30, 55, 101…이 나온다.

09 C

1쪽부터 9쪽까지는 아홉 개의 숫자가 필요하다. 10쪽부터 99쪽까지는 180개의 숫자가 필요하다. 따라서 세 자리 숫자가 시작되기 전까지 페이지를 표시하는 데 필요한 숫자는 모두 189개다. 그럼 663개의 숫자가 남는다. 이것은 세 자릿수 페이지 221쪽에 해당하는 값이다. 따라서 이 책은 9 + 90 + 221 = 320쪽이다.

10 B

이 입체 십자가가 세 개의 수평 층으로 구성되어 있다고 상상해보자. 맨 위 첫 번째 층에는 정육면체가 하나밖에 없고, 이것은 원래의 정육면체 윗면에 붙어 있다. 두 번째 층에는 원래의 정육면체에 그 옆면으로 네 개의 정육면체가 추가로 붙어 있다. 세 번째 층에는 원래 정육면체의 아랫면에 붙은 정육면체 하나밖에 없다. 이제 노란색 정육면체를 붙여보자. 첫 번째 층 파란색 정육면체의 윗면에 하나가 붙을 것이고, 그 옆면에 네 개가 붙는다. 두 번째 층에 있는 파란색 정육면체에는 여덟 개의 노란색 정육면체가 붙는다. 세 번째 층에 하나 있는 파란색 정육면체에는 첫 번째 층에서와 마찬가지로 노란색 정육면체가 다섯 개 붙는다. 이것을 모두 합하면 노란색 정육면체가 18개 필요하다.

맛보기 문제

제1장

제2장

제3장

제4장

제5장

002 세 명의 친구와 여동생들이 안전하게 강을 건너려면?

아홉 번에 강을 건너는 정답은 아래 그림과 같다. 이 퍼즐은 다분히 마초적이지만, 아홉 번의 강 건너기에서 적어도 여섯 번은 여자들이 노를 젓고, 아홉 번 모두 여자들이 노를 저을 수도 있다는 사실을 고려하면 그 점이 조금은 완화된다. 이 전략을 대략 설명하자면 처음에는 첫 번째 남매를, 그다음에는 두 번째 남매를, 다음에는 세 번째 남매를 태우고 가는데 항상 여동생보다 오빠들이 먼저 내린다.

	왼쪽 강둑		오른쪽 강둑
[1]	$B_2 B_3 S_2 S_3$	$\xrightarrow{B_1 S_1}$	
[2]	$B_2 B_3 S_2 S_3$	$\xleftarrow{S_1}$	B_1
[3]	$B_2 B_3 S_3$	$\xrightarrow{S_1 S_2}$	B_1
[4]	$B_2 B_3 S_3$	$\xleftarrow{S_2}$	$B_1 S_1$
[5]	$B_3 S_3$	$\xrightarrow{B_2 S_2}$	$B_1 S_1$
[6]	$B_3 S_3$	$\xleftarrow{S_2}$	$B_1 S_1 B_2$
[7]	B_3	$\xrightarrow{S_2 S_3}$	$B_1 S_1 B_2$
[8]	B_3	$\xleftarrow{S_3}$	$B_1 S_1 B_2 S_2$
[9]		$\xrightarrow{B_3 S_3}$	$B_1 S_1 B_2 S_2$

더 엄격한 제약을 가하는 경우에는 두 번째 단계가 허용되지 않는다. 첫 번째 남매의 여동생이 왼쪽 강둑으로 돌아왔을 때 오빠가 함께 오지 않아서 오빠 없이 다른 남자들과 함께 있어야 하기 때문이다. 이 경우 가장 빠른 정답은 열한 번 강을 건너는 것이다. 늑대, 염소, 양배추 퍼즐에서 배운 한 가지 교훈은 모든 품목을 강 건너로 옮기려면 한 품목은 강

건너로 가지고 갔다가, 다시 되가져왔다가, 또 다시 가져가야 한다는 것이었다. 여기서는 모든 여동생을 배에 태우고 건너갔다가, 다시 모두 데리고 왔다가, 또 다시 건너간다.

여기 그렇게 하는 한 가지 방법을 소개한다.

맞보기 문제

제1장

제2장

제3장

제4장

제5장

	왼쪽 강둑		오른쪽 강둑
[1]	$B_1 B_2 B_3 S_3$	$\overset{S_1 S_2}{\longrightarrow}$	
[2]	$B_1 B_2 B_3 S_3$	$\overset{S_2}{\longleftarrow}$	S_1
[3]	$B_1 B_2 B_3$	$\overset{S_2 S_3}{\longrightarrow}$	S_1
[4]	$B_1 B_2 B_3$	$\overset{S_2}{\longleftarrow}$	$S_1 S_3$
[5]	$B_2 S_2$	$\overset{B_1 B_3}{\longrightarrow}$	$S_1 S_3$
[6]	$B_2 S_2$	$\overset{B_3 S_3}{\longleftarrow}$	$B_1 S_1$
[7]	$S_2 S_3$	$\overset{B_2 B_3}{\longrightarrow}$	$B_1 S_1$
[8]	$S_2 S_3$	$\overset{S_1}{\longleftarrow}$	$B_1 B_2 B_3$
[9]	S_3	$\overset{S_1 S_2}{\longrightarrow}$	$B_1 B_2 B_3$
[10]	S_3	$\overset{B_3}{\longleftarrow}$	$B_1 B_2 S_1 S_2$
[11]		$\overset{B_3 S_3}{\longrightarrow}$	$B_1 B_2 S_1 S_2$

이것이 앨퀸이 제시한 정답이었고, 라틴어 6보격 시에 담긴 내용도 이것이다(오빠와 여동생 대신 남편과 아내가 짝으로 등장하는 퍼즐 버전으로). 그 시를 대략 번역하면 다음과 같다.

여자들, 여자, 여자들, 아내, 남자들, 남자와 아내,
남자들, 여자, 여자들, 남자, 남자와 아내.

003 네 명의 친구들이 안전하게 다리를 건너려면?

내가 본문에서 얘기했던 전략은 가장 걸음이 빠른 존이 친구들을 한 사람씩 데리고 다리를 건너는 것이었다. 존은 폴을 데리고 2분 걸려서 다리를 건넌 다음 1분 걸려서 돌아온다. 그리고 조지를 데리고 5분 걸려 다리를 건넌 다음 다시 1분 걸려서 돌아온다. 그리고 마지막으로 링고를 데리고 10분 걸려 다리를 건넌다. 그럼 총 2 + 1 + 5 + 1 + 10 = 19분이 걸린다.

언뜻 보면 이것이 최고의 전략인 듯싶다. 어떤 경우든 걸음이 제일 **빠른** 사람을 쓰는 것이 당연한 일 아닌가? 하지만 느림보들을 함께 묶는 것 역시 합리적인 방법이다. 그 방법은 다음과 같다.

[1] 존이 폴을 데리고 2분 걸려 다리를 건너고, 1분 걸려서 되돌아온다. 여기까지는 앞의 경우와 같다.

[2] 이번에는 조지와 링고가 10분 걸려서 함께 다리를 건넌다.

[3] 두 사람이 횃불을 폴에게 건네주면, 폴은 2분 걸려서 다리를 되돌아온다.

[4] 존과 폴이 마지막으로 함께 다리를 건넌다. 여기서 2분이 추가된다.

그러면 총 2 + 1 + 10 + 2 + 2 = 17분이 걸린다.

존의 역할을 축소시키는 것이 잘못 같지만 사실은 그것이 올바른 해법이라는 것이 이 퍼즐의 묘미다. 이 해법은 정말 '우와!' 소리가 튀어나온다.

가장 느린 두 사람이 함께 건너는 것이 왜 최고의 해법인지 감이 잘 오지 않는다면 다리를 건너는 데 존은 1분, 폴은 2분, 조지는 24시간, 링고는 24시간 1분이 걸린다고 문제를 바꿔서 생각해보자. 그러면 조지와 링고가 횃불을 같이 들고 다리를 건너는 것이 더 효율적이라는 것이 분명하게 드러난다. 그렇게 하면 24시간 1분 만에 두 사람이 다리를 건널 수 있다.

004 두 엄마와 두 아들의 복잡한 가족 관계 맞히기

그 두 아들은 서로에게 삼촌이면서 동시에 조카다. 아주 간단한 퍼즐인데도 풀다 보면 깜짝 놀랄 정도로 머리가 복잡해진다! 두 남자를 앨버트와 버나드, 그 아들들을 각각 스티브, 트레버라고 하자. 아래 가계도를 그려보았다.

버나드와 스티브는 어머니가 같기 때문에 이부형제異父兄弟다. 따라서 버나드의 아들 트레버는 스티브의 조카다.

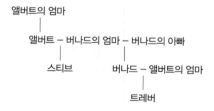

마찬가지로 앨버트와 트레버도 이부형제이기 때문에 스티브는 트레버의 조카다. 버나드의 엄마가 앨버트와 결혼했기 때문에 그렇지 않아도 헷갈리는 가족 관계가 훨씬 더 꼬인다. 여기서는 버나드 엄마의 의붓어머니가 앨버트의 엄마다. 따라서 앨버트의 엄마가 버나드의 의붓할머니가 되고, 결국 버나드는 자기 의붓할머니와 결혼해서 자기가 자신의 의붓할아버지가 된 셈이다.

005 조촐한 저녁 만찬에 초대받은 사람은 몇 명일까?

손님은 한 명밖에 없다.

아래 도표에 이 이상한 가족 관계가 나와 있다. 이 우두머리의 아버지는 C 씨다. 따라서 이 도표에 나와 있는 손님은 우두머리의 아버지의 처남이다. 마찬가지로 손님들의 가족 관계에 대한 설명을 각각 추적해보면 우두머리의 남동생(E 씨), 우두머리의 장인어른(B 씨), 우두머리의 매부(D 씨) 등 서로 다른 경로를 거칠 뿐 결국은 모두 동일 인물을 가리키고 있다.

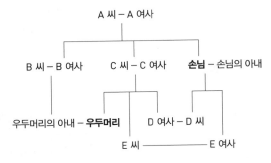

006 거짓말쟁이 사이에서 진실을 말하는 사람 찾기

이 문제는 모순을 일으키지 않는 진실과 거짓말의 조합을 찾아내는 것이 관건이다.

베르타가 진실을 말하고 있다고 해보자. 그럼 그레타가 거짓말을 하고 있다는 결론으로 이어진다. 따라서 로사는 반드시 진실을 말하고 있어야 한다. 하지만 로사가 진실을 말하고 있는 것이라면 베르타와 그레타가 둘 다 거짓말을 하고 있다는 얘기가 되어 모순이다. 그러므로 베르타는 진실을 말하고 있지 않다.

이번에는 베르타가 거짓말을 하고 있다고 해보자. 그럼 그레타가 진실을 말하고 있는 것이므로 로사가 거짓말쟁이라는 의미가 된다. 로사가 거짓말쟁이라면 베르타와 그레타 둘 중 적어도 한 명은 진실을 말하고 있다는 것이므로 이는 타당한 진술에 해당한다. 따라서 베르타와 로사가 거짓말쟁이고, 그레타가 진실을 말하는 자라는 조합은 논리적으로 모순 이 없다. 그래서 이것이 정답이다.

007 스미스, 존스, 로빈슨 중 운전사의 이름은 무엇인가?

경비원과 제일 가까이 사는 승객이 경비원보다 정확히 세 배 많은 돈을 번다고 했다. 그 렇다면 그 승객이 미스터 존스일 수는 없다. 그의 연봉은 3으로 나누어떨어지지 않기 때문 이다. 한편 경비원과 제일 가까이 사는 승객이 미스터 로빈슨일 수도 없다. 경비원은 리즈 와 셰필드 중간 지점에 사는데 미스터 로빈슨은 리즈에 살기 때문이다. 따라서 경비원과 제일 가까이 사는 이웃이자, 리즈와 셰필드의 중간 지점에 사는 사람은 반드시 미스터 스 미스여야 한다. 따라서 아래 오른쪽 그림처럼 맨 위 오른쪽 칸에 갈매기 표시를 하면 미스 터 존스는 셰필드에 산다고 추론할 수 있다. 남은 선택지가 거기밖에 없기 때문이다.

경비원과 이름이 같은 승객은 셰필드에 산다. 우리는 미스터 존스가 셰필드에 산다는 것 을 알고 있다. 따라서 경비원은 분명 존스다. 그럼 아래 왼쪽 그림처럼 존스/경비원 칸에 갈매기 표시를 하고, 그와 같은 가로줄, 세로줄에 있는 칸에는 가새표를 칠 수 있다. 존스 가 다른 직업을 가질 수도 없고, 다른 사람도 경비원이 될 수 없으니까 말이다.

스미스가 소방수보다 당구를 잘 친다는 단서에서 스미스가 소방수일 수는 없다는 사실 이 드러난다(따라서 로빈슨이 소방수일 수밖에 없다). 스미스/소방수 칸에 가새표를 한다. 스 미스가 경비원이 아니라는 것은 이미 알고 있다. 따라서 이렇게 지워나가면 스미스가 바 로 운전사다.

맞보기 문제

제1장

제2장

제3장

제4장

제5장

008 모임을 땡땡이치고 영화관에 다녀온 사람은 누구일까?

여학생들의 주장을 하나씩 검토하면서 문제의 여학생이 영화관에 다녀왔다는 가정하에 거짓을 말하는 여학생의 수를 세어보면 누가 영화관에 다녀왔는지 알아낼 수 있다.

예를 들어 조앤 저긴스(JJ)가 영화관에 다녀왔다고 가정해보자. 그럼 조앤 트위그(JT)가 영화관에 다녀왔다는 그녀의 진술은 거짓이 되고, 거티 개스(GG)의 진술도 거짓이 된다. 하지만 베시 블런트(BB)와 샐리 샤프(SS)는 진실을 말하고 있다. 이런 내용을 표로 작성해보면 패턴을 쉽게 파악할 수 있다. 아래 표에서 첫 번째 가로줄은 조앤 저긴스가 영화관에 다녀왔을 경우 여학생들이 말한 진술의 참/거짓을 표시한 것이다. 두 번째 가로줄은 거티 개스가 영화관에 다녀왔을 때다. 이렇게 계속 진행된다. 오른쪽 제일 마지막에 있는 세로줄은 거짓 진술의 총 숫자를 나타낸다. 따라서 T는 참이고, F는 거짓인 경우 첫 번째 가로줄은 F, F, T, T로 시작하고, 이런 과정이 모두 마무리되면 아래와 같다.

진술

	JJ	GG	BB	SS	MS	DS	KS	JT	JF	LL	FF	#F
JJ	F	F	T	T	F	T	T	F	T	F	T	5
GG	F	T	F	F	F	T	T	F	T	F	T	6
BB	F	F	T	T	T	F	T	T	F	F	T	5
SS	F	F	T	T	F	T	T	T	F	F	T	5
MS	F	F	T	T	F	T	F	F	T	T	F	6
DS	F	F	T	T	F	F	F	F	T	F	F	8
KS	F	F	T	T	F	T	T	F	F	T	T	6
JT	T	F	T	F	F	T	T	F	F	F	T	6
JF	F	F	T	T	F	T	T	F	T	F	T	5
LL	F	F	T	T	F	T	T	F	T	F	T	5
FF	F	F	T	T	F	T	T	F	T	F	T	5

(세로 레이블: 영화관에 갔던 사람)

만약 적어도 일곱 명의 진술이 거짓이라면 도로시 스미스(DS)가 선생님 몰래 영화를 보고 나온 영화광이었음이 분명하다.

009 아인슈타인이 죽은 후 탄생한 아인슈타인의 수수께끼

여기서는 젠킨스, 톰킨스, 퍼킨스, 왓킨스, 심킨스 이렇게 다섯 명의 남자가 등장한다. 간

단하게 이들을 J, T, P, W, S로 부르기로 하자. 그리고 여자도 다섯 명이 등장하는데 이 여성들은 모두 특정 남성의 아내이자 특정 남성의 어머니다(물론 한 남자의 아내이면서 동시에 어머니인 경우는 없다. 이 마을 사람들의 사랑은 참 이상하기는 하지만 그 정도로 이상하진 않다). 이 여성들은 남자와의 혈연관계로 나타내자. 그래서 j는 J의 어머니, t는 T의 어머니 등 소문자로 표시하겠다.

이제 격자를 그린다. 윗줄에는 남자를 적고, 아랫줄에는 그 남자의 아내를 적는다. 처음에는 공백으로 시작한다. 젠킨스의 의붓아들이 톰킨스라면 이는 젠킨스 씨 부인이 톰킨스의 어머니라는 의미다. 따라서 J 밑에 t를 적는다.

남자	J	T	P	W	S
아내	t				

그리고 톰킨스가 퍼킨스의 의붓아버지란 것도 알고 있다. 이는 톰킨스 씨 부인이 퍼킨스의 어머니라는 의미다. 따라서 T 밑에 p를 적는다.

남자	J	T	P	W	S
아내	t	p			

설정에 따르면 젠킨스의 어머니는 왓킨스 씨 부인의 친구라고 한다. 따라서 왓킨스 씨 부인이 젠킨스의 어머니는 아님을 알 수 있다. 왓킨스 씨 부인이 왓킨스의 어머니가 될 수는 없으므로 불가능한 조합을 지워보면 이 여성은 분명 심킨스의 어머니다.

남자	J	T	P	W	S
아내	t	p		s	

마지막으로 왓킨스 씨 부인의 남편의 어머니(즉 왓킨스의 어머니)는 퍼킨스 씨 부인의 사촌이다. 따라서 퍼킨스의 아내는 왓킨스의 어머니가 아니다. 여기서도 마찬가지로 불가능한 조합을 지워보면 심킨스의 아내는 왓킨스의 어머니가 틀림없다.

남자	J	T	P	W	S
아내	t	p	j	s	w

따라서 심킨스의 의붓아들은 왓킨스다.

010 다섯 채의 집, 15개의 힌트, 얼룩말이 있는 집은?

먼저 격자를 그려보자. 다섯 채의 집과 다섯 가지 속성이 있으니 격자는 아래 그림처럼 보일 것이다.

이제 진술을 따라 빈칸을 채워나가자. 9번 진술에서는 중간에 있는 집에서 우유를 마신다고 했으니 우유를 세 번째 세로줄에 적을 수 있다. 10번 진술에서는 덴마크 사람이 첫 번째 집에서 산다고 했으니 첫 번째 세로줄에 덴마크 사람을 적을 수 있다. 그리고 15번 진술에서는 덴마크 사람 옆집이 파란색이라고 했으니까 두 번째 세로 줄에 파란색을 적을 수 있다.

	집 1	집 2	집 3	집 4	집 5
색깔		파란색			
국적	덴마크 사람				
애완동물					
음료수			우유		
신발					

6번 진술에서는 초록색 집과 아이보리색 집이 서로 이웃해 있다고 한다. 따라서 첫 번째 집은 초록색이나 아이보리색일 수 없다. 하지만 첫 번째 집이 빨간색일 수도 없다. 2번 진술에 따르면 스코틀랜드 사람이 빨간색 집에 사는데 첫 번째 집에는 덴마크 사람이 살고 있기 때문이다. 따라서 첫 번째 집은 노란색이라는 추론이 가능하다. 8번 진술에 따르면 밑창 구두를 노란색 집에서 신고 있다고 하니, 12번 진술로부터 두 번째 집에 말이 있음을 알 수 있다.

	집 1	집 2	집 3	집 4	집 5
색깔	노란색	파란색			
국적	덴마크 사람				
애완동물		말			
음료수			우유		
신발	밑창 구두				

덴마크 사람은 어떤 음료를 마실까? 4번 진술로 미루어 커피는 아니다. 5번 진술로 미루어 차도 아니고 9번 진술로 미루어 우유도 아니다. 13번 진술에 따르면 오렌지주스도 아니다. 따라서 덴마크 사람은 물을 마신다.

두 번째 집에는 누가 살까? 집이 파란색이니 스코틀랜드 사람은 아니다. 그 집의 애완동물은 말이니까 그리스 사람도 아니다. 그럼 볼리비아 사람, 아니면 일본 사람이다. 만약 일본 사람이라면 그 사람은 무엇을 마실까? 물, 우유, 커피도 아니고(4번 진술에 의해), 차도 아니다(5번 진술에 의해). 일본 사람은 오렌지주스를 마셔야 한다. 하지만 13번 진술에 따르면 일본 사람은 슬리퍼를 신어야 하는데, 이것은 일본 사람은 샌들을 신는다고 한 14번 진술과 모순된다. 따라서 두 번째 집에는 분명 볼리비아 사람이 살고, 그는 차를 마신다.

	집 1	집 2	집 3	집 4	집 5
색깔	노란색	파란색			
국적	덴마크 사람	볼리비아 사람			
애완동물		말			
음료수	**물**	차	우유		
신발	밑창 구두				

6번 진술에 따르면 초록색 집과 아이보리색 집은 서로 이웃해 있다. 이는 빨간색 집은 세 번째, 아니면 다섯 번째 집이라는 의미다. 다섯 번째 집이라고 상상해보자. 그럼 스코틀랜드 사람이 거기에 살고, 4번 진술로 미루어 그는 오렌지주스를 마시고, 13번 진술로 미루어 그는 슬리퍼를 신는다. 하지만 이것이 사실이라면 7번 진술대로 브로그 신발을 신고 달팽이를 키우는 사람은 누구인가? 밑창 구두를 신는 덴마크 사람은 아니다. 말을 키우는 볼

리비아 사람도 아니다. 3번 진술에 따르면 그리스 사람은 개를 키우니까 그리스 사람도 아니다. 14번 진술에 따라 샌들을 신는 일본 사람도 아니다. 그럼 아무도 될 수 없다! 따라서 세 번째 집이 스코틀랜드 사람의 빨간색 집이고, 네 번째 집과 다섯 번째 집은 6번 진술에 의거해 아이보리색 집과 초록색 집이라고 결론 내릴 수 있다. 4번 진술에 따르면 커피를 마시는 집은 다섯 번째 집이니까 오렌지주스는 네 번째 집에서 마신다. 13번 진술에 따르면 슬리퍼도 네 번째 집에서 신는다.

	집 1	집 2	집 3	집 4	집 5
색깔	노란색	파란색	빨간색	아이보리색	초록색
국적	덴마크 사람	볼리비아 사람	스코틀랜드 사람		
애완동물		말			
음료수	**물**	차	우유	오렌지주스	커피
신발	밑창 구두			슬리퍼	

일본 사람은 분명 샌들을 신고 다섯 번째 집에서 살고 있을 것이다. 14번 진술에 따르면 그는 네 번째 집에는 살 수 없기 때문이다. 그럼 네 번째 집에는 그리스 사람이 개를 데리고 살고 있다.

	집 1	집 2	집 3	집 4	집 5
색깔	노란색	파란색	빨간색	아이보리색	초록색
국적	덴마크 사람	볼리비아 사람	스코틀랜드 사람	그리스 사람	일본 사람
애완동물		말		개	
음료수	**물**	차	우유	오렌지주스	커피
신발	밑창 구두			슬리퍼	샌들

그럼 나머지 빈칸은 저절로 채워진다. 브로그 신발을 신고 달팽이를 키우는 사람은 스코틀랜드 사람이므로, 볼리비아 사람은 버켄스탁 신발을 신는다. 11번 진술에 따라 덴마크 사람은 여우를 키울 것이다. 그럼 마지막 남은 빈칸은 얼룩말이어야 하고, 이 얼룩말의 주인은 일본 사람이다.

	집 1	집 2	집 3	집 4	집 5
색깔	노란색	파란색	빨간색	아이보리색	초록색
국적	덴마크 사람	볼리비아 사람	스코틀랜드 사람	그리스 사람	일본 사람
애완동물	여우	말	달팽이	개	**얼룩말**
음료수	**물**	차	우유	오렌지주스	커피
신발	밑창 구두	버켄스탁 신발	브로그 신발	슬리퍼	샌들

다른 방법을 이용해서 표의 빈칸을 채울 수도 있다. 하지만 최종적으로 표는 반드시 이렇게 마무리되어야 한다!

011 칼리반이 남긴 책을 세 사람이 공평하게 나누는 법은?
대체 어디서 시작해야 할까? 세 진술을 여기에 옮겨보자.

[1] 내가 초록색 넥타이를 하고 있는 모습을 본 적이 있는 사람은 로보다 먼저 고르면 안 된다.
[2] Y.Y.가 1920년에 옥스퍼드에 없었다면 첫 번째로 고르는 사람은 절대 내게 우산을 빌려준 사람이 아니다.
[3] 만약 Y.Y.나 비평가가 두 번째로 고른다면 비평가는 처음 사랑에 빠진 사람보다 먼저 고른다.

우리는 지금 로, Y.Y., 비평가가 칼리반의 책을 고르는 순서를 찾아내려 하고 있다. 여기서 핵심은 이 문제를 푸는 데 이 진술이 하나도 빠짐없이 모두 필요하다는 것이다. 바꿔 말하면 모든 진술이 유용한 정보여야 한다. 만약 어떤 해법을 찾아냈는데, 그 해법을 찾는 데 필요한 정보를 제공하지 못하는 진술이 하나라도 생긴다면 그 해법은 틀린 것이다.
[1]의 진술이 우리에게 정보를 제공할 수 있으려면 Y.Y.와 비평가 중 적어도 한 명은 초록색 넥타이를 한 칼리반의 모습을 본 적이 있어야 한다. 만약 초록색 넥타이를 한 칼리반을 본 사람이 아무도 없다면 이 진술은 쓸모없는 것이 되고 만다. 따라서 로가 세 번째로 책을 고를 수는 없음을 추론할 수 있다. 초록색 넥타이를 한 칼리반을 본 적이 있는 사람이 로보다 나중에 책을 골라야 하기 때문이다.

맞추기 문제

제1장

제2장

제3장

제4장

제5장

이제 [2]의 진술로 넘어가 보자. 만약 Y.Y.가 옥스퍼드에 있었다면 고르기 순서에 대해 아무런 정보도 제공하지 못하므로 Y.Y.는 옥스퍼드에 없었다고 말할 수 있다. 그리고 아무도 칼리반에게 우산을 빌려준 적이 없다면 이 진술은 쓸모없는 것이 되고 만다. 따라서 누군가는 칼리반에게 우산을 빌려주었다.

그럼 누가 칼리반에게 우산을 빌려주었을까? 만약 로가 칼리반에게 우산을 빌려주었다면 [2]의 진술에 따라 로는 첫 번째로 책을 고를 수 없다. 그리고 [1]의 진술에 따라 로우가 마지막에 고르지 않는다는 것을 알고 있다. 따라서 그럼 로는 두 번째로 책을 고르게 된다. 하지만 로가 두 번째라면 [3]의 진술이 불필요한 과잉 정보가 된다. [3]의 진술이 유용한 정보를 제공하기 위해서는 Y.Y.나 비평가가 두 번째가 돼야 하기 때문이다. 따라서 로는 칼리반에게 우산을 빌려주지 않았다.

만약 Y.Y.와 비평가가 모두 칼리반에게 우산을 빌려주었다면 [2]의 진술로 미루어 로가 첫 번째로 고르게 되고, [3]으로부터 비평가가 두 번째, Y.Y.는 세 번째가 된다. 따라서 여기서는 [1]의 진술이 과잉 정보가 된다. 따라서 Y.Y.와 비평가 둘 중 한 명이 칼리반에게 우산을 빌려주었지, 둘 다 빌려주지는 않았다. 마찬가지로 Y.Y.와 비평가가 둘 다 초록색 넥타이를 한 칼리반을 본 적이 있다면 [1]의 진술로부터 로가 첫 번째가 되고 [2]는 과잉 정보가 된다. 따라서 Y.Y.나 비평가 둘 중 한 명이 초록색 넥타이를 한 칼리반을 보았지, 둘 다 보지는 않았다.

Y.Y.가 초록색 넥타이를 한 칼리반을 보고, 그에게 우산도 빌려주었다고 해보자. 그럼 [1]의 진술로부터 Y.Y.는 첫 번째가 될 수 없다. 이것이 사실이라면 [2]의 진술이 과잉 정보가 된다. 따라서 Y.Y.가 초록색 넥타이를 한 칼리반이 본 적이 있다면 그가 칼리반에게 우산도 빌려주었을 수는 없다. 그렇다면 비평가가 우산을 빌려주었다는 의미다. 마찬가지로 만약 비평가가 초록색 넥타이를 한 칼리반을 본 적이 있다면 똑같은 논리가 적용되어 칼리반에게 우산을 빌려준 사람은 Y.Y.여야 한다.

두 경우 모두 첫 번째로 책을 고르는 사람은 로여야 한다. 그리고 이것이 사실이라면 [3]의 진술에 따라 Y.Y.가 처음으로 사랑에 빠진 사람이어야 하고, 따라서 최종적인 순서는 로, 비평가, Y.Y.가 된다.

012 좋은 놈, 나쁜 놈, 이상한 놈이 겨냥해야 할 사람은?
3자 결투는 논리의 꽃이다. 이 문제를 논리적으로 추적해보면 놀랍게도 이상한 놈이 생존 가능성을 최대로 끌어올리려면 처음에는 아무도 죽이지 않아야 한다는, 직관과 어긋나는 결론이 나온다.

이상한 놈이 나쁜 놈을 겨냥해서는 안 된다는 것은 분명하다. 그를 죽이면 이상한 놈은 좋은 놈에게 100%의 확률로 죽게 되고, 결투는 그것으로 끝이다.

그럼 좋은 놈을 겨냥해서 최고의 명사수를 바로 제거하려 든다면? 만약 이상한 놈이 좋은 놈을 죽이면 이상한 놈과 나쁜 놈은 서로를 총질하게 된다. 이런 시나리오로 진행된다면 꼭 이상한 놈이 죽는다는 보장은 없지만 그가 당할 확률이 크다. 총을 더 잘 쏘는 나쁜 놈에게 먼저 기회가 가기 때문이다. 사실 이상한 놈의 생존 가능성은 1/7, 즉 14% 정도다. (이 값은 나쁜 놈이 이길 확률이 첫 번째 쏠 때는 2/3, 두 번째 쏠 때는 (2/3)(1/3)(2/3), 세 번째 쏠 때는 (2/3)(1/3)(2/3)(1/3)(2/3) 등이 나온다는 것을 계산해보면 나온다. 이것을 무한급수로 더하면 6/7이라는 값이 나온다. 따라서 이상한 놈이 살아남을 확률은 1/7이다.)

만약 이상한 놈이 좋은 놈을 쏘는 데 실패하면 나쁜 놈의 차례가 되고, 그는 2/3의 명중 확률로 좋은 놈을 겨냥할 것이다. 여기에 성공하면 다시 이상한 놈과 나쁜 놈 간의 양자 대결이 된다. 하지만 이번에는 이상한 놈이 먼저 쏜다. 그럼 이상한 놈의 생존 가능성은 1/3보다 조금 나은 값이 나온다. 실제로는 3/7, 즉 43% 정도다. 만약 나쁜 놈이 좋은 놈을 맞추지 못하면 좋은 놈은 나쁜 놈을 죽이게 될 것이고, 결국 이상한 놈과 좋은 놈 사이의 양자 대결이 이루어지고 이상한 놈이 먼저 쏘게 된다. 이제 이상한 놈의 생존 가능성은 정확히 1/3이다.

바꿔 말하면 이상한 놈은 누군가를 죽일 때보다 둘 다 죽이지 못했을 경우, 생존 가능성이 더 높다는 의미다. 따라서 그는 무슨 수를 써서라도 둘 다 맞추지 않아야 한다. 허공에 대고 총을 쏘는 것이 제일 낫다.

골치 아픈 확률 계산으로 독자를 괴롭힐 생각은 없지만 살아남은 최후의 한 사람이 될 가능성이 이상한 놈은 약 40%, 나쁜 놈은 38%, 그리고 좋은 놈은 22%에 불과하다.

이 이야기의 교훈은 다음과 같다. 가능하면 제일 강한 놈들끼리 싸움을 붙여라!

013 잘못 붙은 과일 라벨을 제대로 붙이려면?

'사과', '오렌지', '사과와 오렌지'라는 딱지가 붙은 상자가 세 개 있다. 우리는 그중 한 상자에서 과일을 하나 꺼내보아야 한다.

각 상자에서 과일을 하나씩 골라냈을 때의 확률을 계산해보자. 먼저 '사과'라는 딱지가 붙은 상자에서 꺼낸다고 해보자. 꺼낸 것이 사과라면 이 상자에는 분명 사과와 오렌지가 들어 있다. 이 상자에 사과만 들어 있을 리는 없다. 딱지가 엉뚱하게 붙어 있다고 했는데 사과 상자에 '사과' 딱지가 붙어 있으면 안 되니까 말이다. 그럼 '오렌지'와 '사과와 오렌지' 두 상자가 남는다. 지금 한 상자에는 오렌지만 들어 있고, 한 상자에는 사과만 들어 있다. 딱지가 잘못 붙어 있다고 했으니 '오렌지' 상자에는 오렌지가 아니라 사과가 들어 있을 것이다. 그럼 자연히 '사과와 오렌지' 상자에는 오렌지가 들어 있을 것이다. 이제 세 상자에 들어 있는 내용물이 밝혀졌다. 만세! 문제가 풀린 것 같다. 그런데 안타깝게도 그렇지 않다. 만약 우리가 '사과' 상자에서 과일을 꺼내기로 전략을 세웠을 때 거기서 나온 과일이 오렌지일 가능성도 있는데, 그럼 어느 상자가 어느 것인지 알아낼 방법이 없다. 그와 마찬가지로 '오렌지' 상자에서 과일을 꺼냈을 때 사과가 나올 가능성이 있는데, 그럼 그 상자에 사과가 들어 있는지 사과와 오렌지가 들어 있는지 알아낼 방법이 없다.

독자 여러분은 앞 문단에 나오는 과정을 거치지 않고도 이미 이것을 추론해냈을지도 모르겠다. 한 퍼즐에서 세 가지 선택으로부터 하나의 해법이 나오는데, 그 세 가지 선택 중 두 가지가 서로 맞교환이 가능한 경우(이 퍼즐에서 '사과'와 '오렌지'처럼) 그 해법은 달랑 하나만 남은 선택의 결과에서 비롯되는 것이어야 한다.

따라서 '사과와 오렌지'에서 과일을 꺼내보는 것이 정답이다. 그 과일이 사과라면 그 상자에는 반드시 사과만 들어 있어야 한다. 그럼 '사과'와 '오렌지' 딱지가 붙은 상자가 남는데, 이 두 상자 중 하나에는 오렌지만 들어 있고, 하나에는 사과와 오렌지가 들어 있다. '오렌지' 딱지가 붙은 상자는 오렌지만 들어 있을 수 없으므로 그 안에는 두 과일이 모두 들어 있어야 한다. 따라서 '사과'라는 딱지가 붙은 상자에는 오렌지가 들어 있다. 이렇게 해서 세 상자의 딱지를 모두 올바르게 고쳐 붙일 수 있다. '사과와 오렌지'에서 꺼낸 과일이 오렌지였어도 문제를 푸는 데 문제가 없었을 것이다. 사과와 오렌지만 바꿔서 똑같은 과정을 거치면 되기 때문이다.

014 소금, 후추, 렐리시를 들고 있는 솔트, 페퍼, 렐리시

먼저 '한 남자'가 누구인지 알아내야 한다. 들어보니 시드일 가능성이 있다. 하지만 모순이 생긴다. 질문을 보면 '한 남자'는 렐리시를 들고 있지 않다. 만약 시드가 '한 남자'라면 그는 성 때문에 소금도 들고 있을 수 없다. 따라서 그는 분명 후추를 들고 있어야 한다. 리스는 자기 성 때문에 렐리시를 들고 있을 수 없지만 소금도 들고 있을 수 없다. 대화를 보

면 리스는 소금을 들고 있는 사람의 말에 대꾸하고 있기 때문이다. 따라서 리스도 마찬가지로 후추를 들고 있어야 하는데, 그럼 모순이다. 그렇다면 필이 '한 남자'인가? 아무래도 필은 남자 이름 같다! 하지만 이것 역시 모순이다. 대화를 보면 '한 남자'는 소금을 들고 있는 사람이 아니다. 따라서 필이 '한 남자'라면 소금을 들고 있을 수 없고, 성 때문에 후추도 들고 있을 수 없다. 그는 분명 렐리시를 들고 있어야 한다. 하지만 '한 남자'는 렐리시를 들고 있지 않다고 했다.

이렇게 불가능한 조합을 지워나가다 보면 결국 리스가 '한 남자'일 수밖에 없다. '한 남자'는 소금을 들고 있지 않으므로 리스는 반드시 후추를 들고 있어야 한다. 따라서 시드는 렐리시를 들고 있고, 필은 소금을 들고 있다.

참고로 시드Sid는 여자 이름으로 흔히 쓰이는 시드니Sidney의 약칭이다. 필Phil은 여자 이름인 필리파Philippa의 약칭이다(영어권 남자 이름과 여자 이름으로 살짝 함정을 파놓은 셈이지만 우리말 독자에겐 함정 역할을 하지 못했다.─옮긴이).

015 세계 최초의 가위바위보 게임에서 이긴 사람은?

다음과 같이 하면 가위바위보 게임의 결과가 어땠는지 추론할 수 있다.

아담이 가위를 여섯 번 냈다고 한 부분을 생각해보자. 비기는 경우는 절대로 없었다고 하니 이렇게 아담이 가위를 여섯 번 내는 동안 매번 이브는 바위나 보를 낸 것이 틀림없다. 이브는 바위를 두 번 보는 네 번 냈다고 하니 이브가 바위나 보를 낼 때마다 아담은 가위를 냈다고 추론할 수 있다. 따라서 아담은 가위를 낼 때 두 번은 지고 네 번은 이겼다. 그럼 총 점수는 아담과 이브가 4 대 2다.

나머지 네 번에서 이브는 항상 가위를 냈다. 그리고 아담은 바위를 세 번, 보를 한 번 냈다. 그럼 여기서는 아담과 이브가 3 대 1이다. 따라서 모두 합하면 아담과 이브는 7 대 3으로 아담의 승리다.

017 어떻게 하면 내 얼굴에 묻은 검댕을 더 빨리 알아차릴까?

앳킨슨 양은 자기 얼굴은 깨끗하고 나머지 두 승객이 서로를 보며 웃는다고 생각했다(한 사람은 '왼쪽 승객', 또 한 사람은 '오른쪽 승객'이라고 해보자). 그러고 나서 다시 승객 중 한 사람의 입장에서 생각해보았다. 그 승객이 왼쪽 승객이라고 해보자. 그 사람은 검댕이 묻은 오른쪽 승객의 얼굴과 검댕이 없는 앳킨슨 양의 얼굴을 본다. 그럼 왼쪽 승객은 오른쪽 승객

맛보기 문제

제1장

제2장

제3장

제4장

제5장

의 얼굴에 묻은 검댕을 보며 낄낄거리고 있는 것이다. 하지만 그 순간 앳킨슨 양은 생각한다. 왼쪽 승객은 오른쪽 승객이 왜 웃고 있다고 생각할까? 왼쪽 승객은 자기 얼굴에 검댕이 묻지 않았다고 가정했다. 그렇다면 오른쪽 승객은 누구를 보고 웃고 있다는 말인가? 당황스럽지만 가능성은 하나밖에 없다. 바로 앳킨슨 양을 보고 웃는 것이다! 그래서 앳킨슨 양은 재빨리 손수건을 꺼내서 자기 얼굴을 닦았다.

018 바람을 피운 40명의 남편과 그들을 처벌하는 아내

앞에 나온 두 문제를 풀었다면, 적어도 그 정답을 꼼꼼하게 읽어보았다면 이 문제도 거의 다 푼 것이나 마찬가지다. 이것도 같은 주제의 변형에 불과하다는 것을 눈치 챈 사람도 있을 것이다. 다만 첫 번째 문제에는 두 자매가, 두 번째 문제에는 세 명의 승객이, 이 문제는 40명의 아내가 등장한다는 차이가 있을 뿐이다.

사실 얼굴에 흙이 묻은 퍼즐에서 두 명의 아이를 40명의 아내로 늘리고, '얼굴에 흙이 묻었다'라는 것을 '남편이 바람을 피운다'로 바꾸고, '앞으로 나온다'를 '남편을 죽인다'로 바꾸면 똑같은 문제가 된다. 하지만 이 문제에서 정말로 기발한 부분은 한 관찰자에게서 나온, 적어도 한 명의 남편이 바람을 피웠다는 정보가 그다음에 일어날 일에서 별로 중요하지 않은 불필요한 정보 같다는 점이다. 적어도 한 명의 남편이 바람을 피웠다는 사실을 모든 아내가 알고 있으니 말이다. 사실 아내들은 39명의 남편이 비열한 짓을 했음을 알고 있다. 하지만 이 정보는 그 뒤로 놀라운 사건들을 촉발하는 계기가 된다.

얼굴에 묻은 흙 퍼즐에서는 두 자매가 모두 자기 얼굴에 흙이 묻었다는 것을 깨닫고 앞으로 나오면서 끝났다. 이번 퍼즐의 절정은 한 편의 공포 영화다. 피날레에 가면 40명의 아내가 동시에 자기 남편을 죽이니까 말이다.

어떻게 그런 결과에 도달하는 걸까? 만약 남편들 중 한 명만 바람을 피우고, 나머지 39명은 아내에게 충실하다면 무슨 일이 생길지 상상해보자. 모든 아내는 자기 남편이 자기에게 충실하다고 가정한 상태에서 출발하기 때문에 혼자서 바람피우는 남편을 둔 아내는 당연히 마을에 바람피우는 남편이 존재한다는 사실을 모른다. 그리고 이 경우, 그 아내는 다른 모든 남편이 아내에게 충실하다는 것을 안다. 그런데 적어도 한 명의 남편이 바람을 피운다는 사실을 듣는 순간, 이 아내는 그 사람이 자기 남편이 분명하다는 것을 알게 된다. 다른 남편들은 아무도 바람을 피우지 않기 때문이다. 그래서 그다음날 정오에 이 아내는 자기 남편을 죽인다.

이제 바람을 피우는 남편이 둘이라고 상상해보자. 이 남편들의 아내를 각각 '아그네스'와 '베르타'라고 해보자. 두 아내는 바람피우는 남편을 한 명밖에 모른다. 자기 남편이 바람을 피운다는 사실은 모르기 때문이다. 아그네스는 베르타의 남편이 바람을 피운다는 것을 알고, 베르타는 아그네스의 남편이 바람을 피운다는 것을 안다. 그리고 나머지 38명의 아내들은 아그네스의 남편과 베르타의 남편이 모두 바람을 피운다는 것을 안다. 모든 사람이 적어도 한 명의 남편이 바람을 피운다는 것을 알고 있으므로 '적어도 한 명의 남편이 바람을 피운다'라는 소식은 마을 사람 그 누구에게도 문제를 일으키지 않고, 그다음날은 유혈 사태 없이 평화롭게 지나간다.

하지만 그날 오후 아그네스와 베르타는 모두 혼란에 빠진다. 아그네스는 우리가 위에서 했던 대로 다음과 같이 추론한다. 만약 마을에서 바람을 피우는 사람이 베르타의 남편밖에 없다면 적어도 한 명의 남편이 바람을 피운다는 소식을 들은 다음 날 베르타가 남편을 죽였을 것이다. 그런데 베르타는 그날 남편을 죽이지 않았다. 따라서 아그네스는 베르타가 두 번째 바람피우는 남편을 분명 알고 있다는 결론에 도달한다. 그럼 그 남편이 누구일까? 자기 남편이 아닌 다른 남편일 리는 없다! 따라서 다음날 정오에 아그네스는 자기 남편을 죽인다. 그리고 똑같이 깨달은 베르타 역시 같은 시간에 자기 남편을 죽인다. 바꿔 말하면 바람피우는 남편이 두 명이 있는 경우에는 '적어도 한 명의 남편이 바람을 피운다'는 소식이 발표되고 나서 두 번째 날에 그 남편들은 아내 손에 죽는다.

바람피우는 남편이 세 명인 경우에도 이런 시나리오가 이어진다. 각각의 아내는 바람을 피우는 남편이 두 명밖에 없다고 생각할 것이기 때문에 남편이 모두 살아 있는 상태에서 두 번째 날이 별일 없이 지나가는 순간 남편의 외도를 깨닫는다. 그래서 세 명의 아내는 세 번째 날에 자기 남편을 죽인다. 이제 본론으로 들어가자. 40명의 남편이 바람을 피우는 경우에는 아무 일도 일어나지 않다가 결국 40번째 날이 되면 마을은 피바다가 된다.

만약 왕이 바람을 피우는 남편이 적어도 한 명 있다는 말을 깜박했더라면 위에 나온 논리적 추론은 불가능해지고, 이 작은 마을에서 대학살도 일어나지 않았을 것이다.

019 눈을 감고 상자에서 꺼내 쓴 모자의 색을 맞힐 수 있을까?

앨저넌이 자기 모자 색깔을 아는 방법은 다른 두 사람이 초록 모자를 쓰고 있는 경우밖에 없다. 그럼 자기 모자 색깔은 빨강이라는 의미니까 말이다. 따라서 앨저넌이 자기 모자 색깔을 모르겠다는 것은 앨저넌의 눈에 빨강 모자 두 개나 빨강 모자 하나와 초록 모자 하나가 보인다는 의미다.

마찬가지 이유로 발타자르 역시 빨강 모자 두 개나 빨강 모자 하나와 초록 모자 하나를 보고 있는 것이 분명하다. 하지만 이것으로는 별로 진전이 없다. 여기까지 우리가 알아낸 것이라고는 [1]세 사람 모두 빨강 모자를 쓰고 있거나 [2]앨저넌과 발타자르가 초록 모자를 쓰고 있거나 [3]카락터커스만 초록 모자를 쓰고 있다는 사실밖에 없기 때문이다.

그런데 카락터커스의 눈에 빨강 모자만 보인다고 했으니 [2]는 배제할 수 있다. 이제 [3]이 참이라고, 즉 카락터커스가 초록 모자를 쓰고 있다고 상상해보자. 이것이 참이라면 질문을 다시 검토해보자. 앨저넌은 초록 모자 하나와 빨강 모자 하나를 보고 자기 모자 색을 알 수 없다고 결론 내릴 것이다. 발타자르는 카락터커스가 초록 모자를 쓰고 있는 것을 볼 수 있다. 앨저넌은 자기 모자 색깔을 모르겠다고 했기 때문에 발타자르는 자기가 초록 모자를 쓰지는 않았음을 알 수 있다. 만약 자기 모자가 초록색이라면 앨저넌이 자기 모자 색깔을 알겠다고 했을 것이기 때문이다! 따라서 발타자르는 자기가 빨강 모자를 쓰고 있음을 알았을 것이고, 그렇다면 자기 모자 색깔을 모르겠다고 말하지 않았을 것이다. [3]이 참이라고 가정하니까 모순이 발생했다. 따라서 [1]이 참이 된다. 카락터커스는 빨강 모자를 쓰고 있다.

020 몰래 적은 숫자를 최소한의 힌트로 알아맞히기

이 퍼즐을 풀려면 각각의 진술에서 정보를 취합해서 세베대가 골랐을 가능성이 있는 숫자들의 집합을 점차 줄여가야 한다.

세베대가 고를 수 있는 숫자는 1, 2, 3, 4, 5… 등이다. 만약 크산토스가 들은 숫자가 1이라면 두 수가 연속된 것을 알기에 이베트의 숫자는 2일 수밖에 없음을 깨달았을 것이다. 따라서 크산토스의 숫자가 1일 리는 없으므로 배제할 수 있다. 반면 크산토스의 숫자가 2라면 이베트의 수는 1이나 3일 수 있으므로 크산토스는 이베트의 숫자를 알 수 없다. 마찬가지로 2보다 큰 모든 수에 대해서 이베트의 숫자는 그 숫자보다 1이 작거나 큰 수일 가능성이 항상 존재한다. 따라서 첫 번째 진술에서 우리가 알 수 있는 것은 크산토스의 숫자가 2 혹은 그보다 큰 숫자라는 것밖에 없다.

이베트의 숫자 역시 위와 똑같은 이유로 1일 수는 없다. 하지만 2일 수는 있을까? 만약 그 수가 2라면 크산토스의 숫자는 1이나 3일 수밖에 없음을 알았을 것이다. 하지만 이베트는 논리를 완벽하게 꿰뚫고 있기 때문에 크산토스의 숫자가 1이 아니란 것을 파악하고

맛보기 문제

제1장

제2장

제3장

제4장

제5장

있다. 따라서 이베트의 숫자가 2라면, 크산토스의 숫자는 3이 될 수밖에 없음을 깨달았을 텐데, 그렇다면 이것은 자기는 크산토스의 숫자를 모르겠다고 한 진술과 모순이다. 그럼 이베트의 가능성 목록에서 2를 제거할 수 있다. 만약 이베트의 숫자가 3, 혹은 그보다 큰 숫자라면 크산토스의 숫자를 모르겠다는 말이 참이 된다. 논리적으로 크산토스의 숫자는 이베트의 숫자보다 1이 크거나 작기 때문이다.

정리하자면 크산토스의 숫자는 2, 3, 4, 5, 6… 중 하나고, 이베트의 숫자는 3, 4, 5, 6, 7… 중 하나다.

그런데 크산토스가 이제는 그 수를 알겠다고 말한다. 만약 크산토스의 숫자가 2라면 이베트의 숫자는 3이라는 것을 알 수 있다. 만약 크산토스의 숫자가 3이라면 이베트의 숫자가 4여야만 한다는 것을 안다. 만약 크산토스의 숫자가 4라면 이베트의 숫자는 3일 수도, 5일 수도 있어서 그 숫자를 알 수 없다. 그리고 4보다 큰 수에서도 마찬가지다. 바꿔 말해서 크산토스가 이베트의 숫자를 알기 위해서는 크산토스의 숫자가 2나 3이어야 한다는 의미다.

만약 크산토스의 숫자가 2 또는 3이라면 이베트의 숫자는 3 또는 4여야 한다. 세베대의 숫자는 연속적이기 때문이다. 따라서 세베대는 2와 3, 혹은 3과 4를 두 사람에게 속삭인 것이 된다. 그럼 그가 속삭인 숫자 중 하나는 분명 3이라고 결론 내릴 수 있다.

021 싱가포르 열 살짜리도 맞히는 셰릴의 생일 찾기

셰릴은 자기 생일 날짜 후보 목록을 보여준 다음 앨버트에게는 생일의 달을 알려주었다. 이 달은 5월, 6월, 7월, 8월 중 하나다. 그리고 버나드에게는 생일의 날짜를 알려주었다. 이 날짜는 14일, 15일, 16일, 17일, 18일, 19일 중 하나다. 각각의 대화에서 정보를 끌어 모으면 특정 달과 날짜는 지울 수 있고, 마지막에는 정답 하나만 남고 모두 지워질 것이다.

앨버트는 셰릴의 생일이 언제인지 모르지만 버나드 역시 모른다는 것은 알겠다고 말한다. 셰릴의 생일 목록을 보면 모든 달이 적어도 두 번씩은 나오므로 앨버트에게 말해준 달이 언제든 간에 적어도 두 가지 가능한 생일 날짜 후보가 있다. 따라서 당연히 앨버트는 셰릴의 생일을 모른다. 그래서 이 문장의 첫 번째 부분은 쓸데없는 정보다.

하지만 버나드 역시 생일을 모른다는 것을 앨버트가 알려면 버나드가 알고 있는 날짜가 목록에 한 번만 등장하는 날짜가 아님을 앨버트가 알아야 한다. 한 번만 등장하는 날짜는 18일과 19일이다. 만약 버나드가 들은 날짜가 18일이나 19일이면 셰릴의 생일을 바로 추론할 수 있었을 것이다. 그리고 버나드가 들은 날짜가 18일이나 19일이 아니라는 것을 앨버트가 알려면 앨버트가 들은 달에는 18일이나 19일이 후보에 없어야 한다. 따라서 18일과 19일이 있는 5월과 6월은 배제할 수 있다. 그럼 앨버트가 들은 달은 7월, 아니면 8월이 분명하다.

버나드는 처음에 셰릴의 생일을 모른다고 말함으로 자기가 들은 날짜가 18일이나 19일은 아니라는 것을 확인해주었다. 하지만 그러고 나서는 생일을 안다고 말했다. 이렇게 말할 수 있으려면 선택할 수 있는 달이 하나밖에 남지 않는 날짜를 갖고 있어야 한다. 따라서 14일을 지울 수 있다. 7월 14일과 8월 14일이 모두 후보 목록에 올라 있기 때문이다. 따라서 버나드가 알고 있는 날짜는 15일, 16일, 17일 중 하나다. 그러자 이번에는 앨버트가 자기도 생일을 알겠다고 말한다. 따라서 그도 선택할 수 있는 후보가 하나밖에 없는 달을 분명히 알고 있다. 남은 날짜는 7월 16일, 8월 15일, 8월 17일밖에 없다. 따라서 정답은 7월 16일이다.

7월 16일이 정답이지만 질문을 살짝 다르게 해석하면 8월 17일이라는 다른 정답으로 이어진다. 아마도 어떤 것이 올바른 접근 방법이냐를 두고 온라인에서 일어난 논란 덕분에 이 퍼즐이 사람들 사이에서 넓게 회자된 것이 아닌가 싶다. 이런 논란을 잠재우기 위해 이 문제를 출제했던 싱가포르 아시아 학생 수학 올림피아드에서는 문제를 명료하게 정리하면서 8월 17일은 오답이라고 선언했다.

여기서 어떻게 접근하면 다른 날짜가 정답으로 나오는지 알아보자. 이것은 논리 퍼즐이 해석에 따라 어떻게 미묘하게 달라질 수 있는지, 그리고 무엇을 주어진 사실이라 가정할지 판단할 때 얼마나 신중해야 하는지를 보여주는 훌륭한 사례다.

앨버트는 처음에 셰릴의 생일을 모르지만, 버나드 역시 모른다는 것을 알겠다고 말한다. 만약 앨버트가 버나드에 관한 이 정보를 추론으로 알고 있는 것이라 가정하면 위에서 했던 것처럼 7월 16일이 정답으로 나온다. 하지만 어쩌면 앨버트가 버나드 역시 생일을 모른다는 것을 아는 이유가 미리 그 정보를 들었기 때문일 수도 있다.

만약 그런 경우라면 앨버트는 한 번씩만 등장하는 18일과 19일을 시작하기도 전에 배제할 수 있다. 그러고서 앨버트는 셰릴의 생일을 모르겠다고 했는데, 이는 자기가 아는 달이 6월이 아님을 밝히는 셈이 된다. 남은 날짜 중 그 달은 한 번만 등장하기 때문이다. 따라서 6월은 배제할 수 있다. 하지만 앞에 나온 시나리오와 달리 5월은 아직도 가능성이 있다. 대화는 계속 이어지고, 버나드가 셰릴의 생일을 몰랐지만, 지금은 안다고 말한다. 그가 이

힛보기 문제

제1장

제2장

제3장

제4장

제5장

것을 알리면 남은 후보인 5월 15, 16일, 7월 14, 16일, 8월 14, 15, 17일 중에서 한 번만 등장하는 날짜를 갖고 있어야 한다. 여기서는 17일이 한 번만 등장한다. 따라서 정답은 8월 17일이다.

이것 역시 대단히 논리적이지만 나는 싱가포르 아시아 학생 수학 올림피아드의 의견에 동의한다. 앨버트가 미리 얘기를 듣고 버나드가 셰릴의 생일을 모르고 있음을 아는 것이라 해석하는 것보다는 추론을 통해 알아냈다고 해석하는 것이 더 자연스럽다.

022 '아까는 몰랐지만 이제는 아는' 데니스의 생일 문제

이 문제는 셰릴의 생일 문제와 똑같은 방식으로 풀 수 있다. 각각의 진술을 단서로 이용해서 차례로 날짜를 배제해나가면 된다. 하지만 데니스의 생일 문제는 더 복잡하다 보니 자꾸만 다른 방향으로 생각이 흘러가고 만다.

날짜 후보 목록을 다시 적어보자.

2001년 2월 17일	2002년 3월 16일	2003년 1월 13일	2004년 1월 19일
2001년 3월 13일	2002년 4월 15일	2003년 2월 16일	2004년 2월 18일
2001년 4월 13일	2002년 5월 14일	2003년 3월 14일	2004년 5월 19일
2001년 5월 15일	2002년 6월 12일	2003년 4월 11일	2004년 7월 14일
2001년 6월 17일	2002년 8월 16일	2003년 7월 16일	2004년 8월 18일

(생일의 달을 아는) 앨버트는 (날짜를 아는) 버나드가 데니스의 생일을 모르고 있음을 안다. 주어진 생일 후보 목록에서 정확히 한 번만 등장하는 날짜는 11일과 12일이다. 따라서 이 날짜가 들어간 2003년 4월 11일과 2002년 6월 12일은 배제할 수 있다. 도움이 된다면 연필로 목록에서 이 날짜에 줄을 긋자.

앨버트는 달이 4월이나 6월이 아닌 것을 아니까, 4월과 6월의 다른 날짜들도 모두 배제할 수 있다. 따라서 2001년 4월 13일, 2002년 4월 15일, 2001년 6월 17일도 지우자.

(날짜를 아는) 버나드가 여전히 데니스의 생일을 모르므로 남은 생일 후보 중 날짜가 한 번만 등장하는 것은 모두 배제할 수 있다. 만약 버나드가 들은 날짜가 이 중에 있다면 생일을 알았을 것이기 때문이다. 15일과 17일이 한 번만 등장하므로 2001년 5월 15일과 2001년 2월 17일은 지울 수 있다.

하지만 버나드는 (연도를 아는) 셰릴이 데니스의 생일을 모른다는 것도 안다. 셰릴이 생일을 알 수 있는 유일한 경우는 들은 연도가 2001년일 경우밖에 없다. 그 해에는 남은 후보가 2001년 3월 13일 하나밖에 없기 때문이다. 따라서 버나드가 들은 날짜는 13일이 아니니까 그 날짜를 지울 수 있다. 그럼 2001년 3월 13일과 2003년 1월 13일은 안녕!

셰릴이 생일을 모른다는 사실에는 새로운 정보가 없지만 앨버트가 여전히 모른다는 것을 셰릴이 안다면 앨버트가 들은 달은 남은 후보 중에서 한 번만 등장하는 달은 아니라는 소리다. 남은 달 중 한 번만 등장하는 것은 2004년 1월 19일의 1월이다. 따라서 이는 셰릴이 들은 연도가 2004년이 아니라는 얘기다. 그럼 2004년도 후보는 모두 지울 수 있다.

이제 앨버트가 생일 날짜를 알겠다고 했으므로 그 달은 남은 후보 중 한 번만 등장하는 것이어야 한다. 따라서 두 번 등장하는 3월은 지워지고, 결국 2002년 5월 14일, 2002년 8월 16일, 2003년 2월 16일, 2003년 7월 16일이 남는다.

버나드가 이제는 알겠다고 했으므로 그 날짜는 남은 날짜 중에서 한 번만 등장하는 것이어야 한다. 따라서 정답은 2002년 5월 14일이다.

023 아주 적은 정보로 세 아이의 나이 맞히기

교회 관리인에게는 자식이 셋 있다. 이 아이들의 나이를 모두 곱하면 36이 나온다. 이 정보가 의미하는 바는 세 아이의 가능한 나이를 다음에 나온 조합으로 국한시킬 수 있다는 것이다. 굵은 글씨로 쓰인 마지막 세로줄의 수치들은 세 나이를 더한 값이다.

$1 \times 1 \times 36$	**38**
$1 \times 2 \times 18$	**21**
$1 \times 4 \times 9$	**14**
$1 \times 6 \times 6$	**13**
$2 \times 2 \times 9$	**13**
$2 \times 3 \times 6$	**11**
$3 \times 1 \times 12$	**16**
$3 \times 3 \times 4$	**10**

목사가 교회 관리인의 방문에 적힌 수를 이미 알고 있거나, 알아낼 수 있을 거라 가정할

수 있다. 만약 문에 적힌 숫자가 위에 굵은 글씨로 적힌 합산 나이에 딱 한 번만 등장하는 숫자와 같았다면 목사는 아이들의 나이를 바로 알아맞혔을 것이다. 하지만 알지 못하겠다고 한 것을 보면 문제에 적힌 수는 두 번 등장한 13이었을 것이고, 그럼 아이들의 나이는 아래의 두 조합 중 하나라고 추론할 수 있다.

1, 6, 6 또는 2, 2, 9

목사는 당연히 자기 아들의 나이를 알고 있으므로 교회 관리인도 알고 있을 것이라 가정할 수 있다. 교회 관리인이 목사에게 이것을 알면 자기 아이들의 나이를 알 수 있을 것이라 얘기했으니까 분명 목사의 아들은 한 조합에 해당하는 모든 아이보다 나이가 많고, 다른 조합에 해당하는 아이 중 적어도 한 명보다는 어려야 한다. 바꿔 말하면 목사의 아들은 일곱 살이나 여덟 살이어야 한다는 말이다. 만약 목사의 아들이 예를 들어 열 살이나 열한 살이라면 양쪽 조합에 속한 모든 아이보다 나이가 많으므로 교회 관리인은 목사에게 이 정보를 이용해서 문제를 풀 수 있을 것이라는 말을 하지 못했을 것이다. 따라서 목사 아들의 나이는 일곱 살이나 여덟 살이고, 그럼 교회 관리인 아이들의 나이는 한 살, 여섯 살, 여섯 살이다.

024 옆자리에 앉은 마법사의 대화로 추측한 버스 번호

마법사 A가 한 명이 넘는 자녀를 두고 있고, 아이들의 나이는 양의 정수고, 아이들의 나이를 모두 합하면 버스 번호가 나온다는 것을 알고 있다. 그리고 마법사의 아이 중 한 살짜리 아이는 한 명을 넘지 않는다는 것도 안다.

이 정보를 바탕으로 서로 다른 버스 번호를 시험해보자.

버스 번호가 1이 될 수는 없다. 양의 정수 두 개의 합은 1이 될 수 없기 때문이다.

버스 번호가 2가 될 수도 없다. 양의 정수 두 개를 더해서 2가 나오는 경우는 1과 1밖에 없는데, 그럼 마법사에게 한 살짜리 아이가 둘이 있다는 의미가 되기 때문이다.

버스 번호가 3이라면 양의 정수를 합해서 3이 나오는 경우는 2 + 1과 1 + 1 + 1밖에 없다. 후자는 한 살짜리 아이가 세 명이라는 뜻이 되니까 배제할 수 있다. 그리고 전자도 배제할 수 있다. 만약 버스 번호가 3이고, 마법사 B에게 아이가 둘이라는 말을 해주었다면 자동으로 아이들의 개별 나이가 두 살과 한 살이라는 것을 알 수 있기 때문이다. 따라서 버스 번호는 3이 아니다.

아래 표에 버스 번호가 4일 때 나올 수 있는 아이들의 나이가 나와 있다.

버스 번호가 4일 때		
아이들의 나이	아이들의 수	마법사의 나이
3, 1	2	3
2, 2	2	4
4	1	4

만약 마법사 A가 마법사 B에게 아이들이 몇 명인지(두 번째 세로줄), 자기가 몇 살인지(세 번째 세로줄) 알려주었다면 '두 명에 세 살' 혹은 '두 명에 네 살' 혹은 '한 명에 네 살' 이런 식으로 말했을 것이다. 그리고 각각의 경우에서 마법사 B는 아이들의 개별 나이를 추론할 수 있었을 것이다. 각각의 숫자 쌍이 하나밖에 없는 쌍이기 때문이다. 따라서 마법사 B가 아이들의 개별 나이를 추론할 수 있을 것 같다고 했을 때 마법사 A가 '못합니다'라고 대답하지 않았을 것이다.

마법사 A의 아이들이 몇 명인지, 마법사 A의 나이가 몇 살인지 하는 것만으로는 마법사 B가 아이들의 개별 나이를 계산할 수 없어야 하므로, 우리는 두 번째 세로줄과 세 번째 세로줄에 동일한 숫자 조합이 하나 이상 나오는 버스 번호를 찾아야 한다.

이 퍼즐을 고안하면서 콘웨이가 천재적이었던 부분은 여기에 유일한 해법이 존재한다는 것을 알아낸 점이다. 즉, 두 번째 세로줄과 세 번째 세로줄에 똑같은 숫자 조합이 적어도 두 개 나오게 만드는 버스 번호가 딱 하나 존재한다는 것이다.

그런 번호가 나올 때까지 계속 나가보자.

버스 번호가 5일 때		
아이들의 나이	아이들의 수	마법사의 나이
5	1	5
4, 1	2	4
3, 2	2	6
2, 2, 1	3	4

맞보기 문제

제1장

제2장

제3장

제4장

제5장

흠, 여기는 없다.

버스 번호가 6일 때		
아이들의 나이	아이들의 수	마법사의 나이
6	1	6
5, 1	2	5
4, 2	2	8
3, 2, 1	3	6
2, 2, 2	3	8

여기도 아니다.

지금쯤이면 감이 잡힐 것이다. 이런 식으로 계속 가다 보면 결국 12라는 버스 번호가 나온다.

버스 번호가 12일 때		
아이들의 나이	아이들의 수	마법사의 나이
12	1	12
11, 1	2	11
10, 2	2	20
9, 3	2	27
9, 2, 1	3	18
8, 4	2	32
8, 3, 1	3	24
8, 2, 2	3	32
7, 5	2	35
7, 4, 1	3	28
7, 3, 2	3	42
7, 2, 2, 1	4	28
6, 6	2	36

맞추기 문제

제1장

제2장

제3장

제4장

제5장

아이들의 나이	아이들의 수	마법사의 나이
6, 5, 1	3	30
6, 4, 2	3	48
6, 3, 3	3	54
6, 3, 2, 1	4	36
6, 2, 2, 2	**4**	**48**
5, 5, 2	3	50
5, 4, 3	3	60
5, 4, 2, 1	4	40
5, 3, 3, 1	4	45
5, 3, 2, 2	4	60
5, 2, 2, 2, 1	5	40
4, 4, 4	3	64
4, 4, 3, 1	**4**	**48**
4, 4, 2, 2	4	64
4, 3, 3, 2	4	72
4, 3, 2, 2, 1	5	48
4, 2, 2, 2, 2	5	64
3, 3, 3, 3	4	81
3, 3, 3, 2, 1	5	54
3, 3, 2, 2, 2	5	72
3, 2, 2, 2, 2, 1	6	48
2, 2, 2, 2, 2, 2	6	64

　　품이 많이 들기는 하지만 우리가 원하던 것을 찾아냈다. 그 숫자들을 굵은 글씨체로 표시했다.

　　마법사 B에게 아이가 네 명이고, 그 나이를 모두 곱하면 48이 나온다는 것을 알았다 해도 아이들의 개별 나이를 계산하기에는 정보가 부족하다. 6, 2, 2, 2일 수도 있고, 4, 4, 3, 1일 수도 있기 때문이다.

　　그럼 마법사 B는 자기가 아이들의 나이를 추론할 수 없음을 알게 됐고 마법사 A의 나이가 분명 48세라는 것을 알게 됐다. 그리고 버스 번호가 12라는 것도 안다.

(본문에서 버스 번호로 가능한 숫자가 하나밖에 없다고 미리 밝혔기 때문에 이것으로 문제는 풀렸다. 하지만 버스 번호가 13 또는 그보다 큰 수가 나올 수 있을지 모르니, 그런 정답은 나올 수 없다는 것까지도 증명하고 싶은 사람이 있을 것이다. 하지만 이 증명은 이 책의 수준을 넘어서기 때문에 여기서는 생략했다. 궁금한 사람들은 인터넷을 찾아보기 바란다.)

025 카드를 뒤집어 명제를 증명하라

'A' 카드와 '2' 카드를 뒤집어보아야 한다.

A 카드는 당연히 뒤집어보아야 한다. 뒷면에 홀수가 적혀 있는지 확인해야 한다. B 카드는 뒤집어볼 필요 없다. B는 자음이니까 뒷면이 짝수인지 홀수인지 신경 쓸 필요가 없다.

대개 사람들이 실수하는 부분은 1이 홀수니까, 1 카드도 뒤집어 뒷면이 모음인지 확인해야 한다고 생각하는 것이다. 이 논리는 틀렸다. 만약 뒷면이 모음이면 규칙이 입증되는 것은 사실이다. 하지만 뒷면이 자음이라면 애초에 어떤 숫자가 나오든 상관없다. 이 규칙은 자음에 대해서는 상관하지 않기 때문이다. 단, 2 카드는 뒷면에 모음이 없는지 확인하기 위해 뒤집어보아야 한다. 만약 모음이 나오면 규칙이 깨지기 때문이다.

이 퍼즐은 심리학자 피터 웨이슨Peter Wason이 1966년에 고안했다. 대부분의 사람들이 이 문제를 틀리는 이유는 문제를 이해하지 못해서가 아니다. 자기가 알지 못하는 사실, 즉, '뒷면에 무엇이 적혀 있는가' 대신 자기가 알고 있는 사실, 즉 '앞면이 홀수'라는 사실로부터 추론해나가는 함정에 빠지기 때문이다. 우리의 뇌는 게을러서 논리 퍼즐을 푸는 데 적합하도록 설계되어 있지 않다!

하지만 똑같은 퍼즐을 사람들이 익숙한 사회적 맥락을 이용해 살짝만 말을 바꿔놓으면 대부분의 사람이 정답을 맞힌다. 다음에 나오는 카드들은 모두 한 면에는 음료가, 반대쪽 면에는 숫자가 적혀 있다. 각각의 카드는 사람을 나타내서, 숫자는 그 사람의 나이, 음료는 그 사람이 좋아하는 술이나 음료를 말한다.

다음의 규칙을 입증하려면 어떤 카드를 뒤집어보아야 하는가?

"술을 마시는 사람이면 나이가 18세 이상이다."

'와인' 카드를 뒤집어보아야 하는 것은 당연하다. 하지만 '17' 카드를 뒤집어서 그 사람이 무엇을 마시는지 확인해야 한다는 것은 더더욱 당연하다. 스물두 살짜리가 무엇을 마시는 지는 확인해볼 필요 없다. 그 나이면 좋아하는 것으로 아무것이나 마셔도 되니까 말이다.

맛보기 문제

제1장

제2장

제3장

제4장

제5장

026 눈금 없는 자로 정확히 절반 지점 표시하기

자를 이용하면 직선을 그릴 수 있다. 그리고 2단위 간격이 새겨진 자를 이용하면 직선을 그릴 수 있고, 또 2단위의 간격을 표시할 수 있다. 우리가 할 수 있는 것은 이것밖에 없지만 그 정도면 충분하다.

우리의 해법은 똑같은 점에서 출발하는 두 개의 직선은 똑같은 속력으로 벌어진다는 원리에 바탕을 두고 있다. 우리는 벌어지는 두 직선 사이의 거리를 측정해서 길이가 1단위인 또 다른 선을 그릴 방법을 찾아내려 한다. 여기 그 방법이 있다.

1단계: 서로 교차하는 두 직선을 그린다. 이것이 서로 벌어지는 두 직선이다. 양쪽 직선에 교차점에서 2단위 떨어진 거리에 점을 표시한다. 그리고 이 새로운 점을 이용해 2단위 더 떨어져 있는 점을 다시 표시한다.

2단계: 먼저 표시한 두 점과 그다음 표시한 두 점 사이를 각각 직선으로 연결한다. 그럼 이 두 직선은 평행하다. 그리고 아래쪽 줄에서 2단위 떨어진 거리에 점 X를 표시한다.

3단계: 교차점에서 X까지 선을 그린다. 이 선이 위쪽 평행선과 만나는 교차점에 점 Y를 표시한다. 이 평행선에서 Y까지의 거리를 아래 그림에서 굵은 선으로 표시했는데 이 길이가 바로 1단위다. 이렇게 해서 답을 얻었다.

맛보기 문제

제1장

제2장

제3장

제4장

제5장

이것이 정답인 이유를 알아보자. 원래의 직선 중 하나를 A로, 마지막에 그린 직선을 B라고 부르자. 교차점에서는 직선 A와 B 사이의 거리가 0이다. 직선 B를 따라 천천히 움직이다 보면 각도가 고정된 상태에서 직선 A와 B 사이의 거리는 일정한 속도로 증가한다. 따라서 점 X에서 직선 A와 B를 잇는 선분의 길이가 2라면, 그 절반의 거리에 있는 점 Y에서 직선 A와 B를 잇는 평행한 선은 길이가 1이어야 한다.

027 지구를 둘러싼 밧줄과 그 아래로 지나가는 동물

밧줄을 약 120m 정도 위로 들어 올릴 수 있다. 이 높이면 고층 건물의 높이 정도다(참고로 63빌딩의 높이는 274m다.—옮긴이). 이번에도 역시 그 거리가 직관과 어긋날 정도로 길다. 지구를 40,000km의 밧줄로 팽팽하게 감았는데 이 밧줄을 고작 40,000.001km로 늘렸더니 기린 20마리를 일렬로 쌓아올려도 쉽게 통과할 수 있을 정도의 높이가 나온다.

하지만 이번에는 지구의 크기가 대단히 중요하게 작용한다. 이것을 계산하려면 삼각법을 알아야 하는데, 대부분의 독자에게는 알아듣지 못할 이상한 설명이 될 것이다. 따라서 문제를 그림으로 정확하게 그려서 어떻게 풀어야 할지 윤곽만 잡으면 그것으로 만점을 주겠다. 아래 그림에서 r은 지구의 반지름, h는 우리가 구하려는 값, 즉 탄력이 전혀 없는 줄을 최대한 높이 당겼을 때의 높이다. 이 정점에서 밧줄이 땅과 접촉하는 지점까지 밧줄의 거리는 t다. 그리고 밧줄이 허공에 떠 있는 구간의 지면의 길이는 g의 두 배다.

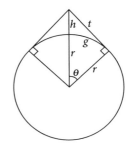

r 값을 이용해서 h를 알아낼 수 있지만 미리 경고하는데 그 계산 과정이 그리 예쁘지 않았다. 삼각법을 배운 적이 없는 사람이면 따라 해볼 생각도 하지 않기를 바란다. 우선 t가 반지름 r과 직각의 접선으로 만난다는 점에 주목하자. 따라서 빗변의 길이는 $r+h$이고, 나머지 변은 r과 t인 직각삼각형이 나온다. 여기서 피타고라스의 정리를 이용하면

[1] $t^2 + r^2 = (r+h)^2$

각 θ의 코사인이 $r/(r+h)$라는 것은 알고 있으므로

[2] $\theta = \cos^{-1} r/(r+h)$

여기서는 각도 단위로 라디안_{radian}(호도弧度)을 이용하고 있으므로 $\theta r = g$

[3] $r \cos^{-1} r/(r+h) = g$

질문에 나오는 진술에서 다음과 같은 사실도 알고 있다.

[4] $2g + 1 = 2t$

이 방정식들을 간단히 정리하면 $h \approx (\frac{1}{2})(\frac{3}{2})(\frac{2}{3})r(\frac{1}{3})$가 나온다(정말이다. 믿어달라). 그리고 $r = 6,400,000$m면 $h \approx 122$m다.

여기까지다. 이왕 나온 문제를 마무리하기 위해 이 과정을 담기는 했지만 약속한다. 이 책에서 두 번 다시 삼각법이 등장하는 일은 없을 것이다.

028   101m 띠를 이용해 막대기의 높이를 구하라

이 문제의 목적은 앞 문제와 마찬가지로 공간에 대한 우리의 직관을 흔들어놓으려는 것이다. 막대기의 높이는 7m를 살짝 넘게 된다. 빅토리아 시대의 침실 두 개 딸린 집 정도의 높이고, 세상에서 키가 제일 큰 기린보다도 훨씬 높은 높이다. 깜짝 놀랄 정도로 높다. 그렇지 않은가?

피타고라스의 정리를 이용하면 그리 힘들지 않게 문제를 풀 수 있다. 아래 그림에 나오는 것처럼 막대기 때문에 두 개의 직각삼각형이 만들어진다.

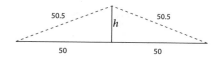

장식 띠의 양쪽은 빗변이 되고, 지면과 막대기는 나머지 두 변이 된다. 따라서 다음의 식이 성립한다.

맛보기 문제

제1장

제2장

제3장

제4장

제5장

$$h^2 + 50^2 = 50.5^2$$
$$h^2 + 2,500 = 2,550.25$$

이것을 정리하면 다음과 같다.

$$h^2 = 2,550.25 - 2,500 = 50.25$$

따라서
$$h = \sqrt{50.25} = 7.1$$

029　바퀴자국만으로 자전거의 방향을 알아낼 수 있을까?

자전거가 어느 쪽으로 움직였는지 알아내려면 둘 중 어느 쪽이 앞바퀴고, 어느 쪽이 뒷바퀴인지 알아내야 한다. 이것을 추론할 수 있으려면 바퀴자국의 곡선이 어떻게 바퀴의 위치를 결정하는지 이해해야 한다.

만약 바퀴자국이 직선이면 그 자국을 만들어낸 바퀴는 진행 방향과 평행하다. 하지만 바퀴자국이 곡선을 그리면 그 자국을 만든 바퀴는 자국을 따라 모든 점에서 그 곡선의 접선과 평행하다(접선이란 곡선과 한 점에서만 스치듯 접촉하는 선을 말한다). 내가 하는 말의 의미를 이해하기 위해 아래 그림에 나온 외발자전거의 바퀴자국을 생각해보자. 점 A, B, C를 지나갈 때 그 바퀴는 내가 그려놓은 그 접선과 평행했다.

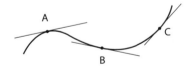

일반 자전거는 바퀴가 두 개다. 앞바퀴는 자유롭게 아무 방향이나 향할 수 있지만 뒷바퀴는 방향을 자기 맘대로 잡을 수 없고 항상 앞바퀴를 향하고 있다. 따라서 뒷바퀴가 어디에 있든 뒷바퀴에서 접선 방향으로 정확히 자전거 길이만큼 앞에 앞바퀴가 있다. 바꿔 말하면 뒷바퀴 자국에서 나오는 모든 접선은 앞바퀴 자국과 교차해야 하고, 그 교차점은 뒷바퀴와 항상 자전거 길이만큼 떨어져 있어야 한다는 것이다.

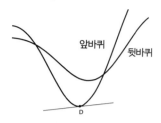

이제 그림에서 굵은 선 위에 있는 점 D를 보자. D에서의 접선은 바큇자국과 아예 만나지 않는다. 따라서 점 D는 뒷바퀴 자국 위에 놓인 점이 아님을 추론할 수 있다. 그럼 앞바퀴 자국에 찍힌 점이다.

마지막으로 우리는 바퀴가 향하고 있는 방향을 찾아낼 수 있다. 이제 뒷바퀴가 남긴 자국이 어느 쪽인지 알고, 위에서 뒷바퀴 자국 위에 한 점에서 그 접선을 따라 자전거 길이만큼 앞에 앞바퀴 자국이 있다는 것을 안다. 따라서 점 E와 F에서 접선을 그어 그 접선이 앞바퀴 자국과 어디서 교차하는지 확인해보면 된다. 점 E와 F에서 접선을 그어 앞바퀴 자국과의 교차점을 확인해보니 접선에서 접점의 왼쪽 선분은 양쪽의 길이가 같지만 오른쪽으로는 그렇지 않다. 움직이는 동안에도 바퀴 사이의 거리는 변하지 않으므로 이 바퀴는 오른쪽에서 왼쪽으로 가고 있었다. 셜록의 목소리가 들리는 것 같다. "이건 기본이지, 왓슨!"

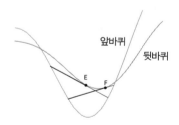

030 사진에 찍힌 그림만으로 자전거가 움직인 방향 맞히기

이것은 내가 정말 좋아하는 문제다. 바퀴 윗부분이 항상 아랫부분보다 빨리 움직이는 이상한 현상을 잘 보여주기 때문이다.

원형의 바퀴가 수평의 평면을 따라 굴러갈 때 바퀴의 점들은 서로 다른 두 방향의 움직임을 나타낸다. 하나는 이동 방향으로 일어나는 수평 이동이다. 하지만 이들은 바퀴 중앙을 중심으로 회전 운동도 한다. 이 두 방향이 결합되어 가끔은 서로를 상쇄시킬 때도 있다. 바퀴 가장자리에 있는 한 점을 생각해보자. 다음 그림의 A처럼 그 점이 꼭대기에 왔을 때는 수평 이동과 회전 운동이 상호 보완적으로 작용한다. 하지만 그 점이 아래 B의 위치로 왔을 때는 수평 운동과 회전 운동이 반대 방향으로 일어나 서로를 상쇄한다. 그 움직임을 관찰하는 사람의 입장에서 보면 구르는 바퀴의 위쪽 부분은 바퀴의 수평 운동 속도보다 항상 두 배 빠른 속도로 움직이고, 아래쪽 부분은 항상 멈춰 있는 것처럼 보인다. 따라서 바퀴 아래쪽에 있는 점들은 위쪽에 있는 점들보다 더 느리게 움직인다.

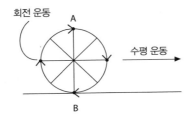

따라서 정답은 위쪽 오각형이 흐릿하게 나오고 아래 오각형은 선명하게 나온 오른쪽 그림이다. 사진기 노출 시간이 아래쪽 느린 오각형은 선명하게 찍을 수 있지만 위쪽 빠른 오각형은 선명하게 찍기 어려울 정도면 이런 사진이 나온다. 화가들은 이 답을 그 자리에서 바로 알아차렸을지도 모르겠다. 움직이는 바퀴의 위쪽은 흐릿하게 그리는 경우가 많기 때문이다.

031 작은 원이 몇 바퀴를 돌아야 큰 원 한 바퀴를 돌까?

당신은 아마도 ⓑ 3을 골랐을 것이다. 시험을 본 사람들도 이것이 정답이라 생각했다.

출제자들이 원래 의도했던 계산은 다음과 같다. 만약 A의 반지름이 B의 1/3이라면 A의 둘레 길이도 B의 1/3이다(둘레 길이는 2π 곱하기 반지름이므로). 따라서 B의 둘레 길이 하나에 A의 둘레 길이 세 개를 이어놓을 수 있다. 원 A가 한 바퀴를 모두 돌면 둘레 길이가 한 번 펼쳐진다. 따라서 자기 둘레 길이의 세 배인 B의 둘레 길이를 굴러서 완주하려면 세 바퀴를 돌아야 할 것이다.

원의 둘레를 도는 원의 행동을 연구한 사람이 아니면 여기서 무엇이 문제인지 눈치채기 힘들다. 이 문제의 출제자들은 분명 그런 부분을 따로 공부해보지 않았던 것 같다. 우리가

맛보기 문제

제1장

제2장

제3장

제4장

제5장

여기서 한번 알아보자. 똑같은 크기의 동전 두 개를 꺼내서 하나를 다른 하나의 둘레로 굴려보자. 두 동전의 둘레 길이가 똑같으니까 한 동전이 다른 동전의 둘레를 돌아 출발점으로 오면 한 바퀴를 돌 것이라 예상할 것이다. 하지만 막상 해보면 동전이 두 바퀴나 회전한다! 한 원이 또 다른 원의 둘레를 굴러갈 때는 한 바퀴를 추가로 더해주어야 한다. 구르는 원이 다른 원뿐만 아니라 자신의 둘레를 따라서도 회전하기 때문이다.

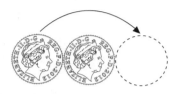

만약 SAT 문제가 "원 A가 원 B의 둘레와 같은 길이의 직선 위를 굴러가면 몇 바퀴나 돌게 될까?"였다면 그 정답은 3이었을 것이다. 하지만 원 A가 원 B 둘레를 구를 때의 정답은 4다.

이 문제의 보기 중에는 정답이 없었다. 대부분의 학생이 정답을 못 맞힌 이유도 이 때문이다. 이 오류가 발견되어 《뉴욕 타임스》와 《워싱턴 포스트》Washington Post에 실리는 바람에 출제자들은 톡톡히 망신을 당했다.

032   차곡차곡 쌓인 여덟 장의 종이가 놓인 순서 맞히기

1번 종이 바로 밑에 있는 종이는 왼쪽 위 구석에 있는 종이일 수밖에 없다. 그리고 왼쪽 위 구석에 있는 종이 바로 밑에 오는 종이는 바로 그 아래 있는 종이일 수밖에 없다. 이런 식으로 가면 종이들이 반시계 방향으로 나선형으로 돌아가며 놓여 있음을 알 수 있다.

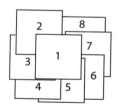

맛보기 문제

제1장

제2장

제3장

제4장

제5장

033 16개의 정사각형으로 이루어진 큰 정사각형을 반으로 나누기

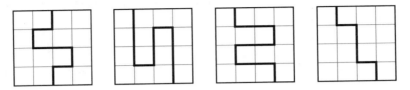

034 다른 모양의 두 도형은 어떻게 크기가 같을까?

이 문제는 그림을 확장하면 이해가 쉬워진다. 똑같은 크기의 사분원 네 개를 한데 이어서 중첩되는 네 개의 작은 원으로 구성된 큰 원을 만들어보자.

큰 원의 반지름이 r이라면 그 면적은 πr^2이다.

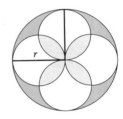

작은 원은 반지름이 큰 원의 절반이므로 면적은 정확히 큰 원의 1/4이다. 따라서 작은 원의 면적을 네 개 합하면 큰 원의 면적과 같다. 이 두 면적이 같다는 것이 여기서 아주 큰 도움이 된다. 그림 속에 작은 원이 네 개 들어 있기 때문이다.

작은 원들은 서로 중첩되어 있다. 그럼 중첩된 네 원의 총 면적은 얼마일까?

그 면적은 작은 원 네 개의 면적(πr^2)에서 중첩 영역, 즉 렌즈 모양의 면적을 뺀 값이다.

[1] 중첩된 네 원의 면적 = πr^2 - 렌즈 모양 영역

그런데 큰 원의 면적(πr^2)에서 날개 모양의 면적을 뺀 값도 중첩된 네 원의 면적과 같다.

[2] 중첩된 네 원의 면적 = πr^2 - 날개 모양 영역

이 두 방정식을 결합하면 다음과 같다.

πr^2 - 렌즈 모양 영역 = πr^2 - 날개 모양 영역

그렇다면 렌즈 모양 영역은 날개 모양 영역과 같다는 것이 분명해진다. 똑같은 크기의 날개 모양도 네 개, 똑같은 크기의 렌즈 모양도 네 개이므로, 날개 모양 하나의 면적은 렌즈 모양 하나의 면적과 같다.

035 다섯 가지 크기의 원과 큰 원의 반지름을 비교하라

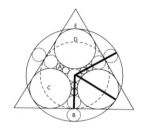 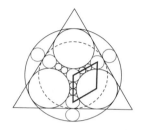

모든 원이 완벽하게 꼭 맞아떨어지니까 정말 멋진 그림이 나온다. 이 완벽함이 퍼즐 풀이의 핵심이기도 하다. 이것을 통해 원의 반지름을 비교할 수 있기 때문이다.

제일 작은 원부터 제일 큰 원까지 차례로 A, B, C, D, E, 그 각각의 반지름을 a, b, c, d, e라고 부르자. 이 문제는 a를 이용해 표현하도록 요구한다.

첫 번째 그림에서 내가 세 개의 선을 그려놓았다. 수직으로 내려간 선은 점선 원 D의 반지름이다. 하지만 이 길이는 A의 반지름 네 개와 B의 반지름 세 개를 더한 길이와도 같다. 따라서 다음과 같은 방정식을 쓸 수 있다.

[1] $d = 4a + 3b$

나머지 두 개의 굵은 선은 모두 E의 반지름인데, 이것 역시 다른 원들의 반지름으로 표현할 수 있다.

[2] $e = 4a + 5b$

[3] $e = b + 2c$

여기서 머리를 조금 굴려서 두 번째 그림의 마름모꼴을 보면 다음의 관계가 성립한다.

[4] $4a + 2b = b + c$

이제 미지의 변수 다섯 개가 들어 있는 네 개의 방정식을 얻었다. 우리는 a를 이용해서 d를 표현하는 것이 목표니까 나머지 항을 제거해보자.
먼저 방정식 [2]와 [3]을 이용하면 e를 제거할 수 있다.

$4a + 5b = b + 2c$

따라서

$4a + 4b = 2c$ 혹은
[5] $2a + 2b = c$

방정식 [4]에 c를 대입하면

$4a + 2b = b + 2a + 2b$ 혹은
[6] $2a = b$

그리고 이것을 [1]에 대입하면

$d = 4a + 6a = 10a$

정답이 나왔다. 점선 원 D의 반지름은 원 A 반지름의 열 배다.

036 세 가지 크기의 원과 큰 원의 크기를 비교하라

원들의 크기를 각각 A, B, C, 그 반지름을 a, b, c로 고쳐 부르겠다. 먼저 b를 a로 표현할 방법을 찾아낸 다음, c를 b로 표현하는 방법을 찾아내는 것이 우리가 택할 전략이다. 그럼 $c = 2a$임을 증명할 수 있다. 다음 그림을 보면 내가 점선으로 그려놓은 삼각형이 있다. 그 점선 삼각형의 빗변은 두 원의 반지름에 걸쳐 있기 때문에 그 길이가 $b + a$다. 그리고 나머

맛보기 문제

제1장

제2장

제3장

제4장

제5장

지 두 변의 길이는 각각 b와 $2b-a$다. 이 두 번째 길이는 정사각형의 밑변의 길이인 $4b$의 절반에서 A의 반지름 a를 뺀 값이라는 데서 추론할 수 있다.

피타고라스의 정리에 따르면 직각삼각형에서 빗변의 길이의 제곱은 나머지 두 변의 길이를 각각 제곱해서 더한 값과 같다. 따라서 다음의 식이 성립한다.

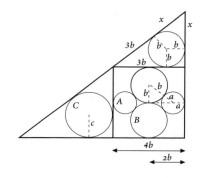

$$(b+a)^2 = b^2 + (2b-a)^2$$

이 식을 전개하면 다음과 같다.

$$b^2 + 2ab + a^2 = b^2 + 4b^2 - 4ab + a^2$$

이 식을 정리하면

$$6ab = 4b^2$$

다시 정리하면

$$3a = 2b$$

그리고 마지막으로 정리하면

$$b = \frac{3}{2}a$$

이렇게 해서 b를 a로 표현할 수 있게 됐다.

이번에는 그림에서 꼭대기에 있는 삼각형을 보자. 내가 원의 중심에서 각각의 변으로 선을 그려놓았다. 이 선들은 각각의 변과 직각으로 만나기 때문에 이 삼각형은 $b \times b$ 정사각형과 두 개의 연 모양으로 나뉜다. 왼쪽을 가리키고 있는 연 모양의 긴 변의 길이는 $3b$다. 큰 정사각형의 변의 길이에서 B의 반지름 b를 뺀 값이기 때문이다. 그리고 이 연은 대칭이기 때문에 반대쪽 변의 길이도 마찬가지로 $3b$여야 한다. 오른쪽을 가리키고 있는 연 모양의 긴 변의 길이를 x라고 하면 이 피타고라스의 정리를 이용해서 다음의 방정식을 얻을 수 있다.

$$(3b + x)^2 = (b + x)^2 + (4b)^2$$

이 식을 전개하면 다음과 같다.

$$9b^2 + 6bx + x^2 = b^2 + 2bx + x^2 + 16b^2$$

정리하면

$$4bx = 8b^2$$

따라서

$$x = 2b$$

꼭대기 삼각형의 높이는 $x + b = 2b + b = 3b$다. 아래 삼각형의 높이는 $4b$다. 이 두 삼각은 크기는 다르지만 닮은꼴이기 때문에 삼각형 변의 길이 비율은 $3b/4b = 3/4$다. 그리고 이 비율은 각각의 삼각형 안쪽에 있는 원의 반지름 비율과 같아야 한다. 이 비율은 b/c다.

만약 $\dfrac{3}{4} = \dfrac{b}{c}$ 라면 $c = \dfrac{4}{3} b$다.

이것으로 b는 a로 표현하고, c는 b로 표현할 수 있게 됐다. 따라서 c를 a로 표현하면,

$c = \dfrac{4}{3} b = \dfrac{4}{3} \left(\dfrac{3}{2} \right) a = 2a$가 된다.

037 무작위로 배열된 다다미, 그 위를 모두 밟고 지나가기

038 2×1 크기의 다다미를 30칸에 꽉 채우는 방법

이 패턴은 17세기 일본에서 가장 인기 많은 수학 교과서였던《진겁기》塵劫記 1641년 판에서 가져왔다.

039 2×1 크기의 다다미를 직선이 가로지르지 않게 배열하기

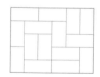

040 계단을 피해서 다다미를 까는 완벽한 방법

모서리가 잘려 나간 6×6 크기의 방은 다다미로 덮을 수 없다. 옆의 그림처럼 방을 구성하는 정사각형들을 체스보드같이 번갈아 칠해보면 이유를 알 수 있다. 각각의 다다미는 반드시 색이 칠해진 정사각형과 하얀 정사각형을 덮어야 한다. 하지만 이 방은 색칠된 정사각형 두 개가 남는다. 따라서 다다미로 덮기가 불가능하다.

보통 이 문제는 도미노와 잘려 나간 체스판 문제로 제시될 때가 많다. 체스판 정사각형 두 개의 크기를 가진 도미노로 반대편 두 모서리가 잘려나간 체스판에 타일을 깔 수 있을까? 마찬가지로 여기서도 정답은 '아니오'다.

041 모서리에 계단을 만들지 않고 다다미로 방을 덮는 방법

70대에 IBM의 연구소장을 지낸 랠프 에드워드 고모리Ralph Edward Gomory가 고안한 영리한 기법을 이용해서 이것을 입증할 수 있다. 그가 체스판에 도미노로 타일을 까는 법을 고안한 것인데 증명 과정은 똑같다. 먼저 그림에 나오는 것처럼 딱 한 번에 방 안의 모든 정사각형을 거쳐가는 경로를 그린다. 두 번째 그림에서는 계단을 만들기 위해 색칠된 정사각형 하나와 하얀 정사각형 하나를 임의로 제거했다. 그럼 경로가 두 구간으로 나뉜다. 이 두 구간은 각각 반드시 짝수 개의 정사각형을 덮어야 하므로 다다미로 덮는 것이 가능하다. 경로를 어떻게 선택하든, 색깔이 다른 두 정사각형을 어떻게 선택하든 상관없이 이 논증은 모든 경우에 유효하다.

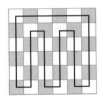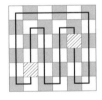

042 건물의 위와 정면만으로 옆면을 추측하여 그리기

이 문제는 셰릴의 생일 문제(21번 문제)를 쓴 싱가포르 수학 교육자 조지프 여분위가 내게 제안해준 문제다. 그는 1980년대에 이 문제에 대한 글을 처음 읽었다고 한다. 가장 쉽게 떠오르는 정답은 다음 그림 A에 나온 형태인데, 이것을 건축가들은 지붕창dormer window, 혹은 경사 지붕에 돌출되어 나온 수직창이라고 부른다. 여러 건축가가 즐거워하며 이런 사실을 내게 알려주었다. B와 C 등 다른 정답도 가능하다.

A   옆에서 본 모습   B   옆에서 본 모습   C   옆에서 본 모습

043   못 두 개에 걸어둔 액자에서 못 하나를 빼면 액자가 떨어질까?

이 문제는 물리학을 이용해서도 풀 수 있고(우우우우~), 수학을 이용해서도 풀 수 있다 (예에에에!). 모두들 예상하겠지만 전자의 방법은 후자보다 우아한 맛이 현저히 떨어진다. 벽에 못 두 개를 박는데, 그 사이에 줄을 꽉 끼워넣어 줄이 움직이지 않을 정도로 아주 가깝게 박는다. 그다음에는 줄을 W자 모양으로 배열하면서 W에서 위쪽을 향하는 가운데 부분이 못 사이에 들어가도록 한다. 그럼 못이 줄을 제자리에 꽉 물고 있는 동안에는 그림도 떨어지지 않을 테지만 못 중 하나가 빠지면 그림도 떨어지게 될 것이다. 볼썽사납기는 하지만 가능한 방법이다.

여기 더 나은 해법을 소개한다.

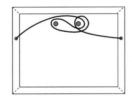

하지만 이건 내가 좋아하는 방법은 아니다. 다만 보로메오 고리가 우리가 찾으려는 정답의 수학적 모형이라는 힌트를 주었으니 여러분이 보로메오 고리를 이용해서 그 정답을 역설계하기를 바란 것이었다. 여기서 핵심은 고리 하나를 제거하면 나머지 두 고리의 연결이 해체된다는 점이다. 이 퍼즐에는 세 개의 요소, 즉 못 두 개와 줄 한 개가 등장한다. 여기서 한 요소를 제거하면 나머지 요소들도 서로 분리되게 하면 된다. 다만 못 두 개와 줄 하나를 어떻게 하면 보로메오 고리와 동등한 요소로 취급할 수 있을지 알아내는 것이 어려운 부분이다. 못이나 줄 모두 세 개의 고리와는 조금도 닮은 점이 없으니 말이다.

보로메오 고리에 대해 다시 한번 생각해보자. 이 고리는 원형일 수도 있고, 발크너트처

맞붙기 (문제)

제1장

제2장

제3장

제4장

제5장

럼 삼각형일 수도 있다. 사실 서로 연결되는 방식만 같다면 모양은 무엇이든 상관없다. 각각의 못을 딱딱한 가상의 고리 일부라고 생각해도 된다. 그렇게 생각하면 아마 그 고리는 못 끝에서 시작해서 벽을 뚫고 들어가서 위쪽으로 한 바퀴 돌아서 다시 실내로 빠져 나온 후에 다시 못의 머리로 이어지는 고리일 것이다. 그리고 줄도 양쪽 끝에서 더 길게 연장되어 방 둘레로 거대한 고리를 만들며 이어진다고 상상해보자. 만약 세 개의 '고리'를 보로메오 고리와 같은 방식으로 연결할 수만 있다면 못 하나만 빠져도 줄이 다른 못에서 자유롭게 풀려나게 될 것이므로 정답을 구할 수 있다.

그럼 대체 어떻게? 나는 플라스틱 고리 두 개와 줄 하나를 가지고 직접 보로메오 고리를 만들어보았다. 그 방법이 그림으로 나와 있다. 그리고 그다음에는 두 고리를 벽에 박힌 두 개의 못처럼 나란히 떨어뜨려보았다(그림의 오른쪽). 여기서 두 고리 사이로 이루어지는 루프 형태가 바로 우리가 찾는 정답이다. 그것을 그림 아래쪽에 나타냈다.

각각의 '고리'에서 우리가 흥미를 갖는 구간은 못 두 개, 그리고 그림을 가로질러 걸쳐 있는 줄 부분뿐임을 명심하자. 모든 상호 연결이 이 부분에서 이루어지기 때문이다. 가상으로 상상해낸 '고리'의 나머지 부분, 즉 못이 연장되어 벽을 뚫고 들어가 한 바퀴 돌아 나온 구간이나 방 둘레로 거대한 고리를 만드는 줄 부분은 사실 아무런 관련도 없다.

044 냅킨 고리의 길이로 부피를 구하라

시작했으니 결말을 짓도록 하자. 냅킨 고리의 높이가 6이므로, 그 절반은 3이다. 따라서 돔의 높이 h는 $r-3$이다. 이것이 다음 단면도에 나와 있다.

제거된 실린더의 반지름 a를 찾으려면 점선으로 표시된 직각삼각형에 피타고라스의 정리를 적용해보자. 빗변의 길이의 제곱은 두 변을 각각 제곱해서 더한 값과 같으므로 다음의 식이 성립한다. $r^2 = a^2 + 3^2$ 따라서 $a = \sqrt{(r^2 - 9)}$

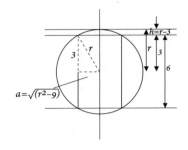

이제 무시무시한 계산을 해야 할 시간이 왔다. 냅킨 고리의 부피는 '구체의 부피 - 실린더의 부피 - 2 × 돔의 부피'다. 여기에 부피 구하는 공식을 적용하면 다음과 같다.

$$\left(\frac{4}{3}\right)\pi r^3 - 6\pi a^2 - 2\left(\frac{\pi h}{6}\right)(3a^2 + h^2)$$

a와 h에 r로 표현한 새로운 수식을 대입하면

$$\left(\frac{4}{3}\right)\pi r^3 - 6\pi(r^2 - 9) - 2\frac{\pi(r-3)}{6}(3(r^2 - 9) + (r - 3)^2)$$

곱해서 전개하면

$$\left(\frac{4}{3}\right)\pi r^3 - 6\pi r^2 + 54\pi - \frac{\pi(r-3)}{3}((3r^2 - 27) + (r^2 - 6r + 9))$$

계산을 계속 이어가면

$$\left(\frac{4}{3}\right)\pi r^3 - 6\pi r^2 + 54\pi - \frac{\pi(r-3)}{3}(4r^2 - 6r - 18)$$

이제 멀지 않았다.

$$\left(\frac{4}{3}\right)\pi r^3 - 6\pi r^2 + 54\pi - \left(\frac{\pi}{3}\right)(4r^3 - 6r^2 - 18r - 12r^2 + 18r + 54)$$

지겹게 해서 미안하다.

$$\left(\frac{4}{3}\right)\pi r^3 - 6\pi r^2 + 54\pi - \left(\frac{\pi}{3}\right)(4r^3 - 18r^2 + 54)$$

거의 다 왔다.

$$\left(\frac{4}{3}\right)\pi r^3 - 6\pi r^2 + 54\pi - \left(\frac{4}{3}\right)\pi r^3 - 6\pi r^2 - 18\pi$$

r이 들어간 항들이 모두 상쇄되어 다음의 값이 남는다.

36π

　정말 놀라운 결과가 나왔다. 정답 속에 r이 등장하지 않는다. 이 문제에서 구체의 크기가 얼마든 상관없다는 얘기다!

　높이가 6cm인 냅킨 고리는 모두 부피가 36π다. 냅킨 고리의 높이가 6cm라면 오렌지 크기의 구체에 구멍을 내서 만들었든, 축구공 크기의 구체에 구멍을 내서 만들었든, 심지어 달 크기의 구체에 구멍을 내서 만들었든 모두 부피가 똑같다.

　냅킨 고리의 둘레 길이를 키울수록 두께는 더 가늘어지는데, 어떤 크기에서든 둘레 길이의 증가와 두께 감소가 서로를 완벽하게 상쇄한다. 놀랄 노자다!

045 몇 가지 단서로 도형에서 빠진 값 구하기

　점선을 추가해서 그림을 확장시켜보자. 면적 A에 24cm²의 면적을 더하면 9cm × 5cm가 된다. 따라서 A = 45cm² − 24cm² = 21cm²다. 한편 A + B = 5cm × 8cm = 40cm²다. 따라서 B = 19cm²다.

　B는 19cm²로 표시되어 있는 그 아래 직사각형과 폭과 면적이 같다. 따라서 높이도 같아서 그 직사각형과 합동이어야 한다. 그러면 A는 우리가 면적을 구하려고 하는 직사각형과 높이와 폭이 같으므로 면적도 같을 것

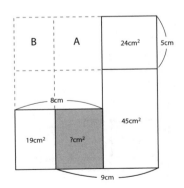

이다. 따라서 정답은 21cm²다.

046 직사각형과 정사각형으로 상자를 나누는 시카쿠 퍼즐

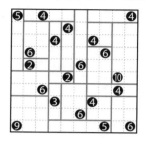

047 점을 연결해 하나의 고리를 만드는 슬리더링크

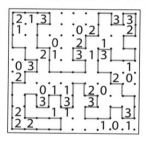

048 숫자만큼 공을 이동해 홀에 넣는 헤루 골프

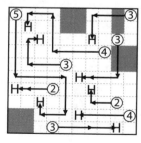

049 전구를 끼워 격자를 밝히는 아카리 퍼즐

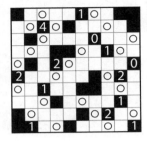

050 하나의 조명과 그림자가 있는 어두운 방

이 문제의 해법은 여러 가지가 존재한다. 벽의 수가 제일 적은 방은 벽이 여섯 개고 일본 무사들이 사용하는 날 세 개짜리 표창처럼 생겼다. 정사각형 모양으로 생긴 벽이 건축학적인 면에서는 더욱 현실적이다.

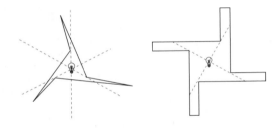

맞보기 문제

제1장

제2장

제3장

제4장

제5장

제3장
실용적인 문제

052 100닢으로 살 수 있는 오리, 비둘기, 암탉은 몇 마리일까?

'닭 100마리' 문제에서 했던 것처럼 이 질문을 두 개의 방정식으로 고쳐 써야 한다. 하나는 새의 숫자에 대한 방정식이고, 하나는 돈에 대한 방정식이다. 오리, 비둘기, 암탉의 마릿수를 각각 x, y, z라고 하면 다음의 방정식이 성립한다.

[1] $x + y + z = 100$
[2] $2x + y/2 + z/3 = 100$

먼저 방정식 [2]에 6을 곱해서 분수를 없애자.

[3] $12x + 3y + 2z = 600$

그리고 방정식 [1]에 2를 곱해서 $2z$가 등장하게 만들자.

[4] $2x + 2y + 2z = 200$

이제 $2z$ 항을 제거해서 하나의 방정식으로 합칠 준비를 마쳤다. 방정식 [3]을 정리하면 $2z = 600 - 12x - 3y$가 나온다. 그리고 이것을 방정식 [4]에 대입하면 다음과 같다.

$2x + 2y + 600 - 12x - 3y = 200$

이것을 다시 정리하면 다음과 같다.

346

[5] $10x + y = 400$

x와 y가 정수고 100보다 작은 수라는 것을 알고 있다. y에 대해서도 추론할 수 있다. y는 10의 배수여야 한다. 그 이유는 400이 10으로 나누어떨어지므로 그 반대쪽 변인 $10x + y$도 10으로 나누어떨어져야 한다. $10x$도 10으로 나누어떨어진다. 따라서 y 역시 10으로 나누어떨어져야 한다. 그렇지 않으면 $10x + y$가 10으로 나누어떨어지지 않아 우리가 알고 있는 사실과 모순을 일으키기 때문이다. 100보다 작은 10의 배수로는 10, 20, 30, 40, 50, 60, 70, 80, 90이 있다. 하지만 70, 80, 90은 될 수 없다. 이 값이 오면 x는 33, 32, 31이 되어 x와 y를 합한 값, 즉 오리와 비둘기의 마릿수가 100마리를 넘기 때문이다. 따라서 여섯 개의 정답은 $y = 10, 20, 30, 40, 50, 60$이다. 그럼 나머지 새들의 마릿수는 다음 표와 같다.

오리	비둘기	암탉
39	10	51
38	20	42
37	30	33
36	40	24
35	50	15
34	60	6

053 세븐일레븐에서 정확히 세븐일레븐만큼 물건 사기

우리가 구하려는 것은 네 물품의 가격이지만 이 문제에는 가격에 대한 진술이 두 개밖에 나오지 않는다. 바로 가격의 합과 곱이다.

어쨌거나 방정식을 한번 적어보자. 네 물품의 가격을 각각 a, b, c, d라 하자. 점원이 말한 내용을 방정식으로 옮기면 다음과 같다.

[1] $a \times b \times c \times d = abcd = 7.11$

[2] $a + b + c + d = 7.11$

산술의 기본 정리에 따르면 1보다 큰 모든 자연수는 소수素數, prime number의 곱으로 유일

하게 표시할 수 있다.

이 정리가 아주 유용하게 쓰이기는 하겠지만 아직은 적용할 수 없다. 이 정리는 자연수에 관한 것인데 방정식 [1]에 나온 곱셈에는 소수 小數. decimal number 인 7.11이 포함되어 있기 때문이다. 그래서 방정식 [1]을 자연수의 방정식으로 바꾸는 전략을 사용하려 한다. 각각의 값을 다음과 같이 대입하면 가능하다.

$A = 100a, B = 100b, C = 100c, D = 100d$ 이 수를 모두 곱하면 다음과 같다.

[3] $A \times B \times C \times D = ABCD = 100,000,000abcd$

하지만 $abcd = 7.11$ 이라는 것을 알고 있으므로

[4] $ABCD = 711,000,000$

이제 우리가 다룰 수 있는 수가 나왔다. 산술의 기본 정리에 따르면 711,000,000은 소인수 집합을 유일하게 갖고 있다. 이것은 곱해서 이 수가 나오는 소수들의 집합을 말한다. 손으로 직접 구해도 좋고, 컴퓨터를 이용해도 좋으니 이 수를 소인수로 분해해보자.

$711,000,000 = 2 \times 2 \times 2 \times 2 \times 2 \times 2 \times 3 \times 3 \times 5 \times 5 \times 5 \times 5 \times 5 \times 5 \times 79$

따라서

$ABCD = 2 \times 2 \times 2 \times 2 \times 2 \times 2 \times 3 \times 3 \times 5 \times 5 \times 5 \times 5 \times 5 \times 5 \times 79$

A, B, C, D 라는 수도 모두 여기 등장하는 소수로 이루어졌다. 이제는 이 소수 중 어떤 것을 곱해서 A가 나오고, 또 어떤 것을 곱해서 B, C, D가 나오는지 알아내는 것이 문제다. 바꿔 말하면 이 소수들을 어떻게 A, B, C, D로 배분해야 할까?

이번에는 방정식 [2]로 돌아가 보자. 여기서 양 변에 100을 곱하면 A, B, C, D가 등장하는 두 번째 방정식이 나온다.

맛보기 문제

제1장

제2장

제3장

제4장

제5장

[5] $100a + 100b + 100c + 100d = A + B + C + D = 711$

즉, 위에 나오는 소수들을 A, B, C, D를 더한 값이 711이 나오도록 A, B, C, D에 배분해야 한다는 의미다.

한 가지 실망스러운 소식이 있다. 이것을 푸는 지름길은 존재하지 않는다. 시행착오에 의지하는 수밖에 없다. 예를 들어 $A = 2 \times 2 \times 2 \times 2 \times 2 \times 2 = 64$, $B = 3 \times 3 = 9$, $C = 5 \times 5 \times 5 \times 5 \times 5 \times 5 = 15{,}625$, D = 79라고 해보자. 그럼 $A + B + C + D = 15{,}777$이 되므로 정답이 아니다.

이 과정은 많은 부분을 행운에 기대야겠지만 하다 보면 차츰 A, B, C, D 각각의 값이 대략 얼마 정도여야 할지 감이 올 것이다. 그럼 그다음부터는 추측해볼 수 있다. 5가 아주 많이 등장하므로 이 수 중 두세 개는 5의 배수일 것이다. 만약 그렇다면 이 숫자들의 합은 0이나 5로 끝난다. 그럼 마지막 수는 끝이 6이나 1로 끝나야 한다는 의미다. 79의 배수 중 끝이 6이나 1로 끝나는 가장 작은 값은 무엇일까? 79 × 4다. 그랬더니 아니나 다를까.

$A = 79 \times 2 \times 2 = 316$

$B = 5 \times 5 \times 5 = 125$

$C = 5 \times 3 \times 2 \times 2 \times 2 = 120$

$D = 5 \times 5 \times 3 \times 2 = 150$

따라서 a, b, c, d는 각각 3.16달러, 1.25달러, 1.20달러, 1.50달러다.

이 퍼즐의 아름다움은 고된 시행착오 과정이 아니라 7.11이라는 수가 네 물품의 가격에 대해 단 하나의 정답만을 내놓는다는 것에 있다.

054 크기가 다른 주전자 세 개로 와인 4L를 따를 수 있을까?

158~161쪽에 나온 당구대 해법을 계속해서 읽어나가기 바란다.

055 두 개의 양동이로 물 6L를 측정할 수 있을까?

부디 여러분이 그 당구대를 만들었길 기대한다.

첫 번째 그림을 보면 (7, 0)에서 시작했을 때, 즉 7L짜리 양동이를 먼저 채웠을 때 어떤 일이 일어나는지 알 수 있다. 그리고 두 번째 그림은 (0, 5)에서 시작했을 때, 즉 5L짜리 양동이를 먼저 채웠을 경우를 보여준다. 수평 좌표가 6인 가장자리에 도달할 때까지 튕겨 나오는 횟수를 세보면 첫 번째 그림이 적다. 따라서 이것이 물 따르는 횟수를 최소로 하여 6L의 물을 측정하는 방법이다.

첫 번째 그림에서 튕겨나오는 좌표는 (7, 0), (2, 5), (2, 0), (0, 2), (7, 2), (4, 5), (4, 0), (0, 4), (7, 4), (6, 5)다. 이 좌표는 물을 따를 때마다 양동이에 들어 있는 물의 양을 나타내므로 가장 빠른 해법은 첫 번째 양동이에는 7L를 따르고, 두 번째 양동이는 비워둔 다음, 두 번째 양동이에 5L를 채워 첫 번째 양동이에는 2L를 남기고, 그다음은 5L짜리 양동이를 비우고 … 이런 식으로 이어나가는 것이다. 그럼 결국 첫 번째 양동이에는 6L가 채워지고, 두 번째 양동이는 가득 차게 된다.

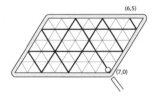
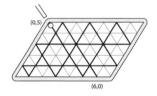

056 커피와 우유를 번갈아 섞으면 어느 것이 더 많아질까?

컵에 우유 100mL가 있고, 플라스크에 커피 100mL가 있다고 상상해보자. 우유에 커피 10mL를 붓는다면 이제 컵에는 110mL가 …

잠깐! 거기까지.

물론 임의의 값을 취해서 계산해본 후에 그 결과를 일반화해서 문제를 풀 수도 있다. 하지만 더 신속하고 우아한 방법이 있다.

먼저 두 액체를 섞어도 화학적인 변화는 일어나지 않는다는 점을 분명히 하자. 따라서 커피와 우유의 총 부피는 절대로 변하지 않는다. 따라서 각각의 용기에 든 액체 중 커피가 아닌 것은 우유고, 우유가 아닌 것은 커피다.

두 번 따라 부은 후에 플라스크 속 음료의 부피는 처음의 부피와 같다. 하지만 이제 이 플라스크에는 어느 정도의 커피 분자와 어느 정도의 우유 분자가 들어 있다. 그럼 줄어든 부피만큼의 커피는 어디로 갔을까? 그것은 모두 컵에 들어가 있다. 커피의 총량은 변화가 없으니 말이다. 따라서 플라스크에 든 우유의 부피는 컵에 든 커피의 양과 동일해야 한다. 플라스크의 크기, 컵의 크기, 그리고 두 용기 사이에서 따른 양은 정답과 아무런 상관이 없다.

쿠키와 단지로 설명하면 더 쉽게 이해할 수 있을지도 모르겠다. 한 단지에 초콜릿 쿠키가 들어 있고, 또 다른 단지에는 코코넛 쿠키가 들어 있다. 초콜릿 쿠키를 임의의 양만큼 집어서 코코넛 쿠키 단지에 넣는다. 그리고 그다음 코코넛 쿠키 단지에서 똑같은 양만큼의 쿠키(코코넛 단지에서 두 종류가 섞였으므로 이제 두 종류의 쿠키가 섞여 있다)를 꺼내 다시 초콜릿 단지에 담는다.

이제 초콜릿 단지에는 초콜릿 쿠키도 있지만 코코넛 쿠키도 조금 들어 있을 것이다. 하지만 그 안에 들어 있는 코코넛 쿠키는 분명 코코넛 쿠키 단지에 남아 있는 초콜릿 쿠키의 개수와 같을 것이다.

057 물 1L와 와인 1L를 섞어 같은 비율로 맞춰보자

0.5L씩만 왔다 갔다 해서는 양쪽 주전자에 물과 와인이 절반씩 들어가게 할 수 없다. 한 주전자의 모든 내용물을 다른 주전자로 따를 수 있는 경우에만 가능하다. 위의 문제와 마찬가지로 수를 이용해 풀지는 않기 바란다. 무시무시한 분수의 늪으로 빠져들 테니까 말이다.

이런 식으로 생각해보자. 와인의 농도가 높은 주전자에서 와인의 농도가 낮은 주전자로 따르면 첫 번째 주전자는 두 번째 주전자보다 여전히 와인의 농도가 높다. 첫 번째 주전자는 계속 똑같은 농도의 와인을 유지하지만 두 번째 주전자의 와인 농도는 두 주전자의 원래 농도의 중간 어디쯤 되는 농도가 되기 때문이다.

마찬가지로 와인 농도가 낮은 주전자에서 와인 농도가 높은 주전자로 따르면 첫 번째 주전자는 여전히 두 번째 주전자보다 와인 농도가 낮을 수밖에 없다. 첫 번째 주전자는 와인 농도가 동일하게 유지되는 반면, 두 번째 주전자의 와인 농도는 두 주전자의 원래 와인 농도의 중간 어디쯤 되는 농도가 되기 때문이다.

처음 시작할 때 한 주전자의 와인 농도는 100%, 다른 주전자의 와인 농도는 0%였다. 처음 시작할 때 농도 차이가 있었기 때문에 낮은 농도에서 높은 농도로 따르든, 높은 농도에서 낮은 농도로 따르든 항상 어느 정도의 농도 차이는 유지될 수밖에 없다. 따라서 두 주전자는 절대로 와인과 물의 비율이 50 대 50이 될 수 없다.

이 문제에서는 모래시계가 다 떨어지기 전에 뒤집을 수 있다는 사실을 깨닫는 순간 무릎을 치게 된다.

예에서 들었던 것처럼 양쪽 모래시계를 동시에 뒤집는다. 하지만 이번에는 7분짜리 모래시계가 비자마자 다시 뒤집는다. 그리고 이어서 11분짜리 모래시계가 다 떨어지면 7분짜리 모래시계는 4분이 지난 상태가 된다. 그럼 이 모래시계를 다시 세 번째로 뒤집는다! 그럼 다시 4분 후에는 모래가 다 떨어진다. 그럼 시작한 순간부터 이때까지 걸린 총 시간은 15분이다.

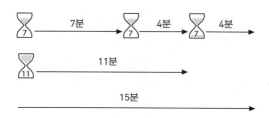

[1] 질문을 보면 도화선을 절반으로 잘라도 각각의 절반이 정확히 30분씩 타들어간다는 보장은 없다고 진술하고 있다. 그럼 당연히 도화선을 1/4 잘라내도 나머지 3/4이 45분 동안 타들어간다는 보장이 없다. 이 문제는 살짝 돌려서 생각해볼 필요가 있다.

만약 도화선 한쪽 끝에 불을 붙이고 30분 후에 끄면 나머지 구간은 길이와 상관없이 일단 불을 붙이면 30분 동안 탈 것이다. 그리고 도화선 양쪽 끝에 동시에 불을 붙이면 항상 30분 후에는 모두 탈 것이다. 양쪽에서 타들어간 길이가 서로 다르다고 해도 말이다.

따라서 한 도화선은 양쪽 끝에 불을 붙이고 두 번째 도화선은 한쪽 끝에만 불을 붙인다. 그럼 한 도화선은 30분 후에 모두 탈 것이고, 다른 도화선은 30분 분량이 남아 있을 것이다. 이 순간에 두 번째 도화선의 반대쪽 끝에 불을 붙인다. 그럼 양쪽에 붙은 불 모두 15분 후에는 꺼질 것이고, 이때가 처음 불을 붙인 후로 45분이 지나는 순간이다.

[2] 도화선 하나를 한쪽 끝부터 태우면 한 시간 동안 타들어갈 것이다. 그리고 도화선 하나를 양쪽 끝에서 태우면 30분 동안 탈 것이다. 그렇다면 도화선 하나를 세 끝에서 타들어

가게 한다면 한 시간의 1/3인 20분 동안 탈 것이다. 세 곳에서 타들어간다는 의미는 한 곳에서 타들어갈 때보다 세 배 빠른 속도로 탄다는 의미니까 말이다.

하지만 도화선 하나에는 끝이 세 개가 아니라 두 개밖에 없다. 이렇게 해보자. 도화선을 두 개로 잘라서 첫 번째 조각은 양쪽 끝에서 불을 붙이지만 두 번째 도화선은 한쪽 끝에만 불을 붙인다. 그럼 이제 도화선은 세 곳에서 타들어간다. 이것이 정확히 우리가 원한 부분이다.

그런데 도화선이 내내 세 곳에서 타들어가게 만들어야 한다. 조각 하나가 완전히 타자마자 나머지 조각을 둘로 자르고, 거기서 나온 작은 두 조각 중 하나는 양쪽 끝이 모두 타고, 나머지 하나는 한쪽 끝만 타들어가도록 불을 붙인다. 남은 조각이 너무 작아서 자를 수 없을 때까지 이 과정을 계속한다. 이렇게 하면 도화선이 남김없이 모두 타들어갈 때까지 계속해서 세 군데에 불이 붙어 있기 때문에 거의 정확하게 20분 동안 타들어간 것이 된다.

060 불완전한 동전의 확률을 50 대 50으로 바꾸는 방법

이 문제를 최초로 제기해서 푼 사람은 헝가리 태생의 천재 수학자 요한 폰 노이만_Johann von Neumann_이었다. 그는 손을 대는 거의 모든 과학 분야마다 큰 족적을 남겼고, 직접 새로운 과학 분야를 발명하기도 했다.

불완전한 동전은 던지기에서 앞면과 뒷면이 나올 확률이 50 대 50이 아닐 것이다. 하지만 불완전한 동전이라고 해도 두 번 던져서 앞면이 나오고 뒷면이 나올 확률이 뒷면이 먼저 나오고 다음에 앞면이 나올 확률과 같다(좀 더 공식적으로 표현하면 앞면이 나올 확률이 a이고 뒷면이 나올 확률이 b라면 앞면이 나오고 이어서 뒷면이 나올 확률은 $a \times b$이고, 뒷면이 나오고 이어서 앞면이 나올 확률은 $b \times a$인데, 이 값은 $a \times b$와 같은 값이다). 따라서 불완전한 동전으로 정상적인 동전을 흉내 내려면 '앞면'(H)과 '뒷면'(T) 대신 '앞면 다음 뒷면'(HT) 또는 '뒷면 다음 앞면'(TH)에 내기를 건 다음, 동전을 두 번 던지면 된다. 그럼 동전은 HT, TH, HH, TT 중 하나로 떨어질 것이다. 두 번 다 똑같은 면이 나온 HH나 TT의 경우에는 결과를 무시하고 다시 두 번 던진다. HT나 TH가 나오면 거기서 멈추고, HH나 TT가 나온 경우에는 다시 던진다. HT나 TH가 나올 때까지 이런 식으로 계속한다. HT 또는 TH가 나올 확률은 50 대 50이다. 이것으로 정상적인 동전 던지기를 흉내 낼 수 있다.

061　양팔 저울과 추 두 개로 밀가루 나누기

첫 번째 측정: 1kg의 밀가루를 양쪽 접시 위에 똑같이 나눠서 양쪽 모두 500g이 되게 한다.

두 번째 측정: 500g 더미 하나는 치워두고, 남은 500g 더미를 다시 양분해서 양쪽 접시에 각각 250g이 올라가게 한다.

세 번째 측정: 250g 더미 하나는 치워두자. 그리고 반대쪽 더미에서 남은 밀가루가 두 무게 추의 합 50g과 같아질 때까지 밀가루를 덜어내자. 그럼 여기서 덜어내고 남은 밀가루는 200g이 된다. 그리고 나머지 밀가루를 모두 모으면 800g이 된다.

062　양팔 저울 세트를 이용해 무게 추의 개수 추측하기

한쪽 접시에만 추를 올릴 수 있는 경우에는 다음에 나오는 여섯 개의 무게 추를 이용하면 1부터 63kg까지의 모든 자연수 무게를 측정할 수 있다.

1, 2, 4, 8, 16, 32

우리는 지금 양쪽 접시에 추를 올릴 수 있을 경우에 1kg부터 40kg까지의 무게를 측정할 수 있는 이보다 작은 개수의 무게 추를 찾으려 한다. 그럼 1kg부터 시작해서 무게를 차츰 올리면서 최소 개수의 무게 추로 그 물체의 무게를 측정해보자. 새로운 무게 추는 꼭 필요한 경우에만 도입하고, 매 단계마다 이 무게 추는 가능한 최대의 무게를 선택할 것이다.

양팔 저울의 양쪽 접시를 각각 A와 B라고 하자.

A에 올린 1kg의 물체와 균형을 미루려면 B에도 1kg의 무게 추가 필요하다. 따라서 지금까지 확보한 무게 추는 1이다.

A에 2kg의 물체를 올려놓은 경우에는 B에 2kg의 무게 추를 이용할 수 있다. 하지만 그보다 더 무거운 새로운 무게 추를 도입할 수 있는 방법이 있다. 이미 1kg의 무게 추는 갖고 있기 때문에 A에는 2kg의 물체와 1kg의 무게 추를 올리고, B에는 3kg의 무게 추를 올려 균형을 맞추는 방법이다.

다른 kg의 무게 추로는 2kg의 물체와 균형을 맞출 방법이 없기 때문에 이제 우리가 확보한 무게 추는 1, 3이다.

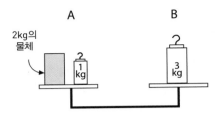

A   B

2kg의
물체

2
1
kg

2
3
kg

1kg과 3kg의 무게 추로는 4kg까지 측정할 수 있다. 그럼 양쪽 접시에 무게 추를 올릴 수 있을 때 A에 5kg의 물체를 올릴 수 있게 해줄 가장 무거운 새로운 추는 무엇일까?

위에서 했던 것과 마찬가지로 A에 5kg의 물체와 지금까지 나온 모든 무게 추, 즉 1kg + 3kg = 4kg을 올리면 B에 9kg의 무게 추를 올려야 균형이 맞는다.

그럼 지금까지 확보한 무게 추는 1, 3, 9다. 1kg, 3kg, 9kg의 무게 추로는 최고 13kg까지 측정할 수 있다. 그럼 양쪽 접시를 모두 이용할 때 14kg의 물체를 측정할 수 있게 해줄 가장 무거운 추는 무엇인가?

위의 논리를 다시 따라가면 14kg + 13kg = 27kg이 될 것이다.

그럼 이제 우리가 확보한 추는 1, 3, 9, 27이다. 이제 이 무게 추로 40kg까지 잴 수 있다. 접시를 양쪽 모두 사용함으로써 필요한 무게 추를 여섯 개에서 네 개로 줄인 것이다.

어떤 패턴이 눈에 들어왔을지도 모르겠다. 한쪽 접시에만 추를 올릴 수 있는 경우에는 숫자가 2배 수열로 증가해서 새로운 항이 그 전 항의 두 배가 된다. 반면 무게 추를 양쪽 접시에 올릴 수 있는 경우에는 각각의 항이 이전 항의 세 배가 된다. 2배 수열이 이진수와 관련이 있는 것과 마찬가지로 3배 수열은 0, 1, 2의 숫자만 이용하는 삼진수와 관련 있다. 예를 들어 삼진수 1020은 1은 0개, 3은 두 개, 9는 0개, 27은 한 개라는 의미다. 6 + 27 = 33 이므로, 삼진수 1020을 십진수로 표현하면 33이다.

063 똑같은 동전 11개와 12번째 위조 동전

1번부터 12번까지 동전에 번호를 붙여보자.

제일 먼저 1, 2, 3, 4와 5, 6, 7, 8 동전을 양팔 저울에 달아본다. 만약 양쪽이 균형을 이룬다면 위조 동전은 9, 10, 11, 12 중에 있다는 의미가 된다.

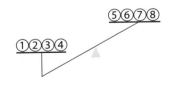

이 동전 중 세 개를 임의로 고르고, 지금은 정상적인 동전으로 확인된, 처음에 달아본 동전 중 아무것이나 세 개를 골라서 양팔 저울에 달아본다. 양쪽 동전들을 각각 1, 2, 3과 9, 10, 11이라고 해보자.

양팔 저울이 균형을 이룬다면 위조 동전이 12번임을 알 수 있다. 그리고 세 번째, 네 번째 달아볼 때는 이것을 다른 임의의 동전과 달아보아 더 무거운지, 가벼운지 확인할 수 있다. 만약 여기서 양팔 저울이 한쪽으로 기울어진다면 1, 2, 3은 정상이므로 위조 동전은 9, 10, 11 중 하나다. 그리고 그 위조 동전이 가벼운지, 무거운지는 9, 10, 11이 올라간 접시가 올라가는가, 내려가는가에 달렸다. 이번에는 9, 10, 11 중에 임의로 두 개를 골라서 나머지 하나는 놔두고 그 두 개를 양팔 저울에 달아본다. 바셰의 무게 측정 문제에서 동전 아홉 개만 가지고 했던 것과 같은 시나리오다. 만약 양팔 저울이 균형을 이룬다면 나머지 동전 하나가 위조 동전이다. 앞에서 위조 동전이 더 가볍다는 것이 밝혀진 상태에서 양팔 저울이 한쪽으로 기울어진다면 위로 올라가는 접시 쪽 동전이 위조 동전이다. 만약 위조 동전이 무거운 것으로 밝혀진 상태에서 양팔 저울이 한쪽으로 기울어진다면 아래로 내려가는 접시 쪽 동전이 위조 동전이다.

처음에 1, 2, 3, 4와 5, 6, 7, 8을 쟀을 때 어느 한쪽으로 기울어진다면 해법이 조금 복잡해진다. 저울이 1, 2, 3, 4 쪽으로 기울었다고 해보자. 그럼 9, 10, 11, 12는 모두 정상적인 동전이다. 두 번째 달아볼 때는 정상적인 동전 중 하나, 예를 들면 9번 동전을 가져다가 내려간 접시에 있던 동전 두 개, 예를 들면 1, 2와 한쪽 접시에 올려놓는다. 그리고 내려간 접시에 있던 다른 동전 두 개, 즉 3, 4를 올라간 접시에 있던 동전 하나, 예를 들어 5와 함께 반대쪽 접시에 올려놓는다. 6, 7, 8은 저울에 달아보지 않는다. 나올 수 있는 결과는 세 가지가 있다.

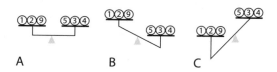

A   B   C

[A] 저울이 균형을 이룰 때. 위조 동전은 6, 7, 8 중에 있다. 세 번째 달아볼 때는 6과 7을 달아본다. 여기서도 균형이 잡히면 8이 위조 동전이고, 무게는 더 가볍다. 처음 달았을 때 8이 들어간 접시가 올라갔기 때문이다. 만약 6이 올라가면 그것이 위조 동전이고, 6이 내

려가면 7이 위조 동전이다.

[B] 왼쪽 접시가 올라갈 때. 위조 동전은 분명 1, 2, 3, 4, 5 중에 있으므로 6, 7, 8은 배제할 수 있다. 1, 2, 3, 4 중 하나가 위조 동전이라면 그 동전은 반드시 정상적인 동전보다 무거워야 한다. 처음 달아볼 때 1, 2, 3, 4가 들어있는 접시가 내려갔기 때문이다. 따라서 위조 동전은 3이나 4여야 한다. 세 번째 달아볼 때 이 동전 두 개를 달아보면 어느 쪽이 위조 동전인지 알 수 있다.

[C] 오른쪽 접시가 올라갈 때. [B]에서와 마찬가지로 위조 동전은 이 다섯 동전 중 하나여야 한다. 따라서 6, 7, 8은 배제할 수 있다. 마찬가지로 1, 2, 3, 4 중 위조 동전이 들어있다면 그 동전은 반드시 정상적인 동전보다 무거워야 한다. 처음 달아볼 때 1, 2, 3, 4가 내려갔기 때문이다. 따라서 위조 동전은 1이나 2다.

하지만 남은 가능성이 한 가지 더 있다. 처음 달아볼 때 5, 6, 7, 8이 올라갔으므로 5가 정상보다 가벼운 위조 동전일 수도 있다. 따라서 마지막으로 1과 2를 달아본다. 내려가는 쪽이 있으면 그쪽이 위조 동전이다. 양쪽이 균형을 이룬다면 5가 위조 동전이다.

만약 처음 달았을 때 1, 2, 3, 4가 들어간 접시가 올라가고, 5, 6, 7, 8이 내려갔다면 1, 2, 3, 4와 5, 6, 7, 8을 바꿔치기 해서 위와 똑같은 과정을 반복하면 된다.

064 저울에 무게를 재서 가짜 동전 탑을 찾을 수 있을까?
당연히 한 번이다!

접시 위에 첫 번째 동전 탑에서는 동전 하나, 두 번째 동전 탑에서는 동전 두 개, 세 번째에서는 세 개, 네 번째에서는 네 개… 이렇게 해서 마지막 동전 탑에서는 동전 열 개 모두를 올려놓는다. 그럼 접시 위에는 1+2+3+4 … +10 = 55개의 100원짜리 동전이 올라가 있을 것이다.

동전 하나의 무게를 알고 있으므로 동전 55개의 무게도 알 수 있다. 그럼 진짜 동전 55개의 무게와 저울에 표시된 무게의 차이가 가짜 동전 탑의 번호가 된다. 만약 차이가 1g이라면 접시 위의 가짜 동전은 하나고, 그럼 첫 번째 동전 탑이 가짜 동전 탑이라는 의미다. 만약 차이가 2g이라면 접시 위 가짜 동전은 두 개고, 두 번째 동전 탑이 가짜라는 의미다. 이런 식으로 가짜 동전 탑을 찾을 수 있다.

065   르아브르 출발 뉴욕행 여객선이 마주친 배는 몇 대일까?

나는 처음 이 퍼즐을 듣고, 생각할 것도 없이 정답은 7이라고 생각했다. 뤼카에게서 이 퍼즐을 처음 들어본 저명한 프랑스 수학자들도 분명 이렇게 대답했을 것이다.

대서양을 가로지르는 데는 7일이 걸린다. 따라서 이 배가 바다를 가로지르는 동안 마주칠 일곱 척의 여객선은 뉴욕을 오늘, 내일 … 그리고 당신이 뉴욕에 도착하기 전날에 떠난 여객선일 것이다.

틀렸다! 그럼 지난 일주일 동안 뉴욕에서 출발한 여객선은 어떡하고? 이 배들은 지금 바다에 나와 있기 때문에 당신이 항해하는 동안 이 배들도 모두 마주치게 될 것이다. 정답은 다음과 같다. 우선 당신은 르아브르 항구를 떠나면서 한 척을 마주치게 된다(일주일 전에 뉴욕을 떠나 오늘 정오에 도착하는 여객선). 그리고 바다에 나가 있는 동안에는 13척을 마주친다. 그리고 일주일 후 정오에 뉴욕에 도착할 즈음 항구에서 출발하는 배를 마지막으로 만나게 된다.

아래 그림을 보면 이해가 될 것이다.

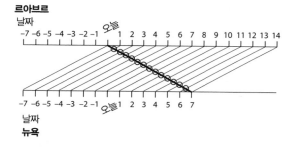

원양 여객선들이 모두 일정한 속도로 움직인다면 한 번은 정오에, 그리고 한 번은 자정에, 이렇게 12시간마다 여객선을 마주치게 된다.

066   바람이 불 때 비행시간은 어떻게 달라질까?

바람이 비행기가 갈 때는 뒷바람, 돌아올 때는 맞바람으로 부는 경우를 생각해보자.

직관적으로 생각하면 뒤에서 밀어주는 뒷바람과 앞에서 가로막는 맞바람이 서로를 상쇄할 것 같다. 한 방향에서 주었던 것을 반대 방향에서 빼앗아가기 때문이다. 만약 바람의 속도가 W라면 갈 때의 속도는 W만큼 빨라지고, 돌아올 때의 속도는 W만큼 느려진다.

하지만 이 문제에서는 비행 속도가 아니라 비행시간이 중요하다. 더 빠른 속도로 날아서 버는 시간이 더 느린 속도로 날아서 허비하는 시간만큼 크지 않다. 비행기가 느린 속도로 나는 시간이 더 길어지기 때문이다. 숫자를 대입해서 확인해보자.

시속 500km로 나는 비행기는 한 시간에 500km를 날아간다. 만약 이 비행기가 같은 방향으로 시속 100km만큼 더 빨리 날아간다면 10분 먼저 도착한다(시간 = 거리/속도. 거리가 500km고 속도는 시속 600km라면, 시속 600km는 분속 10km에 해당하므로, 이 이동 시간을 분으로 환산하면 500/10 = 50분이다).

만약 이 비행기가 같은 거리를 시속 100km만큼 더 느리게 날면 15분 더 늦게 도착한다(거리는 500km, 속도가 시속 400km라면, 이동 시간은 500/400 = 1.25, 즉 1시간 15분이다). 따라서 편도 500km의 거리를 시속 100km의 바람을 끼고 왕복으로 여행하면 바람이 전혀 없었을 때보다 5분이 더 걸린다.

그러나 굳이 계산을 직접 해보지 않더라도 바람의 속도가 비행기의 속도와 같을 때 어떤 일이 일어날지 생각해보면 답을 알 수 있다. 뒷바람을 끼고 가면 가는 시간은 절반으로 줄어들 것이다. 하지만 돌아오려고 할 때는 비행기의 속도가 0이 된다. 따라서 비행기는 아예 활주로를 떠나지도 못하게 된다!

좋다. 이것은 극단적인 사례이긴 하지만 여기서 어떤 패턴이 드러난다. 속도를 어느 고정된 값만큼 올린 경우에 얻는 시간적인 이득은 절대로 한 시간을 넘을 수 없지만 어느 고정된 값만큼 속도를 낮춘 경우에는 평생처럼 긴 시간을 허비할 수도 있다. 위의 내용을 요약해보면 바람이 없는 경우보다 이동 방향으로 바람이 부는 경우가 왕복 여행 시간이 더 걸린다.

그렇다면 비스듬하게 옆바람이 부는 경우는? 옆바람은 이동 방향(혹은 그 반대 방향)의 바람과, 이동 방향과 수직인 바람으로 나누어 생각할 수 있다. 전자의 경우 왕복 여행 시간을 늘린다는 것은 앞에서 알아보았다. 하지만 후자의 경우는? 수직으로 부는 옆바람이 있는 경우에 A에서 B까지 수직으로 날아가려면 비행사는 이동 방향과 비스듬하게 각도를 이루어 바람을 안고 날아가야 한다. 모든 속도를 A에서 B로 곧장 날아가는 데 쏟아붓지 못하고, 그 일부를 바람과 싸우는 데 소비해야 한다는 의미다. 따라서 왕복 여행에 걸리는 시간이 더 길어진다. 결국 바람이 없는 경우가 왕복 여행에는 가장 좋은 시나리오다.

067 오도미터와 트립미터의 숫자를 똑같이 만들기

당신이 우선 파악해야 할 부분은 1,000km를 달려서 트립미터가 000.0으로 리셋된 후에야 주행기록계의 첫 숫자 네 개가 다시 같아질 수 있다는 점이다. 그럼 이 단계에서는 876.6km(1000 - 123.4를 계산해서 나온 값)를 달리면 계기판이 이렇게 보일 것이다.

여기서 다시 130km를 달리면 첫 숫자 두 개가 같아진다.

그리고 여기서 다시 3.5km를 달리면 정답이 나온다.

첫 숫자 네 개가 다시·같아졌다. 그리고 차는 총 1,010.1km를 달렸다.

068 달리기 경주에서 추월했을 때, 몇 등이 될까?

이 퍼즐은 아주 쉽다. 하지만 우리 뇌는 게으르다. 문제가 쉽다는 이유 때문에 뇌는 이 문제를 제대로 생각하지 않는다.

[1] 2등을 추월하면 1등이 아니라 2등이 된다.

[2] 꼴찌로 달리는 사람을 추월할 수는 없다. 그 사람 뒤로 다른 누군가가 있다면 그 사람은 꼴찌가 아니기 때문이다.

069 콘스턴스와 다프네 중 마라톤에서 이기는 사람은 누구일까?

이것 역시 직관을 농락하는 아주 멋진 문제다. 1마일을 8분 1초에 달리는 다프네가 1마일을 8분에 달리는 콘스턴스를 이기기는 불가능해 보이기 때문이다.

당연히 다프네가 이길 수 있다. 그렇지 않고서야 이것을 퍼즐이라고 내지는 않았을 테니까 말이다. 놀랍게도 1마일을 달리는 속도가 더 느린 사람이라도 총 26.2마일을 더 빨리 달릴 방법을 고안해낼 수 있다.

먼저 다프네가 마라톤을 어떻게 뛰는지 생각해보자. 다프네는 일정한 속도로 달리지는 않지만 모든 1마일 구간을 똑같은 시간에 주파한다. 어떻게 그러는 것일까?

다음 그래프를 보자. 이 그래프는 선수가 마라톤 구간별로 달리는 속도를 추적한 것이다. 이것을 보면 이 마라톤 주자가 각각의 마일에서 첫 부분은 일정하게 **빠른** 속도로 달리고, 나머지 구간은 일정하게 느린 속도로 달리는 전략을 구사하는 것을 알 수 있다. 마라톤 전체 구간에서 1마일마다 이런 전략을 계속 반복해서 적용한다면 1마일 구간을 어디서 잡아도 똑같은 시간 안에 주파하게 된다. 어느 구간을 택하든 그 1마일 중 a만큼은 **빠른** 속도로 달리고, 그 나머지는 느린 속도로 달리기 때문이다.

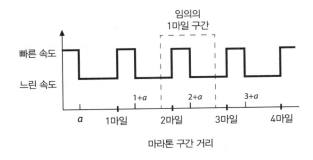

마라톤 구간 거리

다프네가 이런 전략으로 마라톤을 한다면 지금 상황에 맞춰 전략을 조정해보자. 마라톤 구간은 26.2마일이다. 26마일 지점을 통과할 때 다프네는 콘스턴스보다 26초 뒤쳐져 있을 것이다. 1마일을 뛸 때마다 1초씩 느려지기 때문이다. 그럼 다프네는 남은 0.2마일 구간에서 26초를 만회해야 한다.

다프네가 1마일의 처음 0.2마일 구간을 **빠른** 속도로 달리고 나머지는 느린 속도로 달리는 전략을 이용하게 해보자. 이제는 대화 주제를 거리가 아니라 시간으로 바꿀 필요가 있다. 다프네가 처음 0.2마일을 x초에 달리고, 나머지 0.8마일은 y초에 달린다고 해보자. 그럼 다프네는 1마일을 $x+y$초에 달린다.

질문을 보면 다프네는 1마일을 8분 1초, 즉 481초에 달린다고 했다. 그럼 다음의 방정식이 성립한다.

[1] $x+y=481$

콘스턴스는 1마일을 8분에 달리니까 전체 마라톤 구간을 $26.2 \times 8 \times 60$초, 즉 12,576초에 달린다.

이번에는 다프네가 12,575초에 결승점을 통과해서 마라톤을 1초 차로 이긴다고 가정해보자. 다프네는 1마일의 첫 번째 0.2마일 구간을 27번 달리고, 0.8마일 구간은 26번만 달리므로 다음과 같은 방정식이 성립한다.

[2] $27x+26y=12,575$

이 연립 방정식은 별 어려움 없이 풀 수 있다. [1]을 정리하면 $y=481-x$다. 이것을 [2]의 y에 대입해보자. 고맙게도 숫자들이 보기 좋게 상쇄되어 $x=69$초, $y=412$초가 나온다. 따라서 다프네가 1마일의 첫 0.2마일 구간은 69초에 주파하고, 나머지 0.8마일은 412초에 주파한다면 마일 단위로 비교해서는 1초씩 계속 뒤지다가 결승점에서는 1초 차이로 콘스턴스를 따돌릴 수 있다.

070 수분 99%의 감자가 수분 98%의 감자가 되면 무게는?

정답은 50kg이다. 감자의 무게가 절반이나 줄어든다! 직관보다 줄어든 양이 커서 대단히 흥미롭다. 간단한 계산을 통해 이런 결론에 도달할 수 있다.

감자의 무게 중 99%는 물이다. 그럼 나머지 1%를 '감자 알짜'라고 부르자.

감자의 무게가 100kg일 때 감자는 1kg의 감자 알짜와 99kg의 물로 이루어져 있다. 그럼 '감자 알짜' 대 물의 비율은 1대 99다. 증발이 일어난 후로는 감자의 98%만 물이다. 따라서 '감자 알짜' 대 물의 비율은 2대 98이다. 이 비율은 1대 49와 같다. '감자 알짜'의 양은 1kg으로 동일하기 때문에 그럼 물의 무게가 49kg으로 줄어들어야 한다. 따라서 감자의 총무게는 1kg + 49kg = 50kg이다.

이것만 봐도 비율을 이해하기가 만만치 않음을 알 수 있다. 이 퍼즐은 99%에서 98%로 변했으면 1/99이 감소했으니 그 차이가 미미한 것이 아니냐고 착각하게 유도한다. 하지만 여기서 발생한 1%에서 2%로의 변화는 그냥 1%가 변한 것이 아니라 두 배로 변한 것이다.

%에 대한 문제가 나왔을 때는 실제 사물이나 사람을 대상으로 생각하면 쉬워진다. 질문을 다음과 같이 바꿔보자. 한 방에 여자 한 명, 남자 99명이 있다. 여기서 남자가 어떤 숫자만큼 빠졌더니 그 방에서 여자의 비율이 1%에서 2%로 늘었다. 그럼 이 방에는 몇 사람이나 남아 있는가? 정답은 절반인 50명이다.

071 연봉을 올리는 두 가지 방법 중 더 많은 연봉을 받는 방법은?

어쩌면 눈치로 이 문제를 바로 풀었을지도 모르겠다. B안이 훨씬 좋아 보이는 것으로 보아 분명 함정일 것이라고 말이다.

A안

초봉은 연봉 10,000달러다. 그리고 6개월마다 6개월치 임금이 500달러씩 인상된다. 따라서 처음 6개월 동안의 임금은 5,000달러고, 이 시점에서 그다음 6개월치의 임금이 500달러 인상된다. 그리고 그 6개월이 지나면 다시 500달러가 인상되고 … 이런 식으로 이어진다. 그럼 처음 2년 동안 다음과 같은 일이 일어난다.

	6개월	6개월	총임금
첫째 해	5,000달러 +	5,500달러 =	10,500달러
둘째 해	6,000달러 +	6,500달러 =	12,500달러

B안

마찬가지로 초봉은 연봉으로 10,000달러다. 하지만 연말에만 인상이 이루어진다. 따라서 첫째 해의 임금은 10,000달러고, 이미 A안보다 뒤처진다. 하지만 둘째 해 임금에는 파격적으로 2,000달러가 인상되니까 두 번째 해 말에는 임금이 12,000달러다.

	총임금
첫째 해	10,000달러
둘째 해	12,000달러

하지만 A안이 여전히 앞선 상태고, 그 이후로도 선두를 유지하게 된다. 조금씩 더 자주 인상하는 것이 일 년에 한 번씩 크게 올려주는 것보다 누적 효과가 더 크다.

072 막대기를 임의로 잘랐을 때 짧은 막대기의 길이는?

막대기를 아무데나 임의로 골라서 자른다고 하면 막대기 위의 모든 점은 절단 부위로 선택될 확률이 모두 같다. 따라서 절단 부위가 막대기 왼쪽에 떨어지는 경우와 오른쪽에 떨어지는 경우가 반반이다(정확히 중간에 떨어지는 경우는 무시한다. 그럼 막대기가 똑같은 크기로 나뉘어서 더 작은 부분이 나오지 않으니까).

이제 절단 부위가 막대기 왼쪽에 떨어지는 경우에 대해 생각해보자. 그럼 작은 막대기는 왼쪽에서 나올 것이고 그 길이는 0과 막대기 절반 길이 사이다. 사실 막대기 반쪽 위의 모든 점은 절단 부위로 선택받을 확률이 동일하기 때문에 작은 막대기의 길이는 평균적으로 절반짜리 막대기의 절반 길이, 즉 전체 막대기 길이의 1/4이 될 것이다. 절단 부위가 막대기 오른쪽에 떨어지는 경우도 똑같은 논리를 적용할 수 있다. 따라서 작은 막대기의 평균 길이는 전체 막대기 길이의 1/4이 된다.

073 에드워드, 루시 부부가 여덟 명의 손님과 악수한 횟수

이 저녁 식사에는 에드워드와 루시, 그리고 네 쌍의 부부, 이렇게 총 열 명이 있다. 따라서 어느 한 사람이 악수를 할 수 있는 횟수는 최대 아홉 번이다. 자기 말고 나머지 모든 사람과 악수하는 경우가 여기에 해당한다.

하지만 자기가 이미 알고 있는 사람과는 악수를 하지 않는다고 했다. 각자 자기 배우자는 모두 알고 있을 것이라 가정할 수 있으므로 어느 한 사람이 악수를 할 수 있는 최대 횟수는 여덟 번이다.

에드워드가 아홉 가지 서로 다른 대답을 들었다고 했으므로 그 답은 분명 0, 1, 2, 3, 4, 5, 6, 7, 8이어야 한다.

8이라고 대답한 사람에 대해 생각해보자. 이 사람은 자기 배우자 말고는 다른 모든 사람과 악수했다. 따라서 그 사람의 배우자 말고는 모든 사람이 적어도 한 사람하고는 악수했다. 따라서 0이라고 대답한 사람은 8이라고 대답한 사람의 배우자가 분명하다.

마찬가지로 7이라고 대답한 사람에 대해 생각해보자. 이 사람은 자기 배우자와 0이라고 대답한 사람 말고 다른 모든 사람과 악수했다. 따라서 다른 모든 사람은 8이라고 대답한 사람과 7이라고 대답한 사람, 이렇게 적어도 두 명과 악수했다. 따라서 1이라고 대답한 사람은 분명 7이라고 대답한 사람의 배우자일 수밖에 없다.

이런 과정을 계속해보면 세 번째 부부는 6과 2, 네 번째 부부는 5와 3이라고 대답했을 것이라 추측할 수 있다. 이렇게 해서 남은 한 사람은 루시일 수밖에 없고 네 명과 악수를 했다.

074 에드워드, 루시 부부가 파티에서 악수한 횟수로 참석자 맞히기

악수부터 생각해보자. 남자들은 모두 악수로 인사한다. 따라서 남자 손님이 한 명밖에 없었다면 악수는 그 사람과 에드워드 사이에서 한 번밖에 없었을 것이다. 남자 손님이 두 명이라면 손님들끼리, 그리고 에드워드와 두 손님 사이, 이렇게 모두 세 번 악수가 이루어진다. 남자 손님이 세 명 있다면 악수는 총 여섯 번이 된다. 그 계산은 여러분에게 맡기겠다.

따라서 손님 중 세 명은 남자라는 것을 알 수 있다.

여자들은 자기 남편 빼고는 모든 사람과 볼을 대고 인사를 나눈다. 손님 세 명이 남자인 것을 알고 있으므로 이미 세 번의 인사는 설명된다. 루시와 이 세 손님 사이의 볼 맞춤이다.

볼 맞춤은 총 열두 번 있었으므로 나머지 아홉 번을 설명하려면 새로운 여자 손님이 필요하다. 여자 손님으로 안나가 왔다고 해보자. 안나가 싱글이라면 에드워드, 루시, 세 명의 남자 손님에게 볼 맞춤을 할 것이므로 다섯 번의 인사가 나온다. 안나가 남자들 중 한 명과 결혼한 상태라면 네 번만 볼을 맞춘다. 이것으로는 아홉 번의 인사를 채우기 턱없이 부족하니까 두 번째 여자 베아트리체도 왔다고 해보자.

베아트리체가 모든 사람에게 볼을 맞춘다면 여섯 명에게 인사를 하지만, 만약 결혼한 상태라면 다섯 명한테만 볼을 맞춘다. 안나와 베아트리체의 인사를 더하면 우리가 필요로 하는 아홉 번을 채울 수 있을까? 그렇다. 두 여자 모두 결혼했을 경우다. 그럼 각각 네 번과 다섯 번의 볼 맞춤이 나오기 때문이다. 그럼 정답이 나왔다. 손님은 부부 두 쌍과 싱글 남성 한 명, 이렇게 모두 다섯 명이다.

075 영화관에 온 100명이 맞는 자리에 앉을 확률은?

이 퍼즐은 보기보다 덜 복잡하다. 계산하거나 방정식을 풀지 않아도 답을 구할 수 있다. 어떻게 접근해야 할지 생각해내기가 어렵지, 일단 방법만 파악하고 나면 아주 우아하고 직관적으로 답을 구할 수 있다.

이 퍼즐은 100명의 관객이 극장에 자리를 잡는 이야기를 다루고 있다. 이 이야기를 한 사람씩 풀어서 생각해보자.

혼란을 피하기 위해 줄에서 제일 앞에 서 있는 사람은 A, 제일 마지막에 있는 사람은 Z 라고 하자. 그럼 문제를 다음과 같이 고쳐 쓸 수 있다. A가 아무 자리나 앉을 경우 Z가 원래 배정받은 자기 자리에 앉게 될 확률은 무엇인가? 아래 그림에 좌석을 한 줄로 배열하고 A와 Z가 원래 배정받은 좌석을 표시해놓았다. 이것을 각각 A좌석과 Z좌석이라고 부르자.

A가 A좌석이나 Z좌석에 앉을 경우 무슨 일이 일어나는지 살펴보자. A가 A좌석에 앉을 경우에는 Z를 비롯해서 나머지 모두가 원래 배정받은 자리에 앉을 수 있다(A가 자기 영화 표를 잃어버리지 않았다면 이렇게 됐을 것이다.).

A좌석

A가 A좌석에 앉을 때

만약 A가 Z좌석에 앉으면 당연히 Z는 자기 자리에 앉지 못할 것이다. A가 그 자리를 차지했기 때문이다. 이 경우 Z는 A좌석에 앉게 된다.

Z좌석

A가 Z좌석에 앉을 때

366

맛보기 문제

제1장

제2장

제3장

제4장

제5장

문제를 보면 A가 자리를 무작위로 고른다고 했다. 따라서 A는 A좌석이나 Z좌석이나 앉을 확률이 똑같다. 따라서 이 두 좌석으로만 한정하면 Z가 자기 자리에 앉을 확률은 50 대 50이다.

이번에는 A가 다른 임의의 좌석에 앉을 때 어떤 일이 일어나는지 생각해보자. 그 좌석을 N좌석이라고 해보자. 이 좌석은 줄에서 n번째 서 있는 사람 N의 좌석이다.

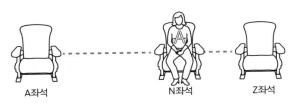

A가 N좌석에 앉을 때

A가 N좌석에 앉으면 줄에서 N 전까지는 배정받은 자리에 앉을 수 있다. 제일 먼저 자기 자리에 앉지 못할 사람은 N이다. 그 자리는 A가 앉아 있어서 이 사람은 자기 자리에 앉을 수 없다. 그래서 N은 나머지 빈자리를 아무데나 골라 앉는다.

N이 앉을 수 있는 남은 자리는 A좌석, 혹은 N 뒤로 줄 서 있는 사람들(Z도 포함)의 좌석이다. 따라서 N은 A좌석(그럼 Z는 결국 자기 자리에 앉게 된다.)이나 Z좌석(Z는 결국 자기 자리에 앉지 못한다.), 혹은 M의 좌석에 앉게 된다(여기서 M은 N 이후 Z 이전의 관객이다.).

N이 A좌석 혹은 Z좌석에 앉는 경우에 국한해서 생각하면 두 경우 모두 확률이 같다. 따라서 Z가 자기 자리에 앉게 될 확률은 50%다. 하지만 N이 M좌석에 앉는 경우에는 어떻게 될까?

M이 자리에 앉을 차례가 되면 그 사람은 N과 똑같은 상황에 직면한다. 즉 A좌석이나 B좌석, 혹은 아직 영화관에 입장하지 않은 다른 관객의 자리에 앉을 확률이 모두 같다. M이 아직 입장하지 않은 관객의 자리에 앉으면 똑같은 시나리오가 반복된다.

그 각각의 단계에서 모두 임의의 관객이 A좌석이나 Z좌석을 선택할 확률은 똑같다. 그 관객이 그 외의 좌석을 선택하는 경우는 그저 A좌석과 Z좌석 중 어느 쪽을 택할지를 그다음 관객에게 미루는 것에 불과하다. 이런 식으로 하다 보면 결국에는 남은 관객이 계속 줄고, 결국 누군가는 A좌석과 Z좌석 중 어디에 앉을지 결정해야만 한다.

임의로 좌석을 고를 수밖에 없게 된 관객은 항상 A좌석과 Z좌석을 고를 확률이 똑같다. 그리고 A좌석을 고르면 Z는 자기 자리에 앉을 수 있다는 의미고, Z좌석을 고르면, Z가 자기 자리에 앉을 수 없다는 의미기 때문에 Z가 자기 자리에 앉을 확률은 50%가 된다.

076 여섯 개의 동전과 그 안에 꼭 맞는 일곱 번째 동전

먼저 동전들을 아래 그림처럼 평행사변형 모양으로 배열한다. 각각의 움직임을 화살표로 표시해놓았다.

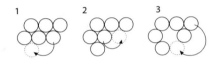

077 삼각형 모양의 동전 배열을 직선 배열로 바꾸기

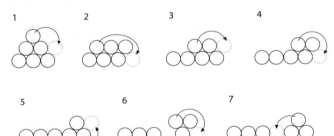

078 동전 여덟 개로 만든 H를 O로 바꾸기

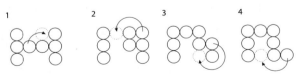

정답 및 해설

369

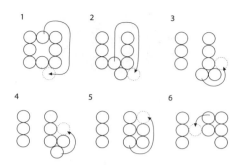

079 동전 다섯 개를 서로 같은 거리로 붙이기

듀드니가 제시한 정답은 다음과 같다. 바닥에 동전 하나를 눕히고, 다른 동전 두 개를 그 위에 올린다. 그리고 마지막 동전 두 개는 왼쪽 그림과 같이 세워서 그 두 동전끼리는 위에서 접촉하고, 각각 나머지 동전 세 개 하고는 바닥이나 그 근처에서 접촉하게 만든다. 정말로 이렇게 동전을 세

우려면 여간 성가신 것이 아니지만 분명 가능하다!《도쿄 퍼즐》의 퍼즐 전문가 고본 후지무라는 자기 독자 중 한 명이 두 번째 정답을 보내왔다고 했다. 여기서는 동전을 한 개만 세우면 된다.

080 동전 열 개, 직선 다섯 개, 그리고 한 줄에 동전 세 개

이 퍼즐은 동전 다섯 개짜리 직선 두 개에서 시작해서, 동전 네 개짜리 직선 다섯 개를 만드는 것이 목표다.

동전은 네 개만 움직일 수 있다. 동전 다섯 개짜리 직선 두 개 중 하나에서 동전을 하나 빼서 첫 번째 직선을 동전 네 개짜리로 만들고, 다른 동전 다섯 개짜리 직선에서 나머지 세 개를 빼보자.

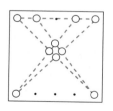

오른쪽 위 그림을 보면 동전 네 개짜리 첫 번째 직선에 들어 있는 각각의 동전에서 반대편 두 동전 중 하나로 줄을 그리면 동전 네 개짜리 직선 네 개가 새로 만들어진다. 이 정답

에서는 윗줄 가운데 있는 동전과 아랫줄 가운데 동전 세 개를 움직였다. 사실 윗줄(혹은 아랫줄)에서 아무 동전이나 하나 빼고, 아랫줄(혹은 윗줄)에서 아무 동전이나 세 개 빼도 상관없다. 다른 동전을 골라서 푼 정답 두 개를 더 소개한다.

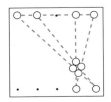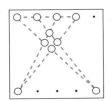

　그렇다면 정답은 총 몇 가지나 있을까? 동전 다섯 개짜리 직선에서 동전을 하나 고르는 방법은 모두 다섯 가지고, 동전을 세 개 고르는 방법은 열 가지다. 따라서 윗줄에서 동전 하나를 고르고, 아랫줄에서 동전 세 개를 고르는 방법은 5 × 10 = 50가지가 존재한다. 반대로 아랫줄에서 동전 한 개를 고르고, 윗줄에서 세 개를 고른다고 하면 여기에 다시 50가지를 추가할 수 있다. 따라서 정답은 총 100가지가 존재한다.

　이것을 정답으로 받아들일 수도 있다. 하지만 이 100가지 방법도 각각 24가지 다른 방법으로 조합할 수 있다. 움직인 동전 네 개도 24가지 서로 다른 방법으로 배치할 수 있기 때문이다. 위에 나온 첫 번째 정답을 예로 들어보자. 여기서는 움직인 동전이 다이아몬드 형태로 배치되어 있다. 이 동전을 각각 A, B, C, D라고 한다면 다이아몬드 배열의 맨 위 자리에서 시계 방향으로 이 동전들을 ABCD로 배열할 수도 있고, ABDC, ACBD 등으로 배열할 수 있다. 이렇게 하면 A, B, C, D를 24가지 조합으로 배열할 수 있다.

　따라서 정답은 총 100 × 24 = 2,400 가지가 존재한다.

　여기 나무 열 그루로 이루어진 줄을 다섯 개 만드는 듀드니의 문제 정답을 소개한다.

다트

나침반

깔때기

못

081 탁자 위에 동전 놓기 게임에서 항상 이기는 방법은?

다음의 전략을 따르기만 한다면 먼저 동전을 올리는 사람이 항상 이기게 된다.

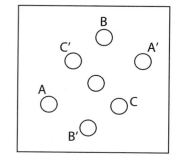

1번 선수가 첫 번째 동전을 탁자 정중앙에 올려놓고, 그 이후로는 그냥 2번 선수가 올린 동전의 정반대 위치에 계속 따라 올리면 된다. 오른쪽 그림을 보자. 2번 선수가 A에 동전을 올리면 1번 선수는 A′에 동전을 올린다. 그리고 2번 선수가 B나 C에 동전을 올리면 1번 선수는 정반대 위치인 B′나 C′에 똑같이 따라서 올린다.

탁자가 비어 있는 상태에서 게임을 시작하기 때문에 2번 선수가 어느 한 곳에 동전을 올려놓으면 그 정반대 위치는 항상 비어 있게 된다. 2번 선수는 거기에 동전을 올리면 그만이다. 따라서 1번 선수는 질래야 질 수가 없고, 결국 2번 선수는 더 이상 동전을 올릴 곳이 없는 순간을 맞이할 것이다.

만약 시거로 이 게임을 하고 싶다면 첫 번째 시거를 눕히지 말고 세워놓아야 한다. 시거의 양쪽 끝이 같은 모양이 아니라 한쪽은 납작하고, 한쪽은 가늘어지는 형태이기 때문이다(내가 시거를 동전으로 대체한 것을 고맙게 생각해야 한다. 아무리 런던 클럽이라지만 이때만 해도 시거의 회전 비대칭 문제를 생각할 수 있는 사람은 많지 않았다).

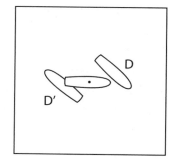

오른쪽 그림처럼 1번 선수가 시거를 정가운데에 옆으로 눕혀 놓았는데, 2번 선수가 가늘어지는 쪽 아주 가까운 위치인 D에 시거를 갖다 놓으면 1번 선수는 정반대 위치인 D′에 시거를 올릴 수 없게 된다. 가운데 시거를 건드리기 때문이다. 동전으로 풀면 이런 문제가 생기지 않는다.

372

082 번갈아 놓인 동전을 네 번 만에 같은 것끼리 묶기

테이트의 원래 문제는 다음과 같이 풀 수 있다.

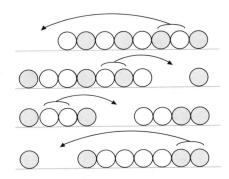

동전이 다섯 개 나오는 문제는 이렇게 풀 수 있다.

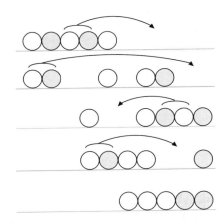

083 동전 여덟 개를 네 번 만에 네 개로 나누기

동전을 아래 그림처럼 숫자를 따라 움직이면 된다. 동전이 겹쳐 있는 그림은 동전 두 개를 쌓아 올린 그림이다.

맛보기 문제

제1장

제2장

제3장

제4장

제5장

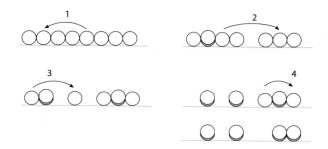

084 개구리 자리와 두꺼비 자리를 바꿀 수 있을까?

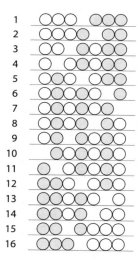

085 삼각형으로 배치한 동전을 제거하는 솔리테르 문제

앞에서 한 것처럼 2번 위치의 동전을 들어낸다. 신기하게도 첫 번째 수와 마지막 수가 여섯 번에 푸는 해법과 똑같다. 여기서 조금 더 머리를 쓴 부분은 세 번째 수에서 점프를 모두 마무리하지 않는 것이다.

[1] 7번이 2번으로

[2] 1번이 4번으로

[3] 9번이 7번으로, 다시 2번으로

[4] 6번이 4번으로, 다시 1번으로, 다시 6번으로

[5] 10번을 3번으로

086 어둠 속에서 동전의 앞뒷면을 알아맞힐 수 있을까?

관객이 당신에게 앞면 동전이 x개가 있다고 말해주면 당신은 동전을 아무것이나 x개만큼 골라서 뒤집어주기만 하면 앞면의 개수가 똑같은 두 집단으로 동전을 나눌 수 있다.

예를 들어 앞면 동전이 세 개 있다는 얘기를 들었다면 임의의 동전 세 개를 한 그룹으로 고른 다음 뒤집어주면 된다. 그럼 나머지 동전들과 앞면의 개수가 똑같아진다. 당신이 고른 동전 세 개 중에 앞면 동전이 몇 개가 있든 간에 이 방법은 유효하다.

그와 마찬가지로 앞면 동전이 다섯 개 있다는 얘기를 들었다면 임의의 동전 다섯 개를 한 그룹으로 고른 후에 뒤집어주면 나머지 동전들과 앞면 동전의 개수가 똑같을 것이다. 이번에도 마찬가지로 당신이 고른 다섯 개의 동전에 앞면이 몇 개가 있든 이 방법은 유효하다.

당신이 뒤집은 그룹이나 남은 동전들 중에 앞면 동전이 몇 개나 들어 있는지 아는 것은 불가능하다. 하지만 그 부분도 알아내겠다고 약속한 적은 없다. 당신이 확실하게 말할 수 있는 부분은 양쪽 그룹에서 앞면 동전의 개수가 똑같다는 것뿐이다. 마법처럼 느껴지는 문제치고는 정말 깜짝 놀랄 정도로 간단한 해답이다.

예를 들어 동전 세 개를 앞면으로 놓은 후에 서로 다른 여러 가지 조합으로 동전을 골라서 뒤집어보자. 그럼 이것이 통하는 이유를 이해할 수 있을 것이다.

하지만 이것을 엄격하게 증명하려면 대수학을 동원해야 한다.

열 개의 동전 중 앞면 동전이 x개라고 들었다고 가정해보자. x개의 동전을 임의로 골라서 이것을 A그룹이라고 하자. 이 동전들이 모두 앞면이라면 나머지 동전으로 이루어진 B그룹은 모두 뒷면이다. 따라서 A그룹을 모두 뒤집으면 모두 뒷면이 될 것이고, 그럼 이제 양쪽 그룹은 모두 앞면 동전의 개수가 똑같이 0이 된다.

하지만 이번에는 A그룹에 앞면이 하나도 없다고 해보자. 그럼 x개의 앞면 동전이 모두 B그룹에 있다는 얘기다. A그룹의 동전을 모두 뒤집으면 A그룹에 앞면 동전이 x개가 된다. 그럼 이번에도 마찬가지로 양쪽 그룹 모두 앞면 동전의 개수가 똑같이 x가 된다.

맛보기 문제

제1장

제2장

제3장

제4장

제5장

이번에는 A그룹의 동전 중 일부는 앞면이고, 일부는 뒷면이라고 해보자. A그룹에 뒷면 동전이 y개라면, A그룹에 있는 앞면 동전의 개수는 $x-y$다. 그럼 B그룹에는 앞면 동전이 y개가 있다는 말이 된다. 따라서 A그룹의 동전을 모두 뒤집으면 그 안에는 $x-y$개의 뒷면 동전과 y개의 앞면 동전이 있게 돼서, B그룹의 앞면 동전 개수와 같아진다.

이 방법은 동전이 꼭 열 개가 아니라 몇 개든 상관없이 통한다. 앞면 동전의 총 개수만 알면 앞면 동전 개수만큼의 동전을 임의로 골라 뒤집어서 앞면 동전의 개수가 똑같은 두 그룹으로 나눌 수 있다.

087 동전 100개를 하나씩 집는 게임에서 무조건 이기는 법

이 퍼즐에서 결정적인 부분은 100이 짝수라는 사실이다.

동전에 1부터 100까지 번호를 매겨보자. 만약 페니가 동전을 처음 집어낸다면 마음 먹기에 따라 모든 짝수 동전, 혹은 모든 홀수 동전을 가져올 수 있다. 예를 들어 모든 홀수 동전을 갖고 싶다면 1번 동전부터 가져오면 된다. 그럼 밥은 2번 아니면 100번 동전을 선택하겠지만, 밥이 어느 동전을 가져가든 그다음에 페니가 고를 수 있는 홀수 동전이 나온다. 페니가 다시 이 홀수 동전을 가져가면, 다음에도 양쪽 끝에 짝수 동전밖에 남지 않는다. 그럼 밥은 다시 짝수 동전을 가져갈 수밖에 없다. 이렇게 하면 동전이 남지 않을 때까지 페니는 계속해서 홀수 동전을, 밥은 짝수 동전을 갖게 된다. 만약 페니가 짝수 동전을 원한다면 100번 동전을 제일 먼저 가져오면 된다. 그럼 밥은 1번이나 99번을 택해야 하고, 그다음 페니 차례에 고를 수 있는 짝수 동전이 나온다. 이런 식으로 계속 이어질 것이다.

따라서 페니는 홀수 동전의 총액과 짝수 동전의 총액을 모두 계산해본 후에 어느 쪽이 큰 가에 따라 홀수 또는 짝수를 결정하면 된다. 홀수 동전 총액과 짝수 동전 총액이 차이가 난다면 페니는 무조건 이긴다. 만약 양쪽 총액이 똑같다면 홀수를 택하든, 짝수를 택하든 밥과 똑같은 액수를 모으게 될 것이다. 페니는 못해도 밥만큼은 돈을 모을 수 있다.

이 게임에는 일견 모순으로 보이는 흥미로운 부분이 있다. 만약 동전을 하나 더 추가해서 모두 101개가 되면 밥은 동전을 하나 덜 모으게 되는데도 오히려 더 유리해질 수 있다는 점이다! 일단 페니가 첫 번째 동전을 골라서 동전이 100개만 남게 되면 밥은 위에서 페니가 한 것과 똑같이 진행할 수 있다. 밥은 홀수 동전과 짝수 동전의 총액을 구해서 큰 쪽을 선택하면 된다. 여기서 밥이 지는 경우는 홀수 동전 총액과 짝수 동전 총액의 차이가 페니가 처음 고른 동전의 액수보다 작을 때뿐이다.

동전의 액수나 그 줄에 들어 있는 동전의 총개수보다 동전의 개수가 홀수냐, 짝수냐가 승부에 결정적인 영향을 미친다는 것이 참 놀랍다.

088 성냥개비를 떨어뜨리지 말고 동전을 탈출시켜라

다른 성냥에 불을 켜서 문제에 나오는 성냥개비 머리에 불을 붙인 다음 재빨리 입으로 바람을 불어서 끈다. 그럼 성냥개비가 오른쪽 유리잔에 달라붙어 있을 것이다. 이때 왼쪽 유리잔을 뒤집어서 동전을 꺼내면 된다.

089 성냥개비 네 개를 들어내서 정삼각형을 네 개로 만들기

090 자유자재로 모양을 바꾸는 12개의 성냥개비

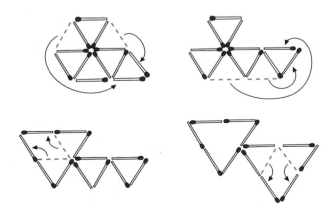

091 성냥개비 여섯 개로 만드는 여러 가지 삼각형

[1]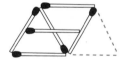

[2]

092 서로서로 맞닿은 성냥개비 네트워크

093 성냥개비 12개로 모든 지점에서 점이 만나는 모양 만들기

094 성냥개비 20개로 두 개의 울타리 만드는 법

 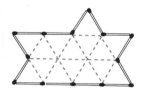

095 번호가 붙은 우표를 순서대로 접기

1-5-6-4-8-7-3-2의 순서를 얻으려면 다음과 같이 하면 된다.

1단계: 6의 뒷면과 7의 뒷면이 닿도록 우표를 접는다. 그리고 집게손가락과 엄지손가락으로 6과 7의 앞면을 잡고 눌러 함께 붙어 있게 한다.

2단계: 반대쪽 손으로 4의 앞면을 8의 앞면에 갖다 붙인다. 그리고 집게손가락과 엄지손가락으로 4와 8을 잡고 눌러 함께 붙어 있게 한다.

3단계: 4와 8을 구부려서 6과 7 사이로 미끄러져 들어가게 한다. 이제 6, 4, 8, 7은 올바른 순서대로 놓여 있다.

4단계: 1, 2, 5, 6이 들어 있는 구간을 곧게 편다. 그리고 5의 앞면을 6의 앞면에 대고 접는다. 그럼 문제가 풀렸다.

1-3-7-5-6-8-4-2의 순서 찾기에 대해 듀드니는 이렇게 적었다. '이 순서를 얻기는 더 어렵다. 그래서 내가 발견한 법칙에 따라 이것이 반드시 가능하다는 확신을 얻지 못한 사람이라면 못 보고 지나치는 것도 무리가 아니다.'

1단계: 가운데 수평한 선을 따라 시트를 절반으로 접어 1, 2, 3, 4의 앞면이 앞면으로 보이고, 5, 6, 7, 8은 뒷면에서 보이게 만든다.

2단계: 5의 앞면이 6의 앞면과 만나도록 접는다.

3단계: 한 손으로는 엄지손가락이 1에, 집게손가락이 2에 가도록 우표를 잡고 있는다. 그리고 반대쪽 손으로는 앞면에 8이 나와 있고, 뒷면에 4가 나와 있는 시트 반대쪽 끝 부분을 잡는다. 지금부터가 좀 어렵다. 이번에는 8/4 끝부분을 1과 5 사이로 밀어 넣은 다음 다시 8/4 끝부분이 6과 2 사이로 미끄러져 들어가게 해서 1과 5 사이에 3과 7만 남게 한다. 그럼 끝이다!

096 우표 네 장을 연결해서 뜯는 방법은 몇 가지일까?

붙어 있는 우표에서 네 장을 붙여서 떼어내는 방법은 다음과 같다.

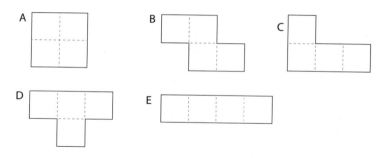

이 각각의 모양별로 도형이 몇 개 나올 수 있는지 셀 때는 취할 수 있는 모든 방향과 회전을 빼먹지 않도록 조심해야 한다.

A 모양은 **여섯 개**가 나온다.

B 모양은 위 그림에 나온 모양으로는 네 개, 그리고 90도 회전한 모양으로는 세 개가 나온다. 그리고 이 모양을 좌우로 뒤집어 Z 모양이 S 모양이 되게 하면 S 모양으로 네 개, 그리고 S를 90도 회전한 모양으로 세 개가 더 나와 총 **14개**가 나온다.

C 모양은 위에 나온 모양으로는 네 개, 그리고 90도 회전한 모양으로는 세 개, 180도 회전한 모양으로는 네 개, 270도 회전한 모양으로는 세 개, 그래서 총 14개가 나온다. 그리고 B 모양에서 했던 것처럼 여기서도 좌우로 뒤집으면 14개가 더 추가되므로 총 **28개**가 나온다.

D 모양은 위에 나온 모양으로는 네 개, 90도 회전한 모양으로는 세 개, 180도 회전한 모양으로는 네 개, 270도 회전한 모양으로는 세 개, 그래서 총 **14개**가 나온다.

E 모양은 **세 가지**만 나올 수 있다.

따라서 총합은 6 + 14 + 28 + 14 + 3 = 65개다.

097   여러 조각으로 박살난 체스판을 제대로 맞추기

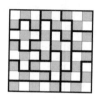

098 여덟 개의 정사각형 링으로 정육면체 접기

네 번째 정사각형과 여섯 번째 정사각형에서 그림처럼 접어주면 정육면체를 쉽게 접을 수 있다.

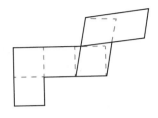

099 간단하지만 불가능에 가까운 비닐 땋기

이 퍼즐은 서로 다른 방식으로 풀 수 있다. 제일 빠른 방법은 가닥을 자기 안쪽으로 두 번 꼬는 방법이다. 스카우트에서 스카프 고리 묶는 법을 이렇게 가르친다. 하지만 이 방법은 여러분도 추측할 수 있을 테니 여기서 다루지 않겠다(관심 있는 사람은 인터넷으로 찾아보기 바란다.).

이 퍼즐이 내 마음에 드는 이유는 상식을 이용해도 이 매듭을 땋을 수 있다는 점 때문이다. 사실 이 퍼즐을 정말 쉽게 푸는 방법이 있다. 이 방법은 너무나 직관적이라 일단 방법을 이해하고 나면 이것을 과연 퍼즐이라 할 수 있을까 싶을 정도다. 그냥 다음의 지시를 따르기만 하면 된다.

여기서 우리 모두 땋는 방법은 알고 있다고 가정하겠다. 제일 왼쪽 가닥을 가운데 가닥 위로 교차시킨 다음, 오른쪽 가닥을 가운데 가닥 위로 교차시키고, 그다음에는 왼쪽 가닥을 가운데 가닥 위로… 이런 식으로 이어가면 땋기가 된다. 아래 그림에서 설명해보면 1을 2 위로 교차시키고, 그다음에는 3을 1 위로 교차시킨다. 그럼 이제는 3이 가운데가 된다. 다음 단계는 2(왼쪽)를 3(가운데) 위로 교차시키고… 이렇게 계속 이어진다.

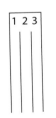

정답 및 해설

381

내가 이 가닥들이 여섯 번 교차한다고 했는데, 이것이 단서였다. 세 가닥이 위와 아래 끝
단에서 이어져 있다는 것을 잠시 잊어버리고, 마치 연결되지 않은 것처럼 위에서부터 땋
기 시작한다. 1을 2 위로 교차시키고, 다시 3을 1 위로 교차시키고, 여기서 네 번 더 교차시
켜 모두 여섯 번 교차시킨다(직접 해보면 조작하기가 쉽지 않다. 그래서 비닐봉지를 이용하라고
한 것이다. 종이는 잘 찢어진다). 여섯 번째 교차 지점을 엄지손가락과 집게손가락으로 쥐고
바라보면 아래 그림처럼 뒤죽박죽 얽힌 이상한 덩어리가 나온다.

비닐이 이렇게 보이는 이유는 위쪽에서 땋기를 할 때마다 그 반대쪽이 볼성사납게 꼬이
기 때문이다. 여섯 번 교차시켰을 때 내 엄지손가락 왼쪽에 있는 패턴이 바로 우리가 해답
으로 구하려는 패턴이다. 그리고 그 오른쪽은 엉망으로 뒤엉킨 비닐봉지일 뿐이다.
　그럼 이제 어떻게 해야 할까? 손가락 오른쪽 부분의 뒤엉킨 부분을 나머지 손으로 풀어
보자. 엉켜 있던 오른쪽 끝을 몇 번 반대 방향으로 풀어주면 꼬였던 가닥이 완벽하게 풀어
진다. 그럼 이제 땋은 가닥이 끝까지 골고루 반듯하게 펴지도록 조정해준다. 막상 해놓고
보니 불가능하다는 땋기가 전혀 불가능한 것이 아니었다.
　이 해법은 특별히 우아하다고 할 수는 없지만 분명 통한다. 가끔은 단순무식하게 푸는
것이 정답으로 이어질 때가 있다.

101 대칭으로 보이는 열 자리 숫자 아홉 개의 합은?

두 합은 똑같다! 이 계산을 자리별로 검토해보기 전에는 이 결과가 아주 놀랍게 느껴질 것이다. 왼쪽 덧셈에서 첫 번째 칸을 보면 9가 한 개 들어가 있다. 이것을 1×9로 표현할 수 있다. 오른쪽 덧셈 첫 번째 칸을 보면 1이 아홉 개 들어 있다. 즉 9×1이다. 왼쪽 덧셈에서 두 번째 칸에는 8이 두 개 들어 있다. 즉 2×8이다. 오른쪽 덧셈에서 두 번째 칸에는 2가 여덟 개 들어 있다. 즉 8×2다. 이런 식으로 이어진다. 각각의 자리마다 더하면 모두 같은 수가 나오니 총합 역시 같다.

102 가우스처럼 머리를 굴려 24개 숫자 더하기

모든 수를 덧셈 계산을 할 때처럼 위아래로 쌓아올리듯 적어보면 일의 자리, 십의 자리, 백의 자리, 천의 자리 등 각각의 자릿수에 숫자가 똑같이 들어 있는 것을 알 수 있다. 즉 기둥마다 숫자들의 순서는 다 다르겠지만 1, 2, 3, 4가 모두 여섯 개씩 들어간다. 그럼 각각의 자릿수의 합을 계산하기는 쉽다. $(6 \times 1) + (6 \times 2) + (6 \times 3) + (6 \times 4) = 6 + 12 + 18 + 24 = 60$이다. 그럼 총합은 다음과 같다.

```
    6 0
   6 0
  6 0
 6 0
_____
 6 6 6 6 0
```

103 가우스처럼 머리를 굴려 100개 숫자 더하기

이 문제는 두 방법 중 하나로 풀 수 있다. 첫 번째 것은 '앨퀸법'이라 부르겠다. 1부터 100

까지 더할 때 앨퀸이 수를 짝 지은 방법을 충실하게 따르고 있기 때문이다. 그리고 두 번째 것은 '가우스법'이라고 하겠다.

1	2	3	4	5	6	7	8	9	10
2	3	4	5	6	7	8	9	10	11
3	4	5	6	7	8	9	10	11	12
4	5	6	7	8	9	10	11	12	13
5	6	7	8	9	10	11	12	13	14
6	7	8	9	10	11	12	13	14	15
7	8	9	10	11	12	13	14	15	16
8	9	10	11	12	13	14	15	16	17
9	10	11	12	13	14	15	16	17	18
10	11	12	13	14	15	16	17	18	19

앨퀸법: 수를 왼쪽 위에서 오른쪽 아래 방향으로 대각선으로 짝짓는다. 그럼 $(1+19)=20, (2+18)=20, (3+17)=20, \cdots (9+11)=20$ 인 것을 알 수 있다. 첫 번째 짝은 한 개, 두 번째 짝은 두 개, 세 번째 짝은 세 개⋯ 등으로 이어진다. 따라서 이런 짝들의 합은 $20+(2\times20)+(3\times20)+\cdots+(9\times20)$, 혹은 $(1+2+3+\cdots+9)\times20$이고 이 값은 $45\times20=900$ 여기에 우리가 아직 더하지 않은 대각선상의 10을 열 개 더해준다. 그럼 총 합은 $900+100=1{,}000$이다.

가우스법: 첫 번째 줄의 합은 $(1+10)+(2+9)+\cdots+(5+6)=5\times11=55$다. 두 번째 줄에 나오는 수는 모두 첫 번째 줄에 나온 수에 +1을 한 값이므로, 두 번째 줄의 합은 첫 번째 줄의 합 더하기 10이다. 세 번째 줄의 합은 두 번째 줄의 합 더하기 10이므로 첫 번째 줄의 합 더하기 20이다. 따라서 전체 표를 합한 값은 다음과 같다.

$$55+(55+10)+(55+20)+\cdots+(55+90)$$

그리고 이 값은 다음과 같다.

$$(10 \times 55) + (10 + 20 + 30 + \cdots + 90)$$

즉,

$$550 + 10(1 + 2 + 3 + \cdots + 9) = 550 + (10 \times 45) = 550 + 450 = 1,000$$

104　정사각형만으로 이루어진 수수께끼 공식

일부 숫자는 특정 위치에서 배재할 수 있다. 1같은 경우다. 1은 곱셈에는 들어갈 수 없다. 어떤 숫자에 1을 곱하면 원래의 숫자가 나오는데, 이 퍼즐에서는 숫자들이 딱 한 번씩만 등장하기 때문이다. 하지만 사실 이 문제를 풀려면 시행착오를 겪는 수밖에 없다.

$$9 - 5 = 4$$
$$\times$$
$$6 \div 3 = 2$$
$$=$$
$$1 + 7 = 8$$

105　정사각형만으로 이루어진 유령 방정식

$$27 \times 3 = 81$$
$$6 \times 9 = 54$$

106　숫자의 합을 일정하게 하는 숫자 채워 넣기

합이 11일 때:

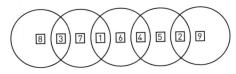

합이 13일 때:

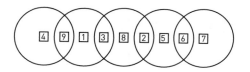

합이 14일 때:

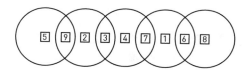

107 네 개의 4를 이용해 0~9까지 만들기

여기 소개한 것 말고 다른 정답이 있는 경우도 많다.

2부터 9까지:

$$2 = \left(\frac{4}{4}\right) + \left(\frac{4}{4}\right)$$

$$3 = \frac{(4+4+4)}{4}$$

$$4 = 4 + (4 \times (4-4))$$

$$5 = \frac{(4 \times 4) + 4}{4}$$

$$6 = \frac{(4+4)}{4} + 4$$

$$7 = 4 + 4 - \left(\frac{4}{4}\right)$$

$$8 = 4 + 4 + 4 - 4$$

$$9 = 4 + 4 + \left(\frac{4}{4}\right)$$

10에서 20까지:

$$10 = \sqrt{4} + \left(4 \times \frac{4}{\sqrt{4}}\right)$$

$$11 = \frac{44}{(\sqrt{4} \times \sqrt{4})}$$

$$12 = 4 \times \left(4 - \left(\frac{4}{4}\right)\right)$$

$$13 = \left(\frac{44}{4}\right) + \sqrt{4}$$

$$14 = (4 \times 4) - 4 + \sqrt{4}$$

$$15 = (4 \times 4) - \left(\frac{4}{4}\right)$$

$$16 = (4 \times 4) + 4 - 4$$

$$17 = (4 \times 4) + \left(\frac{4}{4}\right)$$

$$18 = (4 \times 4) + 4 - \sqrt{4}$$

$$19 = \frac{(4 + \sqrt{4})}{0.4} + 4$$

$$20 = \left(4 + \left(\frac{4}{4}\right)\right) \times 4$$

21에서 30까지:

$$21 = 4! - 4 + \left(\frac{4}{4}\right)$$
$$22 = 4 \times 4 + 4 + \sqrt{4}$$
$$23 = 4! - \sqrt{4} + \left(\frac{4}{4}\right)$$
$$24 = (4 \times 4) + 4 + 4$$
$$25 = 4! + 4 - \left(\frac{4}{4}\right)$$

$$26 = 4! + \sqrt{(4 + 4 - 4)}$$
$$27 = 4! + 4 - \left(\frac{4}{4}\right)$$
$$28 = ((4 + 4) \times 4) - 4$$
$$29 = 4! + 4 + \left(\frac{4}{4}\right)$$
$$30 = 4! + 4 + 4 - \sqrt{4}$$

31에서 40까지:

$$31 = 4! + \frac{(4! + 4)}{4}$$
$$32 = (4 \times 4) + (4 \times 4)$$
$$33 = 4! + 4(\sqrt{4}/.4)$$
$$34 = (4 \times 4 \times \sqrt{4}) + \sqrt{4}$$
$$35 = 4! + 44/4$$

$$36 = 44 - 4 - 4$$
$$37 = 4! + \frac{(4! + \sqrt{4})}{\sqrt{4}}$$
$$38 = 44 - (4!/4)$$
$$39 = 4! + (4!/(4 \times .4))$$
$$40 = 4! - 4 + 4! - 4$$

41에서 50까지:

$$41 = \frac{(4! + \sqrt{4})}{.4} - 4!$$
$$42 = 44 - 4 + \sqrt{4}$$
$$43 = 44 - (4/4)$$
$$44 = 44 + 4 - 4$$
$$45 = 44 + \left(\frac{4}{4}\right)$$

$$46 = 44 + 4 - \sqrt{4}$$
$$47 = 4! + 4! - \left(\frac{4}{4}\right)$$
$$48 = (4 + 4 + 4) \times 4$$
$$49 = 4! + 4! + \left(\frac{4}{4}\right)$$
$$50 = 44 + 4 + \sqrt{4}$$

(mathforum.org에 감사드린다. 여기 정답은 그 사이트에서 베껴온 것이다.)

108 숫자 일곱 개, 점 여덟 개로 푸는 콜럼버스 문제

$$80.\dot{5} \,(\text{또는 } 80\frac{55}{99})$$

$$.\dot{9}\dot{7} \,(\text{또는 } \frac{97}{99})$$

$$+ \quad .\dot{4}\dot{6} \,(\text{또는 } \frac{46}{99})$$

$$\overline{\qquad 82 \qquad}$$

$\frac{55}{99} + \frac{97}{99} + \frac{46}{99} = \frac{198}{99} = 2$ 이기 때문에 분자와 분모가 보기 좋게 상쇄된다.

109 3과 8만으로 24 만들기

$$24 = \frac{8}{3-(\frac{8}{3})}$$

110 네 자리 숫자, 그리고 그들만의 규칙

  아이가 어른보다 더 빨리 풀 수 있다는 단서가 문제에 덧붙여진 경우, 그것은 복잡하게 이해하지 않고 아주 간단한 시각적 패턴만 인식하면 그 문제를 풀 수 있다는 힌트다. 수가 나열된 목록을 보면 어른들은 자동으로 수치로 생각하기 시작한다. 하지만 이 퍼즐의 경우에는 수들이 수치적인 의미는 전혀 없이 그냥 어떤 형태에 불과하다. 각각의 네 자리 숫자에서 그 안에 들어 있는 동그라미의 숫자를 세보자. 그럼 그 값이 등호 오른쪽에 나온 수와 같다. 8이라는 기호에는 동그라미가 두 개, 0에는 한 개, 9에도 한 개가 있다. 따라서 8809라는 수에는 동그라미가 모두 여섯 개다. 따라서 2581에 들어 있는 동그라미의 개수는 2다.

111 숫자의 규칙에 맞춰 화살표 따라가기 1

  너무 깊이 생각하지 않았기를 빈다. 여기 적용되는 규칙은 아주 간단하다. 각각의 수에 대해 그 안에 들어 있는 두 숫자를 곱한 것이 다음 수다.

$7 \times 7 = 49$ $4 \times 9 = 36$ $3 \times 6 = 18$

따라서 다음에 나오는 수는 $1 \times 8 = 8$이다.

112 숫자의 규칙에 맞춰 화살표 따라가기 2

수 속에 들어 있는 각각의 숫자를 제곱해서 그 값을 더하는 것이 규칙이다. 따라서 다음과 같이 진행된다.

$$4^2 = 16 \qquad 1^2 + 6^2 = 37 \qquad 3^2 + 7^2 = 58$$

그럼 다음과 같은 이유 때문에 미지의 수는 20이 된다.

$$4^2 + 2^2 = 20 \text{ 그리고 } 2^2 + 0^2 = 4$$

나는 $4 \rightarrow 16$을 아주 오랫동안 바라보다가 문제를 풀었고, 그제야 제곱이 관련되어 있음을 깨달았다. 그다음 단계는 어떻게 해야 제곱을 이용해서 16에서 37로 넘어갈 수 있는지 알아내는 것이었다. 일단 이것을 알아내니 나머지는 도미노처럼 풀렸다.

113 숫자의 규칙에 맞춰 화살표 따라가기 3

이 문제는 처음 접하는 사람에겐 정말 까다로운 문제다. 아무리 봐도 이 순서를 설명할 산술 규칙이 없어 보인다. 하지만 숫자를 입으로 읽어보면 단어들이 수에 해당하는 단어의 길이가 점점 길어지는 것을 알 수 있다.

Ten(10) – 세 개
Nine(9) – 네 개
Sixty(60) – 다섯 개
Ninety(90) – 여섯 개
Seventy(70) – 일곱 개
Sixty-six(66) – 여덟 개

글로 적어보면 패턴이 분명하게 드러난다. 목록의 첫 번째 수는 세 글자, 두 번째 수는 네 글자, 세 번째 수는 다섯 글자, 그리고 그 뒤로, 여섯, 일곱, 여덟 글자로 이어진다. 이 수들은 단어의 길이 순서로 나열되어 있고, 항목이 새로 늘어날 때마다 한 글자씩 많아진다. 따라서 다음 항은 아홉 개의 알파벳으로 이루어진 것이어야 한다. 하지만 아홉 개의 알파벳으로 이루어진 숫자는 차고 넘친다! 예를 들어보자. Forty-four(44), Fifty-five(55), Sixty-nine(69), Ninety-six(96) 등. 이 중 어떤 것일까?

다시 목록으로 돌아가 좀 더 생각해보자.

세 개의 알파벳만으로 구성된 수는 one(1), two(2), ten(10)밖에 없다.

네 개의 알파벳만으로 구성된 수는 four(4), five(5), nine(9)밖에 없다.

이 목록에 등장하는 각각의 수는 그 만큼의 알파벳 개수를 가진 수 중 가장 큰 수다. 목록에 나와 있는 다른 수들도 이 점을 확인할 수 있다.

아홉 개의 알파벳으로 이루어진 수 중에서 가장 큰 수는 ninety-six(96)이다. 따라서 이것이 정답이다. 그런데 꼭 그렇지도 않다. 10,000,000,000,000,000,000,000,000,000,000 ,000,000,000,000,000,000,000,000,000,000,000,000,000,000,000,000,000 ,000,000,000 혹은 10^{100}을 'googol(구골)'이라고 한다. 이 단어의 알파벳 수는 여섯 개다. 여기에 0을 하나 더 붙이면 'ten googol(10구골)'로 알파벳이 아홉 개가 된다. 사실 이것이 최고의 답이다.

한때 구글_{Google}에서 취업 면접을 볼 때 이 문제를 즐겨 물어봤다는데 그 이유를 알 만하다(구글이라는 이름 자체가 구골이라는 단어를 살짝 비틀어서 만든 것이다.—옮긴이).

114 오로지 숫자만으로 이루어진 사전

이 사전에는 1000조 개의 숫자가 나열되어 있다. 모든 수는 반드시 one(1), two(2), three(3), four(4), five(5), six(6), seven(7), eight(8), nine(9), ten(10), eleven(11), twelve(12), thirteen(13), fourteen(14), fifteen(15), sixteen(16), seventeen(17), eighteen(18), nineteen(19), twenty(20), thirty(30), forty(40), fifty(50), sixty(60), seventy(70), eighty(80), ninety(90) 중 하나로 시작해야 한다.

따라서 첫 번째 항목은 8(eight)이 되어야 한다.

비슷한 논리로 마지막 항목은 2(two)로 시작해야 한다. two는 위에 나열된 단어들의 알파벳에서 제일 뒤에 있기 때문이다. 하지만 2가 그 마지막 항목이 될 수는 없다. 2로 시작하지만 2가 아닌 숫자가 2 뒤에 나오기 때문이다. 2 뒤에 나올 수 있는 단어로는 trillion(1조),

million(100만), thousand(1,000), hundred(100)가 있다. 이 중에서 알파벳 순서로 제일 뒤에 나오는 것은 trillion이다. 따라서 이 숫자의 제일 첫 두 단어는 two trillion이다. 이 숫자에서 그다음에 붙을 단어 역시 two다. 이어서 다음 단어가 따라붙어야 한다. Thousand. Two. Hundred. Two. 따라서 정답은 2,000,000,002,202다.

첫 번째 홀수 항목은 8로 시작해야 하지만, 분명 8 그 자체는 아니다. 8은 짝수이기 때문이다. 8 다음에 붙을 수 있는 단어는 이번에도 역시 trillion, billion(10억), million, thousand, hundred가 있는데 이 중 알파벳 순서로 제일 빠른 것은 billion이다. 그다음에 올 다섯 글자는 eight이 돼야 한다. 그럼 eighteen, eighty, eight million, eight thousand, eight hundred 등이 가능하다. 이 중에서는 eighteen이 제일 빠르다. 이런 식으로 계속 이어가면 다음과 같은 결과가 나온다. Million. Eighteen. Thousand. Eight. Hundred. Eighty. 그럼 지금까지 밝혀진 이 수의 정체는 8,018,018,88X이다(여기서 X는 마지막 숫자). 이 숫자는 홀수다. 따라서 숫자 X는 one, three, five, seven, nine에서 나와야 한다. 이 중 five가 알파벳 순서가 제일 빠르다.

그럼 답은 8,018,018,885다.

마지막 홀수 항목도 위와 똑같은 과정을 거치면 2,000,000,002,223이 나온다.

보너스 문제: 'SEND MORE MONEY'(돈을 더 보내줘)
앞에서 여기까지 왔다.

$$
\begin{array}{r}
9\,E\,N\,D \\
+\quad 1\,O\,R\,E \\
\hline
= 1\,O\,N\,E\,Y
\end{array}
$$

만약 천의 자리에서 자리 올림이 발생한다면 1 + 9 + 1 = 1O(여기서 O는 대문자 알파벳)이 되지만 그럼 대문자 O = 1이 된다. 하지만 이것은 안 될 말이다. 이미 M = 1이기 때문이다. 따라서 천의 자리에서는 자리 올림이 발생하지 않는다. 즉 O = 0이라는 의미다. 숫자 0과 알파벳 O가 자꾸 헷갈렸는데 다행이다.

하지만 백의 자리에서는 자리 올림이 발생해야 한다. 아니면 E + 0 = N이 되어 E = N이라는 의미가 되기 때문이다. 서로 다른 두 글자가 똑같은 수를 나타낼 수는 없다. 그럼 이 덧셈은 이제 이렇게 보이게 된다.

$$
\begin{array}{r}
9\ \overset{1}{E}\ \overset{x}{N}\ D \\
+\ \ 1\ 0\ R\ E \\
\hline
=\ 1\ 0\ N\ E\ Y
\end{array}
$$

십의 자리에서 자리 올림이 발생하는 위치에 x를 추가해 넣었다. 자리 올림이 발생하면 $x = 1$이고, 그렇지 않으면 $x = 0$이다. 여기 x를 적은 이유는 그렇게 하면 남은 자릿수로부터 다음과 같은 세 개의 방정식을 이끌어낼 수 있기 때문이다.

백의 자리: $E + 1 = N$

십의 자리: $x + N + R = 10 + E$ (10은 자리 올림을 나타낸다.)

일의 자리: $D + E = Y + 10x$

$x = 0$이라면 두 번째 방정식에서 N에 $E + 1$을 대입하면 다음의 결과가 나온다.

$E + 1 + R = 10 + E$

이것을 정리하면 $R = 9$

이것은 $S = 9$라서 불가능한 결론이다. 따라서 $x = 1$이고, 그럼 위의 세 방정식은 다음과 같이 정리된다.

$E + 1 = N$

$N + R = 9 + E$

$D + E = Y + 10$

두 번째 방정식에서 N에 $E+1$을 대입하면 $E + 1 + R = 9 + E$가 나온다. 이것을 정리하면 $R = 8$이다.

$$
\begin{array}{r}
9\ \overset{1}{E}\ \overset{1}{N}\ D \\
+\ \ 1\ 0\ 8\ E \\
\hline
=\ 1\ 0\ N\ E\ Y
\end{array}
$$

그럼 다음의 두 방정식이 남는다.

E + 1 = N
D + E = Y + 10

숫자 0과 1은 사용되었으므로 Y는 분명 2나 그보다 큰 값이어야 한다. 따라서 D + E > 12다. 9와 8은 이미 사용되었기 때문에 D와 E의 값으로 가능한 것은 6과 7(혹은 그 반대), 또는 5와 7(혹은 그 반대)밖에 없다.

6과 7이라고 해보자. 그럼 E는 6이나 7이다. 만약 E = 6이라면 D = 7이다. 그러면 모순이 일어난다. 그럼 E + 1 = N이기 때문에 N = 7이 되는데 서로 다른 글자가 같은 숫자를 가리키기 때문이다. 그럼 E = 7이라고 해보자. 그럼 E + 1 = N이라는 방정식을 통해 N = 8이 되지만 8은 이미 R이 차지했다. 따라서 D와 E는 5와 7, 또는 7과 5다.

하지만 위와 같은 이유 때문에 E는 7일 수 없다. 그럼 N = 8이라야 하는데 그럴 수 없기 때문이다. 따라서 D = 7, E = 5, Y = 2, N = 6이다.

```
     1 1
    9 5 6 7
+   1 0 8 5
= 1 0 6 5 2
```

115 문제를 일으키는 세 마녀

1단계: T는 분명 1이다. 여섯 자리 수 두 개를 합해서 일곱 자리 수가 나온다면 그 수는 반드시 1로 시작해야 하기 때문이다. (여기서 네 자리 수 TOIL이 보태는 부분은 무시할 수 있다. 그 값이 아무리 커도 총합이 2나 그보다 큰 수로 시작하는 일곱 자리 수가 될 수는 없기 때문이다. 여기 등장하는 모든 글자는 각각 다른 수를 나타내므로 DOUBLE + DOUBLE + TOIL의 값은 그 최대치인 987,543 + 987,543 + 6,824 = 1,981,910을 절대 넘지 못한다.)

```
    D O U B L E
    D O U B L E
      1 O I L +
  1 R O U B L E
```

정답 및 해설

393

2단계: 이런 숫자 퍼즐을 풀 때는 자리 올림이 발생하는 수에 관심을 기울여야 한다. 각각의 자리는 그 오른쪽 자리에서 자리 올림 된 1이 포함될 수 있다. 그리고 각각의 자리의 합을 통해 그 왼쪽 자리로 자리 올림 해야 할 1이 만들어질 수도 있다.

천의 자리를 생각해보자. 여기서는 U + U + 1을 합해야 한다(백의 자리의 합에서 자리 올림 된 값이 있으면 그 값도 함께 더해야 한다). 그럼 그 합한 값은 일의 자리가 반드시 U라야 한다.

불가능한 조합을 하나씩 제거해보면 자리 올림 된 1이 있는 경우에는 U = 8이다. 8 + 8 + 1 + 1 = 18이기 때문이다. 그리고 자리 올림 된 1이 없는 경우에는 9 + 9 + 1 = 19이므로 U는 9다. 양쪽 경우 모두 만의 자리로 1이 자리 올림 된다. U가 취할 수 있는 값은 8과 9 중 하나다. 그리고 양쪽 경우 모두 만의 자리로 1이 자리 올림 된다.

$$
\begin{array}{r}
D\ O\ U\ B\ L\ E \\
D\ O\ U\ B\ L\ E \\
\underset{1}{1\ O\ I\ L} + \\
\hline
1\ R\ O\ U\ B\ L\ E
\end{array}
$$

3단계: 만의 자리를 보자. 지금 우리는 O + O + 1을 더해서 나온 값의 일의 자리가 O라는 것을 알고 있다. 그럼 O가 될 가능성이 있는 숫자는 O = 9밖에 없다. 그럼 십만 자리로 자리 올림이 발생한다는 의미가 된다. 그리고 9는 여기서 O가 차지했으므로 U = 8임을 알 수 있다. 그럼 위의 계산으로부터 천의 자리에도 자리 올림으로 올라온 1이 반드시 있어야 함을 알 수 있다.

$$
\begin{array}{r}
D\ 9\ 8\ B\ L\ E \\
D\ 9\ 8\ B\ L\ E \\
\underset{111}{1\ 9\ I\ L} + \\
\hline
1\ R\ 9\ 8\ B\ L\ E
\end{array}
$$

4단계: 백의 자리를 보면 합해서 나온 값의 일의 자리에 B가 들어 있다. 이 자리에서 나올 수 있는 합은 B + B + 9, 혹은 그 자리에 올라온 자리 올림이 있는 경우에는 B + B + 9 + 1이 된다. 전자의 경우에는 B가 1이고, 후자의 경우에는 B가 0이다. 하지만 이미 T가 1이므로 B는 분명 0이고, 그 자리에서 자리 올림해서 올라온 1이 있다는 말이 된다.

맞들기 문제
제1장
제2장
제3장
제4장
제5장

```
      D 9 8 0 L E
      D 9 8 0 L E
          1 9 I L +
        1 1 1 1
    1 R 9 8 0 L E
```

5단계: D는 5보다 커야 하지만 5는 될 수 없다. 그럼 R = 1이 되는데 1은 이미 다른 글자
가 가져갔기 때문이다. 따라서 D와 R의 가능한 값은 D = 6, R = 3이거나 D = 7, R = 5다.

그와 비슷한 방법으로 E, L, I의 가능한 값도 줄일 수 있다.

아직 사용되지 않은 숫자는 2, 3, 4, 5, 6, 7 모두 여섯 개다.

E가 2일 수는 없다. 그럼 L = 8이 되는데 8은 이미 다른 글자가 가져갔다. 그렇다고 E가 5
일 수도 없다. 그럼 L도 5가 되어야 하기 때문이다.

E = 3이면 L = 7이 되는데, D와 R을 어느 값으로 해도 이 조합은 불가능하다.

E = 7이면 L = 3인데, 이때도 마찬가지 문제가 생긴다.

E = 6이면 L = 4, I = 5인데 D와 R을 어느 값으로 하든 이 조합 역시 불가능하다.

하지만 E = 4이면 L = 6, I = 3이다. 따라서 D = 7, R = 5다. 문제가 풀렸다.

```
      7 9 8 0 6 4
      7 9 8 0 6 4
          1 9 3 6
        1 1 1 1 1
    1 5 9 8 0 6 4
```

116 알파벳으로 쓴 홀수와 짝수 곱하기 문제

이 긴 자릿수 곱셈을 그 안에 들어 있는 두 개의 '짧은 자릿수 곱셈'으로 나누어 풀려고 한다.

[1] EEO × O = EOEO   그리고   [2] EEO × O = EOO

[2]부터 시작해보자. 이 방정식은 세 자릿수 숫자 EEO(승수)에 홀수 O(피승수)를 곱해서
세 자릿수 숫자가 나온다고 말하고 있다. 피승수가 1이 될 수는 없다. 그럼 승수가 답과 같
은 값이라야 하는데 그렇지 않기 때문이다. 승수는 짝수로 시작하니까 아무리 작아도 201
이다. 그럼 피승수가 5나 그보다 큰 수일 리는 없음을 알 수 있다. 201 × 5는 1,005인데, 이
것은 네 자릿수 숫자라 답이 세 자릿수 숫자라는 사실과 모순되기 때문이다. 따라서 피승

정답 및 해설

수는 3이라고 추론할 수 있다. 그리고 피승수가 3이라면 승수의 첫 번째 숫자는 반드시 2가 되어야 한다. 그 숫자가 4나 그보다 큰 수인 경우에는 그 답이 네 자릿수가 되기 때문이다. 따라서 다음과 같이 적을 수 있다.

[2] 2EO × 3 = EOO

승수의 십의 자리 숫자는 짝수지만 답의 십의 자리 숫자는 홀수다. 짝수에 3을 곱하면 짝수가 나온다. 따라서 이 계산이 성립하려면 승수의 일의 자리 숫자에 3을 곱했을 때 거기서 홀수가 자리 올림 되어야만 한다. 그럼 승수의 일의 자리 숫자로 선택할 수 있는 수는 5, 7, 9로 제한된다. 1과 3은 3을 곱했을 때 자리 올림이 발생하지 않기 때문이다. 만약 그 일의 자리 숫자가 5라면 1이 자리 올림 된다(5 × 3 = 15이므로). 그리고 그 일의 자리 숫자가 7이나 9면 2가 자리 올림 된다(7 × 3 = 21, 9 × 3 = 27이므로). 앞에서 자리 올림 되는 수가 홀수여야 한다는 것이 나왔으므로 승수의 일의 자리 숫자는 5가 된다.

[2] 2E5 × 3 = EOO

승수의 십의 자리에 올 수 있는 숫자는 0, 2, 4, 6, 8다. 하지만 4와 6은 배제할 수 있다. 245 × 3 = 735와 265 × 3 = 795로 답과 모순이기 때문이다(답은 짝수로 시작한다). 따라서 승수는 205, 225, 285 중 하나다.

이제는 우리가 알아낸 내용을 가지고 방정식 [1]로 돌아가 보자.

[1] 다음 중 하나는 반드시 참이어야 한다.

ⓐ 205 × O = EOEO
ⓑ 225 × O = EOEO
ⓒ 285 × O = EOEO

답의 첫 번째 숫자는 짝수다. 따라서 그 수는 2,000보다 커야 한다. 하지만 피승수가 1,

3, 5, 7 중 하나인 경우 ⓐ, ⓑ, ⓒ에 나오는 답은 2,000보다 작아진다. 따라서 피승수는 9다. 그리고 피승수가 9인 경우 방정식을 만족시키는 선택지는 ⓒ밖에 없다. ⓐ에서는 답이 2,000보다 작고, ⓑ에서는 답이 2,025라 두 번째 숫자가 홀수여야 한다는 사실과 모순을 일으키기 때문이다.

$$\begin{array}{r} 285 \\ \times\ 39 \\ \hline 2565 \\ 855\ \ \\ \hline 11115 \end{array}$$

[1] 285 × 9 = 2,565

그럼 이렇게 해서 곱셈을 완전히 만족시킬 수 있게 됐다.

117 같은 글자는 몇 개? 자신을 세는 십자말풀이

이 퍼즐을 준비하려면 숫자 단어를 길이별로 나열해보는 것이 도움이 된다.

세 글자짜리: one, two, six, ten
네 글자짜리: four, five, nine
다섯 글자짜리: three, seven, eight
여섯 글자짜리: eleven, twelve, twenty
일곱 글자짜리: fifteen, sixteen
여덟 글자짜리: thirteen, fourteen, eighteen, nineteen

1단계: 문제 본문에서 말했듯이 8번 세로줄 항목은 'ONE *'의 형태를 가져야 한다. 숫자가 1보다 커지면 복수형을 나타내는 'S'가 포함되어 적어도 여섯 칸이 필요하기 때문이다.
　　10번 가로줄 항목은 여섯 칸이다. 따라서 1보다 큰 수의 세 글자 숫자 단어와 마지막 글자 '*'가 포함되어야 한다. 여기 들어갈 수 있는 세 글자 숫자 단어는 one, two, six, ten이다. 하지만 one, two, ten이 들어가면 8번 세로줄 항목은 'ONE E', 'ONE O', 'ONE N' 등이 되는데 이것들 모두 모순을 일으킨다. 그럼

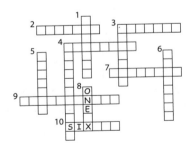

이것들을 배제하면 8번 세로줄 항목은 'ONE X'이고, 10번 가로줄 항목은 어떤 #에 대해 'SIX #s'가 된다(서로 다른 개별 글자를 나타내기 위해 각각 다른 기호를 이용하고 있다).

2단계: 4번 세로줄 항목은 여덟 개의 글자로 된 숫자 단어이므로 'THIRTEEN Ss', 'FOURTEEN Ss', 'EIGHTEEN Ss', 'NINETEEN Ss' 중 하나다. 여기서 FOURTEEN과 NINETEEN은 배제할 수 있다. 4번 가로줄 항목을 마무리하는 데 필요한 다섯 글자짜리 숫자 단어 중 F나 N으로 시작하는 것이 없기 때문이다. 이 격자에는 총 12개의 항목이 있는데, 그중 단수는 8번 세로줄 항목 하나밖에 없다는 것을 알고 있다. 따라서 다른 각각의 항목 마지막에 붙은 S로 격자 위의 S 중 11개는 설명할 수 있다. 10번 가로줄에 'SIX'에 S가 하나 더 있으므로 S는 12개로 늘어난다. 여기서 S가 더 늘어나려면 SIX, SEVEN, SIXTEEN, SEVENTEEN이 들어가는 항목이 더 있어야 한다. 하지만 비어 있는 항목 중 세글자, 일곱 글자, 아홉 글자 단어가 들어갈 자리는 없으므로 SIX, SIXTEEN, SEVENTEEN은 배제할 수 있다. 따라서 추가적인 S는 SEVEN에서 나와야 한다. SEVEN이 들어갈 수 있는 항목은 세 개밖에 없다. 따라서 S는 모두 합쳐도 많아야 15개다. 따라서 4번 세로줄 항목에서 EIGHTEEN도 배제할 수 있다. 그럼 여기에 들어갈 내용은 'THIRTEEN Ss'일 수밖에 없다. 그럼 자동으로 4번 가로줄 항목에 들어갈 내용은 'THREE ?s'가 되고 1번 세로줄 항목은 'FOUR @s'가 된다.

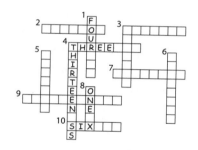

3단계: 만약 S가 모두 13개라면 그중 12개는 이미 파악했고, 앞에서 한 계산을 보면 SEVEN이 들어가는 항목이 하나 더 존재한다는 것을 알 수 있다. SEVEN이 들어갈 수 있는 항목은 6번 세로줄과 7번 가로줄 항목 밖에 없다. 만약 7번 가로줄이라면 3번 세로줄 항목은 E라는 글자의 개수를 나타나는 숫자 단어가 들어가야 한다. 여기에 들어갈 수 있는 것은 'FOUR Es', 'FIVE Es', 'NINE Es'가 있다. 격자 위에는 이미 E가 일곱 개 올라와 있다(SEVEN을 포함시키는 경우). 따라서 FOUR와 FIVE는 배제할 수 있다. 그리고 NINE도 배제할 수 있다. NINE이면 4번 가로줄이 'THREE Ns'가 되는데 이 경우 격자 위에 N이 벌써 네 개라서 모순이기 때문이다(NINE, THIRTEEN, SEVEN으로부터). 따라서 6번 세로줄 항목이 SEVEN !s가 되어야 한다. 그럼 7번 가로줄 항목은 THREE나 EIGHT가 되어야 한다는 의미다. 우리가 사용한 글자가 이제 E, F, H, I, N, O, R, S, T, U, V, X, 이렇게 12개가 됐다. 격자에는 12가지 글자밖에 없다는 것을 알고 있으므로 G가 들어 있는 EIGHT는 배제할 수 있다. 따라서 7번 가로줄 항목은 'THREE Vs'다.

4단계: 3번 세로줄 항목은 'FOUR Hs'가 되어야 한다. 만약 FIVE라면 4번 가로줄이 'THREE Vs'가 되는데 이것은 7번 가로줄 항목과 똑같기 때문이다. 이것은 12가지 서로 다른 글자에 12가지 항목이 존재한다는 조건과 모순이다. 남은 것 중에 E는 가장 많이 등장하는 글자이기 때문에 9번 가로줄은 반드시 'THIRTEEN Es'여야 한다. FOURTEEN이 될 수는 없다. 그럼 5번 세로줄이 U의 개수를 나타내게 되는데 U는 이미 4번 가로줄에서 셌기 때문이다. 그리고 EIGHTEEN이 될 수도 없다(G는 격자에 존재하지 않기 때문에). 그리고 NINETEEN도 될 수 없다. 남은 공간에 그만큼의 E가 들어갈 자리가 없기 때문이다. 이제 남은 세 개의 숫자는 각각 네 개의 글자로 이루어져 있다. 'THREE Vs'가 나와 있는데 지금 격자 위에는 V가 하나밖에 나오지 않았으므로, 남아 있는 항목 중 두 개는 반드시 FIVE여야 한다. 그리고 'THREE Us'가 나와 있는데 격자 위에 U는 두 개밖에 없으므로, 마지막 남은 항목은 분명 FOUR다. 따라서 O는 총 네 개가 존재한다. 그럼 2번 가로줄 항목은 반드시 'FOUR Os'가 되어야 하고, 5번 세로줄은 'FIVE Is', 3번 가로줄 항목은 'FIVE Fs', 10번 가로줄 항목은 'SIX Ts'가 되어야 한다는 의미다. 그리고 1번 세로줄 항목과 6번 세로줄 항목의 남은 공간은 N과 R이 들어가야 한다.

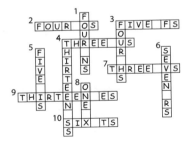

118 세상에 단 하나뿐인 열 자리 자기기술 수

이 문제는 분명하게 틀린 해답에서 시작해서 차츰 정답으로 다듬어가면서 체계적으로 접근해볼 생각이다. 최종 목적은 아래 칸의 각각의 숫자가 자기 위 칸에 적힌 숫자가 수에서 몇 번이나 나타나는지 정확히 기술하도록 아랫줄을 모두 채우는 것이다.

이 수가 9로 시작한다고 해보자.

0	1	2	3	4	5	6	7	8	9
9									

이것이 옳다면 이 수는 0이 아홉 개 들어가 있어야 한다. 따라서 나머지 모든 숫자가 0이라야 한다. 하지만 이 수에 9가 적어도 하나는 포함되어 있다는 것을 알고 있으므로 나머지 수가 모두 0일 수는 없다. 그럼 이번에는 8로 시작한다고 해보자.

0	1	2	3	4	5	6	7	8	9
8									

이것은 남은 자리 아홉 개 중 0이 모두 여덟 개 들어 있다는 의미다. 이미 8이 적어도 한 개는 들어 있으므로 그 숫자 아래는 0이 아닌 숫자가 들어가야 한다(그 수를 x라고 하자). 그럼 나머지 모든 칸은 0이 되어야 한다.

0	1	2	3	4	5	6	7	8	9
8	0	0	0	0	0	0	0	x	0

하지만 x에 들어갈 수 있는 값이 없다! 이 값이 1이 될 수는 없다. 그럼 최종 수에 1이 몇 개나 들어 있는지 말해주는 두 번째 칸의 0과 모순을 일으키기 때문이다. 마찬가지로 x에 들어갈 수 있는 다른 모든 값도 모순을 일으킨다.

더 나가기 전에 아랫줄에 들어갈 수들이 갖고 있는 어떤 속성을 추론해볼 수 있다. 이 수들을 모두 더하면 10이 나와야 한다. 아랫줄 각각의 칸에 들어 있는 수는 특정 숫자가 수에서 몇 번이나 나타나는지 말해주는 수이기 때문이다. 아랫줄에는 모두 열 칸밖에 없으므로 그 수를 모두 합하면 10이 나와야 한다.

이번에는 이 수가 7로 시작한다고 해보자.

0	1	2	3	4	5	6	7	8	9
7									

그럼 0이 모두 일곱 개라는 것을 알 수 있다. 그리고 최종 수에 7이 이미 하나 들어 있는 것을 알고 있으므로 7 아래 칸에는 0이 아닌 수로 1, 2, 3 중에 하나가 와야 한다는 것을 알 수 있다(이 수가 3보다 커지면 숫자들의 합이 10을 넘는다). 하지만 이 경우 모두 정답이 나올 수 없다. 만약 7 아래 숫자가 1이라면 1 밑에는 0이 아닌 수가 와야 한다. 그런데 이 숫자가 1일 수는 없다. 그럼 최종 수에 1이 두 개나 나오기 때문이다. 그렇다고 7 아래 칸의 수가 2가 될 수도 없다. 그럼 2 아래에 있는 수가 0이 아닌 수가 되어 0이 일곱 개 있다는 사실과 모순되기 때문이다. 그리고 비슷한 논리를 적용하면 7 아래에 2와 3 모두 들어갈 수 없다는 것을 증명해보일 수 있다.

그럼 다음에는 6을 살펴보자.

0	1	2	3	4	5	6	7	8	9
6									

0이 모두 여섯 개 있다는 뜻이다. 그럼 6 아래 칸의 수는 0이 아니라야 한다. 그 값을 1이라고 해보자.

0	1	2	3	4	5	6	7	8	9
6						1			

그럼 이것은 1 아래 칸의 수가 0이 아니라는 의미다. 아랫줄에 등장하는 수를 모두 합한 값은 반드시 10이 되어야 하므로 1 아래 칸의 수는 1, 2, 3 중 하나다. 일단 1은 배제할 수 있다. 그럼 아랫줄에 1이 두 번이나 나오게 돼서 모순을 일으키기 때문이다. 그 값이 2라면 2 아래 칸의 수는 1이 되어야 하므로 수를 모두 합한 값이 10이 된다. 뭔가 풀리는 것 같

다! 이제 빈칸이 여섯 개 남는데, 거기에 0이 여섯 개 들어가야 한다. 그럼 문제가 풀렸다.

0	1	2	3	4	5	6	7	8	9
6	**2**	**1**	**0**	**0**	**0**	**1**	**0**	**0**	**0**

119 열 자리로 이루어진 범숫자 수는 몇 개일까?

열 개의 숫자에서 나올 수 있는 모든 순열順列, permutation의 수는 $10 \times 9 \times 8 \times 7 \times 6 \times 5 \times 4 \times 3 \times 2 \times 1 = 3,628,800$개다. 범숫자 수는 0으로 시작하지 않기 때문에 이 중에서 0으로 시작하는 것들만 제외하면 나머지 순열들은 모두 범숫자 수에 해당한다(0으로 시작하는 순열은 아홉 자리 수로 생각할 수 있다). 0으로 시작하는 순열은 모두 $9 \times 8 \times 7 \times 6 \times 5 \times 4 \times 3 \times 2 \times 1 = 362,880$개다. 따라서 범숫자 수의 개수는 $3,628,800 - 362,880 = 3,265,920$개다.

120 열 자리 범숫자 수, 열 개의 힌트

숫자들을 하나하나 검토해보려고 한다. 일단은 쉬운 것부터 처리하자. 10으로 나누어떨어지는 수는 끝이 분명 0으로 끝나야 한다. 따라서 $j = 0$이다. 그리고 5로 나누어떨어지는 수는 끝이 0 아니면 5로 끝나야 한다. 따라서 $e = 5$다.

두 숫자가 밝혀졌으니 우리가 알아내야 할 수는 이제 다음과 같다.

*abcd*5*fghi*0

어떤 수가 짝수로 나누어떨어진다면 그 수 자체도 짝수라야 한다. 그럼 b, d, f, h 모두 짝수여야 한다는 의미다. 따라서 b, d, f, h는 2, 4, 6, 8을 어떤 식으로든 조합한 값이다. 따라서 아직 알 수 없는 나머지 숫자 a, c, g, i는 나머지 홀수 숫자 1, 3, 7, 9를 조합한 값이 된다.

이제 4에 의한 가분성 검사를 이용해보자. *abcd*가 4로 나누어떨어지는 수라는 것은 알고 있다. 따라서 *cd*도 4로 나누어떨어진다. c는 홀수고, d는 짝수고(이 부분은 앞 문단에서 확인한 내용이다.), *cd*가 4로 나누어떨어지는 조합은 12, 16, 32, 72, 76, 92, 96밖에 없다. 그럼 d가 2 아니면 6이라는 것이 밝혀진 셈이다.

3에 의한 가분성 검사에 의하면 어떤 수를 구성하는 숫자들 모두 더한 값이 3으로 나누어떨어지면 그 수 자체도 3으로 나누어떨어진다. 이것은 반대로 말할 수도 있다. 어떤 수가

3으로 나누어떨어지면 그 수를 구성하는 숫자들을 더한 값 역시 3으로 나누어떨어진다. 따라서 $a+b+c$도 3으로 나누어떨어진다.

6으로 나누어떨어지는 수는 3으로도 나누어떨어지므로 $a+b+c+d+e+f$ 역시 3으로 나누어떨어진다.

두 수가 3으로 나누어떨어지는 경우에는 큰 수에서 작은 수를 뺀 값도 3으로 나누어떨어져야 한다. 따라서 $a+b+c+d+e+f-(a+b+c)=d+e+f$도 3으로 나누어떨어진다.

d가 2나 6이라는 것은 앞에서 확인했다. 그리고 $e=5$다. 그리고 f는 2, 4, 6, 8 중 하나라는 것도 알고 있다.

만약 d가 2라면 $2+5+f$는 반드시 3으로 나누어떨어져야 한다. 따라서 f는 8이라야 한다(2는 될 수 없다. d가 2인데 각각의 숫자가 한 번씩만 나타나야 하기 때문이다. 4나 6도 될 수 없다. 11과 13은 3으로 나누어떨어지지 않기 때문이다). 만약 d가 6이라면 $6+5+f$는 3으로 나누어떨어져야 한다. 따라서 위와 같은 논리에 의해 f는 4가 되어야 한다.

그럼 중간 세 자리에 대해 두 가지 옵션이 생겼다. def는 258 아니면 654다. 이제 각각을 시험해보자.

[1] 옵션 1: def는 258이다.

8에 의한 가분성 규칙에 따라 여덟 자리수 $abcdefgh$가 8로 나누어떨어진다면 세 자리수 fgh도 8로 나누어떨어져야 한다. 따라서 $8gh$는 8로 나누어떨어진다.

g는 1, 3, 7, 9 중 하나고, h는 남은 짝수 4와 6 중 하나다. $8g4$라는 수는 g에 어느 수를 갖다 놔도 8로 나누어떨어지지 않으므로 h는 6이라야 한다. 이제 2, 6, 8은 제자리를 찾아갔다. 그럼 마지막 남은 짝수인 b가 4여야 한다.

그럼 이제 우리의 수는 다음과 같이 보인다.

$a4c258g6i0$

9로 나누어떨어지는 수는 3으로도 나누어떨어져야 한다. 따라서 $a+4+c+2+5+8+g+6+i$가 3으로 나누어떨어져야 한다. 그리고 6으로 나누어떨어지는 것은 3으로도 나누어떨어져야 하므로 $a+4+c+2+5+8$도 3으로 나누어떨어진다. 앞에서 보았듯이 두 수가 모두 3으로 나누어떨어지면 큰 수에서 작은 수를 뺀 값도 3으로 나누어떨어져야 한다.

따라서 $g+6+i$도 3으로 나누어떨어져야 한다.

그럼 $g + i$도 3으로 나누어떨어져야 한다. g와 i는 1, 3, 7, 9 중에서 골라야 하는데, 그럼 g와 i가 각각 3이나 9라는 의미다. 그럼 a와 c는 각각 1이나 7이다. 따라서 a, c, g, i가 다음과 같을 때 최종 수가 될 수 있는 네 가지 후보는 다음과 같다.

1, 7, 3, 9 (따라서 최종 수는 1,472,583,690)
7, 1, 3, 9 (따라서 최종 수는 7,412,583,690)
1, 7, 9, 3 (따라서 최종 수는 1,472,589,630)
7, 1, 9, 3 (따라서 최종 수는 7,412,589,630)

여기서는 계산기가 필요하다. 이 수들이 질문에서 말하는 규칙을 준수하는지 확인해보자. 그럼 규칙을 만족하는 것이 없음을 알 수 있다.

1,472,583,690은 14,725,836이 8로 나누어떨어지지 않아 안 된다.
7,412,583,690은 7,412,583이 7로 나누어떨어지지 않아 안 된다.
1,472,589,630은 1,472,589가 7로 나누어떨어지지 않아 안 된다.
7,412,589,630은 7,412,589가 7로 나누어떨어지지 않아 안 된다.

막다른 골목이다. 이것으로는 안 되겠다. 그럼 def가 258이 아니라는 결론이다.

[2] 옵션 2: def는 654다.
8에 의한 가분성 규칙에 따르면 여덟 자리 수 $abcdefgh$가 8로 나누어떨어지면 세 자리 수 fgh도 8로 나누어떨어진다.
따라서 $4gh$는 8로 나누어떨어진다.
$4gh = 400 + gh$이고 400은 8로 나누어떨어지므로 gh도 9로 나누어떨어진다는 것을 알 수 있다. g는 1, 3, 7, 9 중 하나고, h는 남아 있는 짝수 2와 8 중 하나다. h가 8인 경우에는 gh가 8로 나누어떨어지지 않으므로 h는 2라야 한다. 그럼 b는 반드시 8이라야 한다는 의미다.
따라서 최종 수는 이제 이렇게 보인다.

$a8c654g2i0$

9로 나누어떨어지는 수는 3으로도 나누어떨어져야 한다. 따라서 $a + 8 + c + 6 + 5 + 4 + g + 2 + i$는 3으로 나누어떨어져야 하고, 위에 나왔던 추론 과정을 이용하면 다음과 같은 사실을 알 수 있다.

$g + 2 + i$는 반드시 3으로 나누어떨어져야 하고, i와 g는 1, 3, 7, 9 중에 있어야 한다.

그럼 g와 i으로 선택할 수 있는 옵션은 반드시 다음 중 하나여야 한다.

1과 3, 3과 1, 1과 9, 9와 1, 3과 7, 7과 3, 7과 9, 9와 7

이 옵션들을 살펴보자. 계산기를 이용해서 이 수들이 질문에서 제시한 규칙을 준수하는지 확인해보자.

1과 3:
7,896,541,230 → 7,896,541이 7로 나누어떨어지지 않아 안 된다.
9,876,541,230 → 9,876,541이 7로 나누어떨어지지 않아 안 된다.

3과 1:
7,896,543,210 → 7,896,543이 7로 나누어떨어지지 않아 안 된다.
9,876,543,210 → 9,876,543이 7로 나누어떨어지지 않아 안 된다.

1과 9:
7,836,541,290 → 7,836,541이 7로 나누어떨어지지 않아 안 된다.
3,876,541,290 → 3,876,541이 7로 나누어떨어지지 않아 안 된다.

9와 1:
7,836,549,210 → 783,654가 6으로 나누어떨어지지 않아 안 된다.
3,876,549,210 → 3,876,549가 7로 나누어떨어지지 않아 안 된다.

3과 7:

1,896,543,270 → 1,896,543이 7로 나누어떨어지지 않아 안 된다.

9,816,543,270 → 9,816,543이 7로 나누어떨어지지 않아 안 된다.

7과 3:

1,896,547,230 → 1,896,547이 7로 나누어떨어지지 않아 안 된다.

9,816,547,230 → 9,816,547이 7로 나누어떨어지지 않아 안 된다.

7과 9:

1,836,547,290 → 1,836,547이 7로 나누어떨어지지 않아 안 된다.

3,816,547,290 → **이것은 통한다.**

9와 7:

1,836,549,270 → 1,836,549가 7로 나누어떨어지지 않아 안 된다.

3,816,549,270 → 3,816,549가 7로 나누어떨어지지 않아 안 된다.

마침내 찾았다. 정답은 3,816,547,290이다.

121 4를 곱하면 물구나무를 서는 네 자리 수 찾기

다음의 식을 만족시키는 숫자 a, b, c, d를 찾으려 한다.

$$abcd \times 4 = dcba$$

$abcd$는 $a \times b \times c \times d$를 의미하는 것이 아니다. a는 천의 자리, b는 백의 자리, c는 십의 자리, d는 일의 자리 숫자라는 의미다. 따라서 위의 식을 다음처럼 전개할 수 있다.

$$(1{,}000a + 100b + 10c + d) \times 4 = 1{,}000d + 100c + 10b + a$$

이제 할 일은 이 방정식을 간단하게 정리해서 풀 똑똑한 방법을 찾아내는 것이다.

1 단계: a를 추론한다

이 방정식의 좌변은 4의 배수이므로 짝수다. 따라서 우변 역시 짝수라야 한다. $1,000d +$ $100c +10b$ 역시 짝수이므로 a가 반드시 짝수여야 한다는 것을 추론할 수 있다. 방정식 좌변 때문에 a의 크기에 제한이 생긴다. $4,000a$가 9,999보다 작아야 하기 때문이다(이 값이 9,999보다 커지면 우변이 다섯 자리 수가 된다.). 이런 조건을 만족시키는 짝수는 2밖에 없다. 따라서 $a = 2$다.

2단계: d를 추론한다

$a = 2$이기 때문에 방정식의 좌변은 적어도 8,000이다. 따라서 d는 8 아니면 9다. $d = 9$라 면 $9 \times 4 = 36$이므로 좌변의 일의 자리 숫자는 6이 될 것이다. 하지만 이 일의 자리 숫자는 2가 돼야 한다. 우변에서 $a = 2$이기 때문이다. 따라서 $d = 8$이다.

원래의 방정식에 이 값들을 대입해보자.

$$(2,000 + 100b + 10c + 8) \times 4 = 8,000 + 100c + 10b + 2$$

이것을 정리하면

$$8,032 + 400b + 40c = 8,002 + 100c + 10b$$

다시 정리하면

$$390b + 30 = 60c$$

다시 정리하면

$$13b + 1 = 2c$$

b와 c가 한 자리 숫자임을 명심하자. c의 최대치는 9다. 그럼 $2c$의 최대치는 18이 된다. 이것 때문에 b의 값이 1로 제한된다. $b = 1$이라면 $c = 7$이다. 따라서 정답은 2,178이 된다.

$2,178 \times 4 = 8,712$

122 2를 곱하면 뒤에서 앞으로 이동하는 숫자

우리는 2를 곱했을 때 마지막 숫자가 첫 번째 숫자가 되는 수를 찾으려 한다. 고맙게도 프리먼 다이슨이 이런 속성을 가진 수 중에 가장 작은 것이 18자리 수라고 알려줬으니 그 수를 $nnnnnnnnnnnnnnnnnn_R$이라고 하자. 여기서 각각의 n은 하나의 숫자를 나타내고 n_R은 제일 오른쪽 숫자다.

그럼 다음과 같이 된다.

$$
\begin{array}{r}
nnnnnnnnnnnnnnnnnn_R \\
\times\,2 \\
\hline
n_R nnnnnnnnnnnnnnnnnn
\end{array}
$$

n_R에 해당하는 숫자를 골라보자. 0을 고를 수는 없다. 그럼 계산해서 나온 답이 17자리 수가 되어버려 곱셈이 성립하지 않는다. 그리고 1도 안 된다. 그럼 답이 1로 시작하게 되는데 이것 역시 불가능하기 때문이다. 1로 시작하는 18자리 수를 2로 나누면 17자리 숫자가 되어버린다. 하지만 2는 이런 문제가 생기지 않는다.

그럼 위의 곱셈은 다음과 같이 된다.

$$
\begin{array}{r}
nnnnnnnnnnnnnnnnnn2 \\
\times\,2 \\
\hline
2nnnnnnnnnnnnnnnnnn
\end{array}
$$

n의 값들을 추론해서 이 방정식을 채워넣을 수 있다. $2 \times 2 = 4$이므로 밑줄 수의 마지막 숫자는 4가 되어야 한다는 것을 알 수 있다.

$$
\begin{array}{r}
nnnnnnnnnnnnnnnnnn2 \\
\times\,2 \\
\hline
2nnnnnnnnnnnnnnnnnn4
\end{array}
$$

밑줄 수는 윗줄 수의 마지막 숫자가 밑줄 수의 첫 번째 숫자가 된다는 점만 빼면, 윗줄 수와 숫자의 차례가 똑같다. 그럼 밑줄 수의 마지막 숫자가 윗줄 수의 뒤에서 두 번째 숫자라는 추론이 가능하다. 따라서 윗줄 수의 뒤에서 두 번째 숫자는 4다.

$$
\begin{array}{r}
nnnnnnnnnnnnnnnnn42 \\
\times\,2 \\
\hline
2nnnnnnnnnnnnnnnnn4
\end{array}
$$

4 × 2 = 8이므로 밑줄 수의 뒤에서 두 번째 숫자가 8이고, 이것이 다시 윗줄 수의 뒤에서 세 번째 숫자라는 것을 알 수 있다.

$$
\begin{array}{r}
nnnnnnnnnnnnnnnn842 \\
\times\,2 \\
\hline
2nnnnnnnnnnnnnnnn84
\end{array}
$$

지금까지 한 산수는 모두 2단 구구단에 해당한다. 그다음 합은 8 × 2 = 16이므로 다음 칸, 즉 밑줄 수의 뒤에서 세 번째 숫자와 윗줄 수의 뒤에서 네 번째 숫자는 6이 되어야 한다. 하지만 이 6은 16에서 나온 수이므로 1은 자리 올림해야 한다.

$$
\begin{array}{r}
nnnnnnnnnnnnnnn6842 \\
\times\,2 \\
\hline
2nnnnnnnnnnnnnnn684 \\
1
\end{array}
$$

그다음 n은 6 × 2 = 12에서 나오는데 오른쪽 자리에서 자리 올림 된 1이 있으므로 총 13이 된다. 따라서 다음 자리, 즉 밑줄의 뒤에서 네 번째 숫자, 윗줄의 뒤에서 다섯 번째 숫자는 3이고, 여기서도 역시 1이 자리 올림된다.

$$
\begin{array}{r}
nnnnnnnnnnnnnn36842 \\
\times\,2 \\
\hline
2nnnnnnnnnnnnnn3684 \\
1
\end{array}
$$

9번기 문제

제1장

제2장

제3장

제4장

제5장

이런 식으로 곱셈을 이어가며 두 수를 구축해나가면 다음의 지점에서 완벽하게 맞아떨어지며 멈춘다.

$$
\begin{array}{r}
105263157894736842 \\
\times\,2 \\
\hline
210526315789473684
\end{array}
$$

그럼 정답이 나왔다. 105,263,157,894,736,842에 2를 곱하면 숫자는 똑같고 마지막 숫자만 제일 앞으로 빠진 값이 나온다.

이 수의 끝 숫자로 3을 골랐다면 157,894,736,842,**105,263**이라는 수가 만들어졌을 것이다. 여기에 2를 곱하면 315,789,473,684,210,526이 나오므로 이것 역시 정답이다. 굵은 글씨로 표시한 숫자들을 보면 이 수에 앞 문단에서 나온 수와 똑같은 숫자 열이 들어 있는 것을 알 수 있다. 4, 5, 6, 7, 8, 9로 끝나는 수도 이런 식으로 만들 수 있다.

123 아홉 제곱을 한 아홉 가지 숫자

부디 이 수들을 일일이 전부 계산해보지는 않았기를 빈다. 만에 하나 그런 사람이 있다면 어떤 패턴을 알아차렸을 것이다. 어떤 수든 9제곱을 했을 때 그 마지막 숫자는 원래 숫자의 마지막 숫자와 같다.

따라서 이 숫자들을 오름차순으로 정리하면 ⋯ 0, 671, ⋯ 8, 832, ⋯ 1, 953, ⋯ 6, 464, ⋯ 1, 875, ⋯ 8, 416, ⋯ 5, 077, ⋯ 2, 848, ⋯ 8, 759가 된다.

다음 표는 지수를 올리며 거듭제곱했을 때 수의 마지막 자리 숫자에서 어떤 일이 일어나는지 정리한 것이다.

	0	1	2	3	4	5	6	7	8	9
n의 마지막 자리 숫자	0	1	2	3	4	5	6	7	8	9
n^2의 마지막 자리 숫자	0	1	4	9	6	5	6	9	4	1
n^3의 마지막 자리 숫자	0	1	8	7	4	5	6	3	2	9
n^4의 마지막 자리 숫자	0	1	6	1	6	5	6	1	6	1
n^5의 마지막 자리 숫자	0	1	2	3	4	5	6	7	8	9
n^6의 마지막 자리 숫자	0	1	4	9	6	5	6	9	4	1

n^7의 마지막 자리 숫자	0	1	8	7	4	5	6	3	2	9
n^8의 마지막 자리 숫자	0	1	6	1	6	5	6	1	6	1
n^9의 마지막 자리 숫자	0	1	2	3	4	5	6	7	8	9

이 표에서 보듯 어떤 수든 9제곱 했을 때 그 마지막 숫자는 원래 수의 마지막 숫자와 똑같다. 하지만 가만 보면 5제곱의 마지막 숫자도 똑같다.

사실 거듭제곱 수의 마지막 숫자가 원래 수의 마지막 숫자와 똑같은 속성은 5제곱, 9제곱, 13제곱, 그리고 지수가 4씩 커질 때마다 계속 나타난다.

124 무한히 이어지는 2의 제곱수

2^{64}라는 수는 2를 64번 곱한 수다. 이것은 첫 항이 2이고 그 뒤로는 계속 두 배씩 커지는 수열(doubling sequence)의 64번째 항이기도 하다. 이 수열은 다음과 같이 시작한다.

$2, 4, 8, 16, 32, 64, 128, 256, 512, 1{,}024\cdots$

지금까지는 익숙한 내용이다. 이런 식으로 나머지 54개 항을 계속 계산해나갈 수도 있겠지만 어마어마하게 지루하기도 할 테고, 그 과정에서 분명 실수도 나올 수 있다. 우리는 지루하게 계산하지 않고 대략적인 값을 유추할 수 있는 방법을 찾으려 한다.

잠깐! 열 번째 항, 그러니까 2^{10}이 1,024다. 대략 1,000에 해당하는 수니까, 어림수로 쓸 만하겠다.

2^{10}을 대략 1,000으로 치면 $1{,}000^6$은 대략 2^{10}을 6제곱한 값, 즉 $(2^{10})^6 = 2^{60}$과 비슷하다.

$1{,}000^6 = 1{,}000{,}000{,}000{,}000{,}000{,}000$은 100경이다. 따라서 2^{60}은 대략 100경이다.

그리고 $2^4 = 16$이다. $2^{64} = 2^{60} \times 2^4$이고, 이것은 대략 1,600경 정도다. 1,600경이면 그리 나쁜 추정치는 아니지만 어림수를 잡을 때의 오류를 수정하면 더 정확한 값을 추정할 수 있다.

앞에서 1,024를 1,000으로 어림잡았는데 1,024는 1,000보다 2.4% 더 크다. 그럼 1,000을 제곱할 때마다 2.4%를 추가로 보태주어야 더 정확했을 것이다. 1,000을 여섯 번 곱했으므로 2.4를 여섯 번 더해주었어야 했고, 그럼 누적해서 15% 정도가 증가한다. 그럼 1,600경 + (1,600경의 15%)가 더욱 정확한 답이 된다.

1,600경의 15%는 암산이 가능하다. 10%가 160경이고, 5%는 그 절반이니까 80경이다. 따라서 15%는 240경이 된다.

그럼 최종 추정치는 1600경 + 240경 = 1840경이 나온다.

실제 값과 비교해봐도 꽤 정확한 값이다. 실제 값은 다음과 같다.

18,446,744,073,709,551,616

125 무한히 이어지는 수많은 0

수 뒤에 0이 달려 있다는 것의 의미는 무엇일까? 사실 아주 간단하다. 0으로 끝나는 수는 10으로 나누어떨어진다는 의미다. 00으로 끝나는 수는 10×10인 100으로 나누어떨어진다. 000으로 끝나는 수는 $10 \times 10 \times 10$인 1,000으로 나누어떨어진다. 바꿔 말하면 한 수의 뒤에 달려 있는 0의 개수는 그 수가 10으로 몇 번이나 나누어떨어지는지를 말해준다. 따라서 이 질문은 100!을 10으로 몇 번이나 나눌 수 있느냐는 질문으로 고칠 수 있다.

우리는 다음과 같은 사실을 알고 있다.

$$100! = 100 \times 99 \times 98 \times 97 \times \cdots \times 3 \times 2 \times 1$$

그럼 항들을 쭉 살펴보면서 10으로 나누어떨어지는 것이 어느 것인지 확인해보자.

10, 20, 30, 40, 50, 60, 70, 80, 90, 100은 10으로 나누어떨어진다. 그럼 100! 끝에 0이 적어도 11개는 붙어 있다는 의미다(100은 끝에 0이 두 개라서 두 번 센다).

이렇게 간단히 끝나지는 않는다. 0으로 끝나지 않는 두 수를 곱해서 0으로 끝나는 수를 만들 수 있기 때문이다. 예를 들면 다음과 같다.

$8 \times 5 = 40$

$4 \times 15 = 60$

$6 \times 25 = 150$

어떻게 하면 100!에서 0으로 끝나지 않는 수를 곱해서 만들어지는 0을 확실하게 찾아낼 수 있을까? 이 수를 분해해서 더 가까이 들여다보자.

$8 \times 5 = (2 \times 2 \times 2) \times 5$

이것을 다음과 같이 재배열할 수 있다.

$$(2 \times 2) \times (2 \times 5) = 4 \times 10$$

그와 마찬가지로

$$4 \times 15 = (2 \times 2) \times (3 \times 5) = (2 \times 3) \times (2 \times 5) = 6 \times 10$$
$$6 \times 25 = (3 \times 2) \times (5 \times 5) = (3 \times 5) \times (2 \times 5) = 15 \times 10$$

0으로 끝나지 않는 두 수를 곱해서 0으로 끝나는 수가 만들어질 때마다 그 수를 다른 수의 곱으로 분해해보면 반드시 2와 5가 들어 있는 것을 알 수 있다. 이는 2와 5가 함께 등장할 때마다 그 둘이 짝을 이루어 10을 만들기 때문이다. 따라서 이 퍼즐은 100!을 다른 수의 곱셈으로 분해한 식에서 2와 5의 짝이 몇 개나 들어 있는지 찾아내는 퍼즐이라고 고쳐 쓸 수 있다.

이것을 더 간단하게 고쳐 쓸 수도 있다. 사실상 우리는 100!이 5로 몇 번 나뉘는지 알아내려 하는 것이나 마찬가지다. 100!이 5로 나누어떨어지는 횟수보다는 2로 나누어떨어지는 횟수가 분명 더 많기 때문이다. 따라서 2와 5의 쌍의 개수는 5의 개수와 같다.

1부터 100까지의 수 중 5로 나누어떨어지는 수가 몇 개나 될까? 1부터 올라가면서 세보면 5로 나누어떨어지는 수는 다음과 같다.

5, 10, 15, 20, 25 ⋯ 90, 95, 100

이 20개의 수 중 25, 50, 75, 100은 5로 두 번 나누어떨어지고, 나머지는 한 번씩만 나누어떨어진다. 따라서 100!은 5로 총 24번 나누어떨어진다.

그럼 답이 나왔다. 100! 끝에는 0이 24개 달려 있다.

직접 확인해보고 싶은 사람이 있을지 모르니 여기 100!를 계산한 값을 함께 적겠다.

93,326,215,443,944,152,681,699,238,856,266,700,490,715,968,264,381,621,468,5
92,963,895,217,599,993,229,915,608,941,463,976,156,518,286,253,697,920,827,22
3,758,251,185,210,916,864,000,000,000,000,000,000,000,000

아래 나온 참고 문헌은 내가 이 책에 나온 퍼즐들을 가져오거나 개작한 자료들이 포함되어 있다. 이 자료들도 원래의 출처가 아닌 경우가 많다. 일부는 제목을 내가 지은 것도 있고, 별표(*)를 한 것은 질문에서 퍼즐에 원래 나온 말을 그대로, 혹은 번역해서 사용했음을 의미한다.

저작권 소유자와 연락하기 위해 모든 노력을 다했음을 밝혀둔다. 이와 관련된 문의는 출판사 쪽에 해주기 바란다.

아래 언급한 책들 말고도 다음의 훌륭한 자료들에서도 많은 덕을 보았다. 우선 데이비드 싱마스터David Singmaster의 《Sources in Recreational Mathematics》. 이 책은 출판되지는 않았지만 온라인으로 쉽게 구해볼 수 있다. 그리고 알렉산더 보고몰니Alexander Bogomolny의 사이트인 www.cut-the-knot.org, 세인트 앤드루스 대학교St. Andrews University의 'MacTutor History of Mathematics Archive' 등이다.

프롤로그

Number Tree. Nobuyuki Yoshigahara. *Puzzles 101*, A K Peters/CRC Press (2003).

Canals on Mars. Sam Loyd. Martin Gardner (ed.), *Mathematical Puzzles of Sam Loyd*, Dover Publications Inc. (2000).

제1장 논리문제

※ 맛보기 문제 1

All problems ⓒ United Kingdom Mathematics Trust.

1. Wolf, Goat and Cabbages : Alcuin, *Propositiones ad Acuendos Juvenes* (9th century).

2.* Three Friends and their Sisters : Alcuin, *Propositiones ad Acuendos Juvenes* (9th century).

3. Crossing the Bridge : William Poundstone, *How Would You Move Mount Fuji?*, Little Brown and Co. (2003).

4.* The Double Date : Alcuin, Propositiones ad Acuendos Juvenes (9th century).

5.* The Dinner Party : Lewis Carroll, *A Tangled Tale*, Macmillan and Co. (1885).

6. Liars, Liars : Lewis Carroll in Martin Gardner, *The Universe in a Handkerchief*, Copernicus (1996).

7. Smith, Jones and Robinson : Henry Ernest Dudeney, *Strand Magazine* (April 1930).

8.* St Dunderhead's : Hubert Phillips, S. T. Shovelton, G. Struan Marshall, *Caliban's Problem Book*, T. De La Rue (1933).

9.* A Case of Kinship : Hubert Phillips, S. T. Shovelton, G. Struan Marshall, *Caliban's Problem Book*, T. De La Rue (1933).

10. The Zebra Puzzle : *Life International* (17 December 1962).

11.* Caliban's Will : Hubert Phillips, S. T. Shovelton, G. Struan Marshall, *Caliban's Problem Book*, T. De La Rue (1933).

12. Triangular Gunfight : Hubert Phillips, *Question Time*, J. M. Dent (1937).

13. Apples and Oranges : William Poundstone, *How Would You Move Mount Fuji?*, Little Brown and Co. (2003).

14. Salt, Pepper and Relish : Adapted from Martin Gardner, *My Best Mathematical and Logic Puzzles*, Dover Publications (1994).

15. Rock, Paper, Scissors : Yoshinao Katagiri in Nobuyuki Yoshigahara, *Puzzles 101*, A K Peters/CRC Press (2003).

16. Mud Club : Hubert Phillips, Week-End, taken from Hans van Ditmarsch, Barteld Kooi, *One Hundred Prisoners and a Light Bulb*, Springer (2015).

17. Soot's You : George Gamow, Marvin Stern, *Puzzle-Math*, Viking Books (1957).

18. Forty Unfaithful Husbands : George Gamow, Marvin Stern, *Puzzle-Math*, Viking Books (1957).

19. Box of Hats : Kobon Fujimura, *The Tokyo Puzzles*, Biddles Ltd (1978).

20. Consecutive Numbers : Hans van Ditmarsch, Barteld Kooi, *One Hundred Prisoners and a Light Bulb*, Copernicus (2015), based on J. E. Littlewood, *A Mathematician's Miscellany*, Methuen and Co. Ltd (1953).

21. Cheryl's Birthday : Joseph Yeo Boon Wooi, Singapore and Asian Schools Math Olympiad.

22. Denise's Birthday : Joseph Yeo Boon Wooi, theguardian.com.

23. The Ages of the Children : Author unknown.

24.* Wizards on a Bus : John Hhorton Conway, Tanya Khovanova, 'Conway's Wizards', *The Mathematical Intelligencer*, vol. 35 (2013).

25. Vowel Play : Peter Wason, 'Wason selection task', Wikipedia.

제2장 기하학문제

※ 맛보기 문제 2

Questions 1, 3, 5, 7 and 9 are examples of the game of HIPE, invented by Peter Winkler and featured in his book Mathematical Mind-Benders, AK Peters/CRC Press (2007).

Questions 2 and 4 I have seen in many places, but I first read them in Nobuyuki Yoshigahara, *Puzzles* 101, AK Peters/CRC Press (2003).

Question 6: David Singmaster, *Puzzles for Metagrobologists*, World Scientific (2006).

Questions 8 and 10: Author unknown.

26. The Lone Ruler : The Grabarchuk Family, *The Big, Big, Big Book of Brainteasers*,

Puzzlewright (2011).

27. Rope Around the Earth : Author unknown.

28. Bunting for the Street Party : Based on a conversation with Colin Wright.

29. On Yer Bike, Sherlock! : Joseph D. E. Konhauser, Dan Velleman, Stan Wagon, Which Way Did the Bicycle Go?, The Mathematical Association of America (1997).

30. Fuzzy Math : Based on an idea in Joseph D. E. Konhauser, Dan Velleman, Stan Wagon, *Which Way Did the Bicycle Go?*, The Mathematical Association of America (1997).

31. Round in Circles : *New York Times* (25 May 1982).

32. Eight Neat Sheets : Kobon Fujimura, The Tokyo Puzzles, Biddles Ltd (1978).

33. A Square of Two Halves : Kobon Fujimura, *The Tokyo Puzzles*, Biddles Ltd (1978).

34. The Wing and the Lens : Kobon Fujimura, The Tokyo Puzzles, Biddles Ltd (1978).

35. Sangaku Circles : H. Fukagawa, A. Rothman, *Sacred Mathematics: Japanese Temple Geometry*, Princeton University Press (2008).

36. Sangaku Triangle : H. Fukagawa, A. Rothman, *Sacred Mathematics: Japanese Temple Geometry*, Princeton University Press (2008).

37. Treading on the Tatami : Kobon Fujimura, *The Tokyo Puzzles*, Biddles Ltd (1978).

38. Fifteen Tatami Mats : Donald Knuth, *The Art of Computer Programming*, Addison-Wesley (1968).

39. Nob's Mats : Nobuyuki Yoshigahara, *Puzzles* 101, A K Peters/CRC Press (2003).

40. Around the Staircases : Based on the Mutilated Chessboard Problem, author unknown, Wikipedia.

41. Random Staircases . Adapted from the Mutilated Chessboard Problem, author unknown, Wikipedia.

42. Woodblock Puzzle : Suggested by Joseph Yeo Boon Wooi.

43. Picture on the Wall : Peter Winkler, *Mathematical Mind-Benders*, A K Peters/CRC Press (2007).

44. A Notable Napkin Ring : Martin Gardner, *My Best Mathematical and Logic Puzzles*, Dover Publications (1994).

45. Area Maze : ⓒ Naoki Inaba.

46. Shikaku : ⓒ Nikoli.

47. Slitherlink : ⓒ Nikoli.

48. Herugolf : ⓒ Nikoli.

49. Akari : ⓒ Nikoli.

50. The Dark Room : Joseph D. E. Konhauser, Dan Velleman, Stan Wagon, *Which Way Did the Bicycle Go?*, The Mathematical Association of America (1997).

제3장 실용적인 문제

※ 맛보기 문제3

All problems ⓒ United Kingdom Mathematics Trust.

51. One Hundred Fowls : David Singmaster, *Sources in Recreational Mathematics*.

52. One Hundred Birds : Abu Kamil, *Book of Birds* (n.d.).

53. The 7-Eleven . Author unknown.

54. The Three Jugs : Abbott Albert, *Annales Stadenses* (13th century).

55. The Two Buckets : Adaptation of the Three Jugs puzzle.

56. The White Coffee Problem : Author unknown.

57. Water and Wine : Martin Gardner, *My Best Mathematical and Logic Puzzles*, Dover Publications (1994).

58. Famous for 15 Minutes : Yuri B. Chernyak, Robert M. Rose, *The Chicken from Minsk*, Basic Books (1995).

59. A Fuse to Confuse : (i) Author unknown. (ii) 'Time to Burn', Varsity Math week 25, *Wall Street Journal*; and MoMath.org.

60. The Biased Coin : Attributed to John von Neumann.

61. Divide the Flour : Adapted from Boris A. Kordemsky, *The Moscow Puzzles*, Dover Publications (1955).

62. Bachet's Weight Problem : Claude-Gaspard Bachet, *Problèmes Plaisants & Dèlectables Qui Se Font Par Les Nombres*, 5th edn, A. Blanchard (1993).

63. The Counterfeit Coin : Boris A. Kordemsky, *The Moscow Puzzles*, Dover Publications (1955).

64. The Fake Stack : Martin Gardner, *My Best Mathematical and Logic Puzzles*, Dover Publications (1994).

65. From Le Havre to New York : Charles-Ange Laisant, *Initiation mathèmatique*, Hachette (1915).

66. The Round Trip : William Poundstone, *Are You Smart Enough to Work at Google?*, Little, Brown and Co. (2012).

67. The Mileage Problem : Harry Nelson in Scott Kim, *The Little Book of Big Mind Benders*, Workman Publishing (2014).

68. The Overtake : Dick Hess, *Mental Gymnastics*, Dover Publications (2011).

69. The Running Styles : Joseph D. E. Konhauser, Dan Velleman, Stan Wagon, *Which Way Did the Bicycle Go?*, The Mathematical Association of America (1997).

70. The Shrivelled Spuds : Author unknown.

71. The Wage Wager : W. W. Rouse Ball, *Mathematical Recreations and Essays*, Project Gutenberg (1892).

72. A Sticky Problem : Frederick Mosteller, *Fifty Challenging Problems in Probability*, Dover Publications (1965).

73. The Handshakes : Author unknown.

74. The Handshakes and the Kisses : The Grabarchuk Family, *The Big, Big, Big Book of Brainteasers*, Puzzlewright (2011).

75. The Lost Ticket : Peter Winkler, *Mathematical Puzzles*, A K Peters/CRC Press (2003).

제4장 소품을 이용한 문제

※ 맛보기 문제4

The idea of having geography questions in a book of mathematical puzzles is borrowed from Peter Winkler, who did the same in Mathematical Puzzles, A K Peters/CRC Press (2003). Some of my questions are inspired by his, and they all involve some kind of mathematical thinking.

Four Coins : H. E. Dudeney, 536 Puzzles & Curious
Problems, Scribner Book Co. (1983).

76. The Six Coins : H. E. Dudeney, 536 *Puzzles & Curious Problems*, Scribner Book Co. (1983).

77. Triangle to Line : Erik Demaine, Martin Demaine, 'Sliding Coin Puzzles' in *Tribute to a Mathemagician*, A K Peters/CRC Press (2004).

78. The Water Puzzle : Nobuyuki Yoshigahara, *Puzzles 101*, A K Peters/CRC Press (2003), and Erik Demaine and Martin Demaine, 'Sliding Coin Puzzles' in *Tribute to a Mathemagician*, A K Peters/CRC Press (2004).

79.* The Five Pennies : H. E. Dudeney, Amusements in Mathematics, Project Gutenberg (1958), and Kobon Fujimura, *The Tokyo Puzzles*, Biddles Ltd (1978).

80. Planting Ten Trees : H. E. Dudeney, *Amusements in Mathematics*, Project Gutenberg (1958).

81. The Space Race : H. E. Dudeney, *musements in Mathematics*, Project Gutenberg (1958).

82. Tait's Teaser : P. G. Tait, Introductory Address to the Edinburgh Mathematical Society, Nov 9, 1883, found in *Philosophical Magazine* (January 1884). Extra puzzle: Martin Gardner, *My Best Mathematical and Logic Puzzles*, Dover Publications (1994).

83. The Four Stacks : Edouard Lucas, *Recreations Mathematiques*.

84. Frogs and Toads : Edouard Lucas, *Recreations Mathematiques*.

85. Triangle Solitaire : Martin Gardner, *Mathematical Carnival*, Alfred A. Knopf (1975).

86. Coins in the Dark : Author unknown.

87. The One Hundred Coins : Gyula Horvath, International Olympiad in Informatics 1996, in Peter Winkler, *Mathematical Puzzles*, A K Peters/CRC Press (2003).

88. Free the Coin : Jack Botermans, *Matchstick Puzzles*, Sterling (2007).

89. Pruning Triangles : H. E. Dudeney, *536 Puzzles & Curious Problems*, Scribner Book Co. (1983).

90. Triangle, and Triangle Again : Kobon Fujimura, *The Tokyo Puzzles*, Biddles Ltd (1978).

91. Growing Triangles : (i) The Grabarchuk Family, *The Big, Big, Big Book of Brainteasers*, Puzzlewright (2011). (ii) Author unknown.

92. A Touching Problem : Martin Gardner, *My Best Mathematical and Logic Puzzles*, Dover Publications (1994).

93. Point to Point : Joseph D. E. Konhauser, Dan Velleman, Stan Wagon, *Which Way Did the Bicycle Go?*, The Mathematical Association of America (1997).

94. The Two Enclosures : H. E. Dudeney, *536 Puzzle & Curious Problems*, Scribner Book Co. (1983).

95. Folding Stamps : H. E. Dudeney, *536 Puzzle & Curious Problems*, Scribner Book Co. (1983).

96. The Four Stamps : H. E. Dudeney, *Amusements in Mathematics*, Project Gutenberg (1958).

97. The Broken Chessboard : H. E. Dudeney, *The Canterbury Puzzles*, E. P. Dutton and Co. (1908).

98. Folding a Cube : Nobuyuki Yoshigahara, *Puzzles 101*, A K Peters/CRC Press (2003).

99. The Impossible Braid : Author unknown.

100. Tangloids : Martin Gardner, *New Mathematical Diversions*, The Mathematical Association of America (1996).

※ 맛보기 문제5

All problems © United Kingdom Mathematics Trust.

101. Mirror, Mirror : Boris A. Kordemsky, *The Moscow Puzzles*, Dover Publications (1955).

102. Nous Like Gauss : Derrick Niederman, *Math Puzzles for the Clever Mind*, Sterling (2001).

103. That's Sum Table : Anany Levitin, Maria Levitin, *Algorithmic Puzzles*, Oxford University Press (2011).

104. The Square Digits : Kobon Fujimura, *The Tokyo Puzzles*, Biddles Ltd (1978).

105. The Ghost Equations : Nobuyuki Yoshigahara, *Puzzles* 101, A K Peters/CRC Press (2003).

106. Ring my Number : Nobuyuki Yoshigahara, *Puzzles* 101, A K Peters/CRC Press (2003).

107. The Four Fours : Solutions thanks to http://mathforum.org/ruth/four4s.puzzle.html.

108. Our Columbus Problem : Sam Loyd in Martin Gardner (ed.), *More Mathematical Puzzles of Sam Loyd*, Dover Publications (1960).

109. Threes and Eights : Author unknown.

110. Child's Play : Author unknown.

111. Follow the Arrow 1 : Nobuyuki Yoshigahara, *Puzzles* 101, A K Peters/CRC Press (2003).

112. Follow the Arrow 2 : Nobuyuki Yoshigahara, *Puzzles* 101, A K Peters/CRC Press (2003).

113. Follow the Arrow 3 : William Poundstone, *Are You Smart Enough to Work at Google?*, Little, Brown and Co. (2012).

114. Dictionary Corner : Dick Hess, *Mental Gymnastics*, Dover Publications (2011).

115. The Three Witches : Mike Keith, http://www.cadaeic.net/alphas.htm.

116. Odds and Evens : Martin Gardner, *The Unexpected Hanging and Other Mathematical Diversions*, University of Chicago Press (1963).

117. The Crossword that Counts Itself : Lee Sallows in Joseph D. E. Konhauser, Dan Velleman, Stan Wagon, *Which Way Did the Bicycle Go?*, The Mathematical Association of America (1997).

118. An Autobiography in Ten Digits : Martin Gardner, *Mathematical Circus,* Vintage Books (1968).

119. Pandigital Pandemonium : Ivan Moscovich, *The Big Book of Brain Games*, Workman Publishing (2006).

120. Pandigital and Pandivisible? : Author unknown.

121. 1089 and All That : Joseph D. E. Konhauser, Dan Velleman, Stan Wagon, Which Way Did the Bicycle Go?, The Mathematical Association of America (1997).

122. Back to Front : *New York Times online* (6 April 2009).

123. The Ninth Power : Derrick Niederman, *Math Puzzles for the Clever Mind*, Sterling (2001).

124. When I'm Sixty-four : William Poundstone, *Are You Smart Enough to Work at Google?*, Little, Brown and Co. (2012).

125. A Lot of Nothing : William Poundstone, *Are You Smart Enough to Work at Google?*, Little, Brown and Co. (2012).

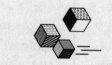

CAN YOU SOLVE MY PROBLEMS?